全国医药类高职高专"十三五"规划教材·临床医学类专业

生物化学

（第2版）

主　编　史仁玖　张丽娟
副主编　贾艳梅　周治玉
编　委　（按姓氏笔画排序）
　　　　王贞香　河西学院医学院
　　　　王宏娟　首都医科大学燕京医学院
　　　　石鹏亮　山东医药技师学院
　　　　史仁玖　山东第一医科大学
　　　　李存能　山东第一医科大学
　　　　张　冬　南阳医学高等专科学校
　　　　张丽娟　首都医科大学燕京医学院
　　　　周治玉　毕节医学高等专科学校
　　　　贾艳梅　山西医科大学汾阳学院

图书在版编目(CIP)数据

生物化学 / 史仁玖,张丽娟主编. — 2版. — 西安：西安交通大学出版社,2018.3
全国医药类高职高专"十三五"规划教材·临床医学类专业
ISBN 978-7-5693-0513-5

Ⅰ. ①生… Ⅱ. ①史… ②张… Ⅲ. ①生物化学-高等职业教育-教材 Ⅳ. ①Q5

中国版本图书馆 CIP 数据核字(2018)第 062680 号

书　　名	生物化学(第2版)
主　　编	史仁玖　张丽娟
责任编辑	王银存
出版发行	西安交通大学出版社 (西安市兴庆南路 10 号　邮政编码 710049)
网　　址	http://www.xjtupress.com
电　　话	(029)82668357　82667874(发行中心) (029)82668315(总编办)
传　　真	(029)82668280
印　　刷	陕西金德佳印务有限公司
开　　本	787mm×1092mm　1/16　印张 17　字数 412 千字
版次印次	2018 年 8 月第 2 版　2018 年 8 月第 1 次印刷
书　　号	ISBN 978-7-5693-0513-5
定　　价	39.00 元

读者购书、书店添货,如发现印装质量问题,请与本社发行中心联系、调换。
订购热线:(029)82665248　82665249
投稿热线:(029)82668803　82668804
读者信箱:med_xjup@163.com

版权所有　侵权必究

再版说明

全国医药类高职高专规划教材于2012年出版,现已使用5年,为我国医学职业教育培养大批临床医学专业技能型人才发挥了积极的作用。本套教材着力构建具有临床医学专业特色和专科层次特点的课程体系,以职业技能的培养为根本,力求满足学科、教学和社会三方面的需求。

为了适应我国高职高专临床医学专业教学模式与理念的改革和发展需要,全面贯彻《国家中长期教育改革和发展规划纲要(2010—2020年)》《医药卫生中长期人才发展规划(2010—2020年)》和《高等职业教育创新发展行动计划(2015—2018年)》等文件精神,更好地体现"职业教育要以就业为导向,增强学生的职业能力,为现代化建设培养高素质技能型专门人才"的要求,顺应医学职业教育改革发展的趋势,在总结汲取第一版教材成功经验的基础上,西安交通大学出版社医学分社于2017年启动了"全国医药类高职高专临床医学类专业'十三五'规划教材"的再版工作。本次再版教材共12种,主要供临床医学类专业学生使用,亦可作为农村医学专业中高职衔接的参考教材。

本轮教材改版,以《高等职业学校专业教学标准(试行)》和国家执业助理医师资格考试大纲为依据,进一步提高教材质量,邀请行业专家和临床一线人员共同参与,以对接高职高专临床医学类专业教学标准和职业标准。以就业为导向,以能力为本位,以学生为主体,突出临床医学专业特色,以培养技能型、应用型专业技术人才为目标,坚持"理论够用,突出技能,理实一体"的编写原则,根据岗位需要设计教材内容,力求与临床实际工作有效对接,做到精简实用,从而更有效地施惠学生、服务教学。

为了便于学生学习、教师授课,再版时在教材内容、体例设置上进行了优化和完善。教材各章开篇以高职高专教学要求为标准,编写"学习目标";正文中根据课程、教材特点有选择性地增加"案例导入""知识链接""小结"等模块,此外,为了紧扣执业助理医师资格考试大纲,增设了"考点直通车"模块;在每章内容后附有"综合测试",供教师和学生检验教学效果、巩固学习使用。

由于众多临床及教学经验丰富的专家、学科带头人和教学骨干教师积极踊跃并严谨认真地参与本轮教材的编写,使教材的质量得到了不断完善和提高,并被广大师生所认同。在此,西安交通大学出版社医学分社对长期支持本套教材编写和使用的院校、专家、老师及同学们表示诚挚的感谢!我们将继续坚持"用最优质的教材服务教学"的理念,为我国医学职业教育做出应有的贡献。

本轮教材出版后,各位教师、学生在使用过程中如发现问题,请及时反馈给我们,以便及时更正和完善。

前　言

生物化学是当代生命科学领域发展最为迅速的学科之一,是生命科学和生物工程技术重要的专业基础课程,从分子水平研究和阐述生物体内基本物质的化学组成、生命活动中的化学变化规律及其与生理功能的关系。医药、食品、工业、农业、能源、环境科学等越来越多的研究领域都以生物化学理论为依据,以其实验技术为手段开展研究工作。本书是按照高等职业教育医学专业教学标准的课程目标,遵循《生物化学》教学大纲要求,坚持"必需、够用"的教学内容遴选原则和"实用、适用、实践"的体例原则,以及适合现代教育技术与医学教育深度融合的教学组织原则编写而成,可供全国高职高专医学及相关专业使用。

本书重点介绍了生物化学的基础知识和部分新进展,在注重以基础知识为主体的前提下,适当反映了本学科发展的新动向、新发展。全书参考临床执业助理医师考试大纲的相关要求,与卫生职业考试和临床执业助理医师考试内容相衔接。在编写次序上力求层次分明、连贯性与整体性相结合,突出简明易懂、实用的特点。为了便于学生学习,在各章之前设置学习目标,各章之后有小结、综合测试题,以便学生在学习时掌握该章的要点。

全书分十一章,全面介绍了蛋白质的化学,维生素,酶,生物氧化,糖代谢,脂类代谢,蛋白质的代谢,核酸的结构、功能与代谢,肝胆的生物化学,遗传信息的传递等方面的知识。本书是集体智慧的结晶,由九位教师执笔编写,具体安排如下:第一章,绪论,山东第一医科大学,史仁玖。第二章,蛋白质的化学;第四章,酶,南阳医学高等专科学校,张冬。第三章,维生素;第十章,肝胆的生物化学,首都医科大学燕京医学院,王宏娟。第五章,生物氧化,山东医药技师学院,石鹏亮;山东第一医科大学,李存能。第六章,糖代谢,首都医科大学燕京医学院,张丽娟。第七章,脂类代谢,河西学院医学院,王贞香。第八章,蛋白质的代谢,毕节医学高等专科学校,周治玉。第九章,核酸的结构、功能与代谢;第十一章,遗传信息的传递,山西医科大学汾阳学院,贾艳梅。本书经集体评阅,主编修改,专家审校,最后定稿。在此,谨对编者和专家们的无私奉献和辛勤劳动,深致谢意。

本书在编写过程中,虽经多次修改审校,但因编者水平所限,仍可能存在疏漏、欠妥之处。敬请读者予以批评指正,以便进一步修订、完善。

编者

2017 年 10 月

目　录

第一章　绪论 ··· 1
　第一节　生物化学的概念和主要研究内容 ······································ 1
　第二节　生物化学与医学的关系 ·· 2
　第三节　生物化学发展简史 ·· 3
第二章　蛋白质的化学 ··· 6
　第一节　蛋白质的化学概述 ·· 6
　第二节　蛋白质的组成 ·· 8
　第三节　蛋白质的结构 ·· 15
　第四节　蛋白质的性质 ·· 26
　第五节　蛋白质的提取、分离纯化和结构鉴定与分析 ······················· 30
第三章　维生素 ·· 37
　第一节　维生素的概述 ·· 37
　第二节　脂溶性维生素 ·· 38
　第三节　水溶性维生素 ·· 42
第四章　酶 ·· 55
　第一节　酶的概述 ··· 55
　第二节　酶的组成与结构 ·· 61
　第三节　酶促反应的作用机制 ·· 68
　第四节　影响酶促反应速率的因素 ·· 71
　第五节　酶在医药学上的应用 ·· 78
第五章　生物氧化 ··· 86
　第一节　生物氧化的概述 ·· 86
　第二节　线粒体氧化体系 ·· 87
　第三节　非线粒体氧化体系 ··· 97
第六章　糖代谢 ·· 101
　第一节　糖代谢的概述 ·· 101
　第二节　糖的分解代谢 ·· 103
　第三节　糖原的合成与分解 ··· 115
　第四节　糖异生 ··· 118

1

第五节　血糖及其调节 …………………………………… 122

第七章　脂类代谢 …………………………………… 129
第一节　脂类代谢的概述 …………………………………… 129
第二节　甘油三酯的代谢 …………………………………… 131
第三节　类脂的代谢 …………………………………… 138
第四节　胆固醇的代谢 …………………………………… 141
第五节　血浆脂蛋白的代谢 …………………………………… 144

第八章　蛋白质的代谢 …………………………………… 153
第一节　蛋白质的代谢概述 …………………………………… 153
第二节　氨基酸的分解代谢 …………………………………… 156
第三节　氨的代谢 …………………………………… 161
第四节　个别氨基酸的代谢 …………………………………… 166

第九章　核酸的结构、功能与代谢 …………………………………… 179
第一节　核酸的种类、分布与化学组成 …………………………………… 179
第二节　DNA 的结构与功能 …………………………………… 184
第三节　RNA 的结构与功能 …………………………………… 189
第四节　核酸的理化性质 …………………………………… 194
第五节　核酸的分解代谢 …………………………………… 196
第六节　核苷酸的生物合成 …………………………………… 200

第十章　肝胆的生物化学 …………………………………… 212
第一节　胆汁酸的代谢 …………………………………… 212
第二节　非营养物质的代谢 …………………………………… 218
第三节　胆色素的代谢 …………………………………… 223

第十一章　遗传信息的传递 …………………………………… 233
第一节　DNA 的生物合成 …………………………………… 234
第二节　RNA 的生物合成 …………………………………… 245
第三节　蛋白质的生物合成 …………………………………… 251

参考文献 …………………………………… 264

第一章 绪 论

> **学习目标**
> 【掌握】生物化学的概念。
> 【熟悉】生物化学的研究对象和内容。
> 【了解】生物化学与医学的关系,生物化学发展简史。

第一节 生物化学的概念和主要研究内容

一、生物化学定义

生物化学(biochemistry)是生命的化学,是一门研究生物体的化学组成和生命过程化学变化规律的学科。生物化学在分子水平上探讨生命现象本质,主要应用化学原理和方法来探讨生命的奥秘,研究组成生物体物质的分子结构和功能,阐明维持生命活动的各种化学变化规律及其与生理功能的联系。生物化学与医学学科有着广泛的联系与交叉,已成为当今生命科学领域的前沿学科。

二、生物化学的研究对象和内容

(一)研究对象

生物化学研究的对象是生物有机体,研究范围涉及整个生物界,包括病毒、微生物、动物、植物和人体。根据研究对象的不同,生物化学可分为微生物生物化学、植物生物化学、动物生物化学和人体生物化学等。各种生物化学的内容既有密切的联系又有区别,都与人类的生产、生活等相关。本教材着重介绍医学生物化学。

(二)生物化学主要研究内容

生物化学是 20 世纪初形成的一门新型交叉学科,直至 1903 年才引用"生物化学"这一名称,成为一门独立学科。随着科学技术的进步,生物化学已有长足的发展,生物化学内容已渗透到生物学科的各个领域,成为各学科必备的基础知识。生物化学研究内容主要有以下几方面。

1. 生物分子的结构与功能　研究组成生物有机体的物质的化学组成、结构、性质、含量、功能及体内分布,称为静态生物化学(或有机生物化学)。研究组成生物个体的化学成分,包括无机物、有机小分子和生物大分子,对生物分子的研究,重点是对生物大分子的研究。研究人体内的生物大分子,主要包括核酸、蛋白质、多糖、蛋白聚糖和复合脂类等,它们种类繁多,结构复杂,是一切生命现象的物质基础。

生物大分子的研究,除了确定其一级结构外,更重要的是研究其空间结构及其与功能的关系。结构是功能的基础,而功能则是结构的体现。当前研究的重点仍然是蛋白质、核酸的结构和功能的关系,二者对生命活动起着关键性的作用。

2. 物质代谢及其调节　生命物质在生物机体中的化学变化及运动规律,各种生命物质在变化中的相互关系即新陈代谢以及代谢过程中能量的转换,称为动态生物化学(或代谢生物化学)。生物体的基本特征之一是新陈代谢(metabolism),即机体与外环境进行有规律的物质交换,以维持其内环境的稳定。通过代谢变化将摄入营养物质中存储的能量释放出来,以供机体活动需要。物质代谢的进行是正常生命过程的必要条件,要维持体内错综复杂的代谢途径的有序进行,需要神经、激素等整体性因素通过改变酶的催化活性的调节机制来完成,物质代谢的紊乱则可引发疾病的发生。

3. 基因信息传递及其调控　生物信息的传递及其物质代谢的调控,包括生物体内各种物质代谢的调节控制及遗传基因信息的传递和调控,称为信息生物化学。核酸是遗传信息的携带者,遗传信息按照中心法则来指导蛋白质的合成,使生物性状能够代代相传,从而控制生命现象。遗传信息的传递涉及遗传变异、生长与分化诸多生命过程,也与遗传病、恶性肿瘤、心血管疾病等多种疾病的发病机制有关,是生物化学的重要研究内容。

第二节　生物化学与医学的关系

生物化学是一门医学必修课程,讲述正常人体的生物化学,以及疾病发生过程中生物化学的相关问题,与其他医学学科之间有着紧密的联系。

一、生物化学与其他医学学科的交叉

生物化学是一门医学基础学科,发展迅速,形成了许多新理论,如基因组学、转录组学、蛋白组学等;同时又发展了许多新技术,如基因工程、基因芯片、基因诊断和基因治疗等。它的理论和技术已渗透到基础医学和临床医学的各个领域,并形成了许多新兴的交叉学科,如分子遗传学、分子免疫学、分子微生物学、分子病理学和分子药理学等。反过来,这些基础学科也促进生物化学的发展,如免疫学的发展促进了蛋白质及受体研究的发展,病理学的癌症研究也促进了癌基因研究的发展。总之,生物化学已成为生物学、医学各学科之间相互联系的纽带学科。

二、生物化学与医学的关系

生物化学与医学的发展相互促进,从分子水平上研究各种疾病发病机制、诊断与治疗、预防措施等,为推动医学各学科的发展作出了重要贡献。近年来对心脑血管疾病、恶性肿瘤、代谢性疾病、免疫性疾病、神经系统疾病等重大疾病进行了分子水平的研究,

在疾病的发生、发展、诊断和治疗方面取得了长足的进步。疾病相关基因克隆、重大疾病发病机制研究、基因芯片与蛋白质芯片在诊断中的应用、基因治疗及应用重组 DNA 技术生产蛋白质、多肽类药物等方面的深入研究,无不与生物化学的理论与技术的快速发展相关。

随着生物化学研究对人体各种代谢过程、代谢调控机制、细胞间信号转导及遗传信息传递规律的深入阐明,人们有可能准确了解各种代谢障碍相关疾病、遗传性疾病发病机制,开发治疗药物,研究诊断、治疗的新方法。目前,临床的癌症、心血管疾病等重大疾病的研究进展,还是要期待在生物化学和分子生物学领域中不断取得突破。现代分子生物学新理论、新技术的成果正迅速在临床医学研究和实践中得到运用。例如,用探针技术、聚合酶链反应等技术检测致病基因,可在基因水平确定导致遗传病的变异基因的存在。基因治疗研究最终能向机体导入有功能的基因,补偿或替代致病的缺陷基因等。可以相信,随着生物化学的进一步发展,将给临床医学的诊断和治疗带来全新的理念。

总之,临床医学在预防、诊断和治疗工作中都会用到生物化学知识。反过来,临床实践也为生物化学的研究提供丰富的源泉,使它更具有生命力。因此,学习生物化学知识,不仅要理解生命现象的本质与人体正常生理过程的分子机制,还要为进一步学习基础医学和临床医学的其他课程打下扎实的基础。

第三节　生物化学发展简史

生物化学研究始于 18 世纪,一直到 1903 年生物化学才成为一门独立的学科。生物化学是一门年轻的学科,目前仅有 100 多年历史。近 50 多年,生物化学发展突飞猛进,取得了许多重大的进展和突破,已成为生命科学领域重要的前沿学科之一。

一、叙述生物化学阶段(18 世纪中期—19 世纪后期)

生物化学发展的萌芽阶段,主要分析和研究生物体的组成成分以及生物体的分泌物和排泄物。较为系统地研究了脂类、糖类及氨基酸的性质,发现了核酸,从血液中分离了血红蛋白,证实了连接相邻氨基酸的肽键的形成,化学法合成了简单多肽,发现了酵母发酵产生乙醇并产生二氧化碳,发现了生物催化剂等。

二、动态生物化学阶段(19 世纪末期—20 世纪初期)

20 世纪初期,生物化学进入了蓬勃发展的阶段,至 20 世纪 50 年代,多方面取得了进展。营养方面,研究了人体对蛋白质的需要及需要量,并发现了必需氨基酸、必需脂肪酸、多种维生素及一些不可或缺的微量元素等。内分泌方面,发现了各种激素;许多维生素及激素被提纯,而且还进行了人工合成。酶学方面,分离出了尿酶,并成功结晶,胃蛋白酶及胰蛋白酶也相继成功结晶;酶的蛋白质性质得到了肯定。物质代谢方面,生物体内主要物质的代谢途径已基本确定,包括糖代谢途径的酶促反应过程、脂肪酸 β 氧化、尿素合成途径及三羧酸循环等;生物能研究中提出了生物能产生的 ATP 循环学说。

三、分子生物学时期(20世纪中期—)

从20世纪50年代开始,生物化学以提出DNA的双螺旋结构模型为标志,主要研究工作就是探讨各种生物大分子的结构与其功能之间的关系。生物化学在这一阶段的发展,与微生物学、遗传学等学科的渗透交叉,产生了分子微生物学、分子遗传学等新兴学科。

(一)DNA双螺旋结构的发现

1953年是开创生命科学新时代的一年,J. D. Watson和F. H. C. Crick发表了《脱氧核糖核酸的结构》的著名论文,他们在M. Wilkins完成的DNA X射线衍射结果的基础上,推导出DNA分子的双螺旋结构模型。核酸的结构与功能的研究为阐明基因的本质、了解生物体遗传信息的传递奠定了坚实的基础。三人共同获得1962年诺贝尔生理学或医学奖。F. H. C. Crick于1958年提出分子遗传的中心法则,揭示了核酸和蛋白质之间的信息传递关系;又于1961年证明了遗传密码的通用性。1966年由H. G. Khorana和M. W. Nirenberg合作破译了遗传密码,至此遗传信息在生物体由DNA到蛋白质的传递过程已经研究清楚。

(二)DNA克隆技术的建立

20世纪70年代,重组DNA技术的建立不仅促进了对基因表达调控机制的研究,而且使人们改造生物体成为可能,多种基因产品的成功获得大大推动了医药工业和农业的发展。转基因动物和基因敲出(gene knock out)动物模型的成功就是重组DNA技术发展的结果。基因诊断和基因治疗也是重组DNA技术在医学领域的重要应用。核酶(ribozyme)的发现是对生物催化剂认识的重要补充。聚合酶链反应(PCR)技术的发明,可以快速准确地在体外高效率扩增DNA,这都是分子生物学发展的重大成果。

(三)基因组学及其他组学的研究

人类基因组计划是生命科学中的又一伟大创举。1985年美国首次提出人类基因组计划,1990年正式启动,2003年4月14日,中、美、日、德、法、英6国科学家宣布人类基因组序列图绘制成功,完成的序列图覆盖人类基因组所含基因的99%,解释了人类遗传学图谱的基本特点,为人类的健康和疾病的研究带来了根本性的变革。人类疾病相关的基因是人类基因组中结构和功能完整性至关重要的信息,发现了亨廷顿舞蹈病、遗传性结肠癌和乳腺癌等一大批单基因遗传病致病基因,为这些疾病的基因诊断和基因治疗奠定了基础。

人类基因组计划完成后,生命科学进入了后基因组时代,即大规模开展基因组生物学功能研究和应用研究的时代。在这个时代,生命科学的主要研究对象是功能基因组学,包括结构基因组、蛋白质组、代谢组学和糖组学研究等。蛋白质组学(proteomics)是在大规模水平上研究蛋白质的特征,研究领域包括蛋白质的定位、结构与功能、相互作用以及特定时空的蛋白组表达谱等,由此获得蛋白质水平上的关于疾病发生、细胞代谢等过程的整体而全面的认识。代谢组学(metabonomics)研究的是生物体对外源物质的刺激、环境变化或遗传修饰所作出的所有代谢应答的全貌和动态变化过程,其研究对象为完整的多细胞生物系统,包括了生命个体与环境的相互作用。医学方面,代谢组学主要研究生物个体在疾病发生过程中和外源物质如药物作用下代谢的整体变化。糖组学(glycomics)主要研究单个生物体所包括的所有聚糖的结构、功能等生物学作用。糖组学的出现使人类可以深刻理解第三类生物信息大分子——聚糖在生命活动中的作用。

四、我国科学家对生物化学发展的贡献

公元前21世纪我国人民能用曲(酶)造酒,公元前12世纪,能利用豆、谷、麦等制成酱、饴和醋;公元7世纪孙思邈已用富含维生素A的猪肝治疗夜盲症。近代我国生物化学家吴宪创立了血滤液的制备和血糖测定法;提出了蛋白质变性学说。王应睐和邹承鲁等人于1965年人工合成了具有生物活性的蛋白质——结晶牛胰岛素。1983年,有机合成和酶促反应合成了酵母丙氨酸转移核糖核酸。近年来我国在基因工程、蛋白质工程、新基因的克隆与功能、疾病相关基因的克隆及其功能方面均取得重要成果,特别是人类基因组草图的完成也有我国科学家的一份贡献。

(史仁玖)

第二章 蛋白质的化学

> **学习目标**
>
> 【掌握】蛋白质的概念、元素组成及特点，氨基酸的结构通式、分类及理化性质，蛋白质一、二、三、四级结构的概念和主要化学键，蛋白质二级结构的主要形式，蛋白质的理化性质及其应用。
>
> 【熟悉】蛋白质结构和功能的关系，蛋白质的提取、分离和纯化。
>
> 【了解】蛋白质的分类、临床常用氨基酸、多肽和蛋白质药物。

蛋白质（protein）是生物体结构和生命活动的重要物质基础，在生物体的生长、发育、衰老、死亡等生命活动过程中具有极其重要的功能。1833 年从麦芽中分离淀粉酶，随后从胃液中分离到胃蛋白酶类似物。1838 年荷兰科学家 G. J. Mulder 首先使用"protein"来表述蛋白质，20 世纪初，科学家 Fischer 的实验研究进一步揭示了蛋白质的基本组成。1953 年 F. Sanger 首次发现了胰岛素的一级结构。1962 年，J. Kendrew 和 M. Perutz 确定了血红蛋白的四级结构。20 世纪末随着人类基因组计划、功能基因组与蛋白质计划研究的深入开展，人类关于蛋白质组学的研究进入一个新的领域和高度，特别是对蛋白质复杂结构和功能的进一步研究和完善，为推动临床和生命科学等研究方面的发展提供了有力的支持，对促进人类健康有着非常积极的重要意义。本章主要介绍蛋白质的分子组成、结构组成及特点、功能和理化性质，进一步阐述结构与功能的关系以及理化性质在临床上的应用。

第一节 蛋白质的化学概述

一、蛋白质的概念及成分

蛋白质是生物体内一类由氨基酸组成的有机化合物，是具有特殊空间结构和功能的生物大分子。无论是简单的低等生物，还是复杂的高等生物，病毒、细菌、植物和动物等都含有蛋白质。蛋白质是生物体最重要的组成成分，是生物体内含量最丰富、结构最复杂、种类繁多、功能最重要的生物大分子之一。生物体的结构越复杂含有的蛋白质的含量和种类越多。单细胞生物大肠杆菌含有蛋白质 3000 余种，人体内的蛋白质多达 10 万余种，蛋白质约占人体固体成分的 45%，细胞中的蛋白质含量占细胞干重的 70% 以上。

二、蛋白质的生物学功能

蛋白质在生物体中分布广泛,几乎人体中所有的组织器官中都含有蛋白质。不同的蛋白质结构不同,因而构成不同的细胞和组织器官,发挥不同的生物学功能。

(一)蛋白质具有维持组织的生长、发育、更新和修复的功能

蛋白质是生物体重要组成成分。婴幼儿个体的生长和发育,正常成人机体的物质代谢更新,创伤的愈合和疾病的恢复,这些都要依赖蛋白质摄取和利用。

(二)蛋白质具有多种重要和特异的生物学功能

1. 催化与物质代谢调节　生物体的新陈代谢是生命的物质基础,整个新陈代谢过程中的生物化学反应都要依赖酶的参与,而绝大多数酶的本质是蛋白质。

2. 免疫保护　机体内众多的免疫球蛋白、补体结合蛋白具有免疫保护的重要作用,能够杀灭病原微生物或提高机体防御能力,预防机体产生疾病。

3. 物质的转运与存储　蛋白质在机体物质运输和贮存中发挥重要作用。红细胞中的血红蛋白具有携带氧气的作用,推动生物氧化的进行;肌肉组织中的肌红蛋白具有贮存氧的功能。血浆中的脂类、胆红素、甲状腺激素等都以清蛋白为载体进行运输代谢;人体中 Fe^{2+}、Cu^{2+}、Zn^{2+} 等金属离子需要与蛋白载体结合贮存。

4. 运动与支持　蛋白质构成细胞骨架,维持肌肉组织和器官的形态结构,参与肌肉收缩的协调运动,促进人体的新陈代谢。

5. 血液凝固和解凝　血液中的凝血酶原、凝血因子和纤溶酶主要由蛋白质构成,在机体出血时凝血酶原激活为凝血酶,与凝血因子一起参与血液的凝固。此外,纤溶酶有溶解纤维蛋白抗凝血的作用,促进血液循环,防止血栓的形成。

6. 基因表达调控　人体内的新陈代谢受遗传物质的精确调控,不同时期的基因表达不同的蛋白质,这些蛋白质产物进一步对基因表达进行调控。如组蛋白、非组蛋白、阻遏蛋白、转录因子等参与基因表达调控。

7. 细胞信号转导　机体内的物质代谢依赖组织、细胞间信号传导进行调控。如 G 蛋白参与膜受体介导的信号转导的经典途径,进行级联放大效应,进一步调节各种生理活动。

三、蛋白质的分类

蛋白质结构复杂,种类繁多,分类方法较多。通常根据蛋白质的组成、分子形状和功能分类。

(一)按组成分类

根据蛋白质分子的基本组成特点,可将蛋白质分为两类:单纯蛋白质和结合蛋白质。

1. 单纯蛋白质　在分子组成中,仅含有氨基酸不含其他物质的蛋白质称为单纯蛋白质。自然界中清蛋白、球蛋白、组蛋白、精蛋白等许多蛋白质属于此类。

2. 结合蛋白质　结合蛋白质是由蛋白质部分和非蛋白质部分结合而成,非蛋白质部

分又被称为结合蛋白质的辅基。结合蛋白质又可根据辅基的不同而分为糖蛋白、核蛋白、脂蛋白、磷蛋白、色蛋白及金属蛋白等(表2-1)。

表2-1 结合蛋白质种类

类别	辅基	举例
糖蛋白	糖类	黏蛋白、血型糖蛋白、免疫球蛋白
核蛋白	核酸	病毒核蛋白、染色体核蛋白
脂蛋白	脂类	乳糜微粒、低密度脂蛋白、高密度脂蛋白
磷蛋白	磷酸	酪蛋白、卵黄磷蛋白
色蛋白	色素	血红蛋白、肌红蛋白、细胞色素
金属蛋白	金属离子	铁蛋白、铜蓝蛋白

(二)按分子形状分类

蛋白质根据分子形状分为球状蛋白质和纤维状蛋白质两类。

1. 球状蛋白质　蛋白质分子的长轴与短轴比值小于10,整个分子形状近似于球状或椭球状,多数可溶于水。生物体中的大多数蛋白质属于球状蛋白,通常具有重要的生理活性,如胰岛素、血红蛋白、酶、免疫球蛋白和胞液中溶解的蛋白质。

2. 纤维状蛋白质　蛋白质分子的长轴与短轴比值一般大于10,分子构象呈长纤维状,且大多难溶于水,大多由几条肽链绞合成麻花状的长纤维,富含有韧性,具有支持和保护作用,如毛发、指甲中的角蛋白,皮肤、骨、牙和结缔组织中的胶原蛋白和弹性蛋白等。

(三)按功能分类

蛋白质根据在机体中发挥的不同作用,可分为功能蛋白质和结构蛋白质两大类。如酶、蛋白质激素、运输和储存的蛋白质、免疫球蛋白质等属于功能蛋白质;角蛋白、胶原蛋白、弹性蛋白等属于结构蛋白质。

第二节　蛋白质的组成

一、蛋白质的元素组成

生物体中蛋白质的种类繁多,结构各异,元素实验测定,组成蛋白质的基本元素主要有碳(50%～55%)、氢(6%～7%)、氧(19%～24%)、氮(13%～19%)和硫(0～4%)。部分蛋白质还含有少量磷或金属元素铁、铜、锌、锰、钴、钼等,个别蛋白质含有碘。各种蛋白质都含有氮元素,且大多数蛋白质含氮量比较接近且恒定,平均约为16%,即1g氮相当于6.25g蛋白质,这是蛋白质元素组成的重要特点。因为蛋白质是生物体内主要的含氮物质,所以通过测定生物样品中含氮量就可推算出样品中大致的蛋白质含量。按下式进行计算:

每克样品中含氮量×6.25×100‰＝100g 样品中蛋白质的含量(g%)

二、蛋白质的基本结构单位

蛋白质在酸、碱或酶的作用下彻底水解生成的最终产物是氨基酸(amino acid,AA)，因而氨基酸是蛋白质的基本组成单位。自然界含有的天然氨基酸有 300 多种，但是组成人体蛋白质的氨基酸只有 20 种，它们在蛋白质合成过程中都受各自的遗传密码调控，故称为编码氨基酸。有研究表明，组成人体蛋白质的氨基酸不存在种族差异和个体差异。

(一)氨基酸的结构特点

氨基酸的分子结构中，羧酸中 α-碳原子上的氢原子被氨基所取代，故又称 α-氨基酸（脯氨酸为 α-亚氨基酸）。其结构通式如下：

$$R-CH(NH_2)-COOH \quad 或 \quad R-CH(NH_3^+)-COO^-$$

R 代表氨基酸的侧链部分，不同的 R 侧链代表不同的氨基酸。

各种氨基酸结构虽各不相同，但都具有一定的共同特点，具体如下。

(1)除脯氨酸外，都是 α-氨基酸，即氨基（或脯氨酸的亚氨基）与羧基同时连在同一个 α 碳原子上。

(2)除甘氨酸外，都属于 L-型氨基酸。不同的氨基酸 R 侧链部分不同，除甘氨酸的 R 为 H，其他氨基酸中的 α-碳原子所连接的四个原子或基团各不相同，是不对称碳原子，因此具有旋光异构现象，存在 L 型和 D 型两种异构体。凡氨基在 α-碳原子左侧者为 L 型，在右侧者为 D 型。组成人体蛋白质的氨基酸都是 L 型，故又称为 L-α-氨基酸。

$$L\text{-}α\text{-}氨基酸 \qquad D\text{-}α\text{-}氨基酸$$

(二)氨基酸分类

1. 根据 R 侧链分类 20 种氨基酸 R 侧链部分的基团结构和理化性质不同可分为五类(表 2-2)。

(1)非极性疏水性氨基酸：其 R 侧链有疏水性，因此在水中的溶解度小于极性氨基酸，共有六种。

(2)芳香族氨基酸：其 R 侧链均含有苯基，疏水性较强，所含酚基和吲哚基在一定条件下可解离，有三种。

(3)极性中性氨基酸：其 R 侧链有亲水性，比非极性脂肪族氨基酸易溶于水，有六种。

(4)酸性氨基酸：共两种，其 R 侧链都含有羧基，在生理条件下分子带负电荷。

(5)碱性氨基酸：其 R 侧链分别含有氨基、胍基或咪唑基，在生理条件下分子带正电荷。

表 2-2 氨基酸分类

中英文名称	缩写	等电点	结构式
1. 非极性疏水性氨基酸			
丙氨酸(alanine)	Ala(A)	6.00	$CH_3-CH(NH_3^+)-COO^-$
甘氨酸(glycine)	Gly(G)	5.97	$H-CH(NH_3^+)-COO^-$
亮氨酸(leucine)	Leu(L)	5.98	$CH_3-CH(CH_3)-CH_2-CH(NH_3^+)-COO^-$
异亮氨酸(isoleucine)	Ile(I)	6.02	$CH_3-CH_2-CH(CH_3)-CH(NH_3^+)-COO^-$
缬氨酸(valine)	Val(V)	5.96	$CH_3-CH(CH_3)-CH(NH_3^+)-COO^-$
脯氨酸(proline)	Pro(P)	6.30	(环状结构) $CH-COO^-$, NH_2^+ 环
2. 芳香族氨基酸			
酪氨酸(tyrosine)	Tyr(Y)	5.66	$HO-C_6H_4-CH_2-CH(NH_3^+)-COO^-$
色氨酸(tryptophan)	Trp(W)	5.89	吲哚$-CH_2-CH(NH_3^+)-COO^-$
苯丙氨酸(phenylalanine)	Phe(F)	5.48	$C_6H_5-CH_2-CH(NH_3^+)-COO^-$
3. 极性中性氨基酸			
丝氨酸(serine)	Ser(S)	5.68	$HO-CH_2-CH(NH_3^+)-COO^-$
苏氨酸(threonine)	Thr(T)	5.60	$HO-CH(CH_3)-CH(NH_3^+)-COO^-$

续表

中英文名称	缩写	等电点	结构式
半胱氨酸(cysteine)	Cys(C)	5.07	$HS-CH_2-CH(NH_3^+)-COO^-$
甲硫氨酸（蛋氨酸,methionine）	Met(M)	5.74	$CH_3SCH_2CH_2-CH(NH_3^+)-COO^-$
天冬酰胺(asparagine)	Asn(N)	5.41	$H_2N-CO-CH_2-CH(NH_3^+)-COO^-$
谷氨酰胺(glutamine)	Gln(Q)	5.65	$H_2N-CO-CH_2CH_2-CH(NH_3^+)-COO^-$
4. 酸性氨基酸			
谷氨酸(glutamic acid)	Glu(E)	3.22	$HOOCCH_2CH_2-CH(NH_3^+)-COO^-$
天冬氨酸(aspartic acid)	Asp(D)	2.97	$HOOC-CH_2-CH(NH_3^+)-COO^-$
5. 碱性氨基酸			
赖氨酸(lysine)	Lys(K)	9.74	$NH_2CH_2CH_2CH_2CH_2-CH(NH_3^+)-COO^-$
精氨酸(arginine)	Arg(R)	10.76	$NH_2C(=NH)NHCH_2CH_2CH_2-CH(NH_3^+)-COO^-$
组氨酸(histidine)	His(H)	7.59	(咪唑基)$-CH_2-CH(NH_3^+)-COO^-$

蛋白质分子中 20 种氨基酸残基的某些基团具有很重要的生物学功能,如含有巯基的半胱氨酸具有还原性,两个半胱氨酸的巯基脱氢后连接成二硫键(disulfide bond),形成胱氨酸,胱氨酸就没有抗氧化作用；还有些氨基酸残基或基团可被磷酸化、甲基化、甲酰化、乙酰化、异戊二烯化、泛素化等修饰,如丝氨酸、苏氨酸、酪氨酸残基可被磷酸化修饰,赖氨酸残基可被泛素化修饰,这些蛋白质翻译后修饰可改变蛋白质的溶解度、稳定性、亚细胞定位和功能以及蛋白质相互作用之间的关系,影响了这些蛋白质的生理功能,也是很多疾病发病的生物化学机制。

2. 根据氨基酸的营养作用分类　20 种氨基酸可分为必需氨基酸和非必需氨基酸

两类。

(1)必需氨基酸:此类氨基酸人体不能合成,必须依赖每天从食物中摄取,为人体维持生命活动所必需的。必需氨基酸共有八种,其中包括缬氨酸、亮氨酸、异亮氨酸、苏氨酸、色氨酸、甲硫氨酸、苯丙氨酸、赖氨酸。

(2)非必需氨基酸:此类氨基酸为人体能够自身合成,不依赖于食物摄取。除去必需氨基酸外剩余的氨基酸都属于非必需氨基酸,共有12种。

此外,组成人体蛋白质的20种氨基酸中缬氨酸、亮氨酸、异亮氨酸又称为支链氨基酸;组氨酸和色氨酸称为杂环氨基酸;脯氨酸和半胱氨酸的结构比较特殊,脯氨酸含有亚氨基,属于亚氨酸,其亚氨基仍可与另一羧基形成肽键。两个半胱氨酸通过脱氢后以二硫键(—S—S—)相连形成胱氨酸。除了上述20种氨基酸以外,人体内还存在一些游离存在的氨基酸,但不参与蛋白质的合成,如鸟氨酸、瓜氨酸。

(三)氨基酸的理化性质

1. 两性电离和等电点　氨基酸都含有氨基和羧基,在一定的溶液中,氨基可以接受H^+带正电荷呈碱性,羧基可以释放出H^+带负电荷呈酸性,因而氨基酸是两性电解质,具有两性解离的特性。氨基酸的解离方式主要取决于其所处溶液的酸碱pH。在酸性溶液中,氨基倾向于结合H^+,氨基酸表现为阳离子;在碱性溶液中,羧基倾向于释放出H^+,氨基酸表现为阴离子。在某一pH的溶液中,氨基酸解离成阳离子和阴离子的趋势及程度相等,成为兼性离子,呈电中性。此时溶液的pH值称为该氨基酸的等电点(isoelectric point, pI)。

$$R-\underset{NH_3^+}{\overset{}{C}H}-COOH \underset{+H^+}{\overset{+OH^-}{\rightleftharpoons}} R-\underset{NH_3^+}{\overset{}{C}H}-COO^- \underset{+H^+}{\overset{+OH^-}{\rightleftharpoons}} R-\underset{NH_2}{\overset{}{C}H}-COO^-$$

　　　　pH<pI　　　　　　pH=pI　　　　　　　pH>pI
　　　　阳离子　　　　　氨基酸的兼性离子　　　　阴离子

不同的氨基酸的结构不同,氨基和羧基的数目不同,因此各自等电点不同(表2-2),通常酸性氨基酸的pI<4.0,碱性氨基酸的pI>7.5,中性氨基酸的pI在5.0~6.5。

2. 呈色反应　氨基酸和茚三酮水合物在弱碱性溶液中共热反应过程中,释放出二氧化碳,可生成蓝紫色(罗曼紫)的化合物,此化合物在570nm波长处有最大紫外吸收峰,由于此吸收峰值的大小与氨基酸的含量成正比,因此可以用于氨基酸的定性和定量分析。

3. 紫外吸收　氨基酸中的色氨酸和酪氨酸含有共轭双键,最大紫外吸收峰在280nm附近(图2-1),大多数蛋白质含有这两种氨基酸残基,所以测定蛋白质溶液280nm的光吸收值是分析溶液中蛋白质含量的快速简便的方法。

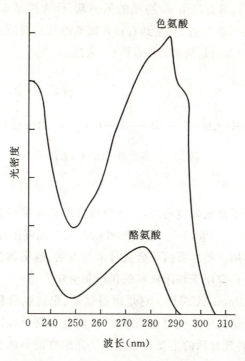

图 2-1 芳香族氨基酸的紫外吸收

三、多肽

(一)氨基酸的连接方式——肽键

所有的氨基酸都含有 α-羧基和 α-氨基。一个氨基酸的 α-羧基与另一个氨基酸的 α-氨基脱水缩合形成的共价酰胺键(—CO—NH—)称为肽键(peptide bond)。蛋白质分子中的氨基酸通过肽键相互连接,它是蛋白质分子的主要化学键。如甘氨酸与丝氨酸脱水缩合生成甘氨酰丝氨酸。

$$H_2N-CH_2-COOH + H_2N-\underset{|}{\overset{CH_2OH}{C}H}-COOH \xrightarrow{-H_2O} H_2N-CH_2-\boxed{CO-NH}-\underset{|}{\overset{CH_2OH}{C}H}-COOH$$

甘氨酸　　　　　丝氨酸　　　　　　　　　　甘氨酰丝氨酸

(二)肽与多肽

氨基酸通过肽键连接形成的化合物称为肽(peptide)。由两个氨基酸形成的肽称二肽,由三个氨基酸形成的肽称为三肽,其余依次类推。通常将十个以下氨基酸形成的肽称为寡肽(oligopeptide),十个以上氨基酸形成的肽称多肽(polypeptide)。多肽化合物呈现链状,又称为多肽链。多肽链可分为开肽链和环肽链,人体中的主要是开肽链,即无分支的链状结构。氨基酸在形成肽后,因有部分基团缩合形成肽键,其结构已不完整,故通常将多肽链中的每一个氨基酸称为氨基酸残基(residue)。每个氨基酸都有一个 R 基团,不同的 R 基团构成不同的结构,这些 R 基团常称为多肽链的侧链,氨基酸由肽键相连形成的长链骨架则称为多肽链的主链(图 2-2)。多肽链有两端,具有自由 α-氨基的一端,

生物化学

称为氨基末端(N-末端);具有自由 α-羧基的另一端,称为羧基末端(C-末端)。在书写某一肽时,常将 N-末端写在左边,从左到右将各氨基酸按连接顺序依次写出,C-末端写在右边,即多肽链的书写方向是从 N-末端到 C-末端。

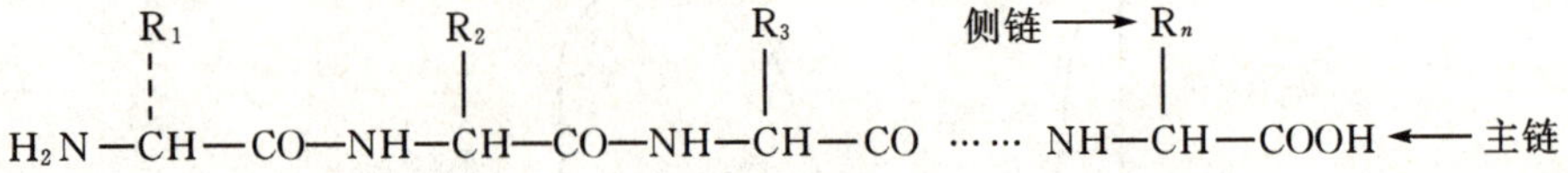

$$H_2N-CH(R_1)-CO-NH-CH(R_2)-CO-NH-CH(R_3)-CO\cdots\cdots NH-CH(R_n)-COOH$$

图 2-2　多肽链的结构示意图

(三)生物活性肽

氨基酸在人体内除了合成蛋白质外,还能合成许多具有某些重要生理功能的小分子肽,称为生物活性肽(active peptide)。生物活性肽在人体能够在神经信号传导、物质代谢调节方面发挥重要的作用。随着蛋白质合成技术的发展,越来越多的化学合成或基因工程制备的肽类药物和疫苗应用于临床疾病的预防和治疗。

1. **谷胱甘肽(glutathione,GSH)**　它是由谷氨酸、半胱氨酸和甘氨酸三种氨基酸缩合而成的三肽。其分子结构中半胱氨酸残基的 R 侧链含有活性巯基(—SH),参与细胞内的氧化还原反应,是谷胱甘肽的主要功能基团。还原性的谷胱甘肽可作为机体重要的还原剂,参与体内多种氧化还原反应,可保护某些蛋白质或巯基酶分子中的活性巯基不被氧化,维持还原活性,从而保护细胞膜结构的完整或胞内酶的生物活性。此外,谷胱甘肽还能与毒物或药物结合,消除其毒性作用。

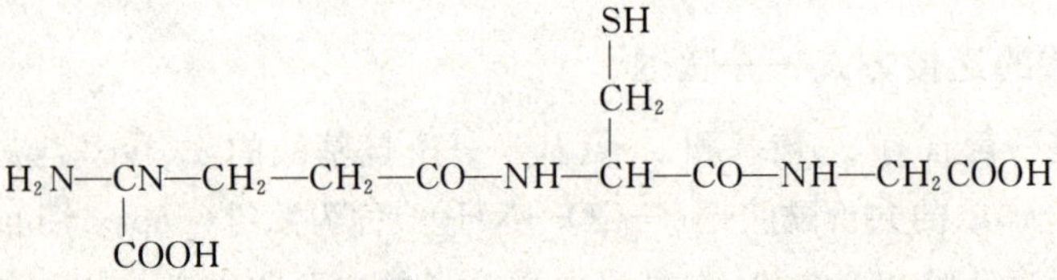

$$H_2N-CN(COOH)-CH_2-CH_2-CO-NH-CH(CH_2SH)-CO-NH-CH_2COOH$$

2. **肽类激素**　人体内含有许多重要的肽类激素。它们属于寡肽和多肽,如促甲状腺激素释放激素(三肽)、催产素(九肽)、加压素(九肽)、促肾上腺皮质激素(三十九肽)等。促甲状腺激素释放激素(thyrotropin releasing hormone,TRH)是由焦谷氨酸、组氨酸、脯氨酰胺合成的一个三肽,它由下丘脑分泌,主要作用是促进脑垂体分泌促甲状腺素。

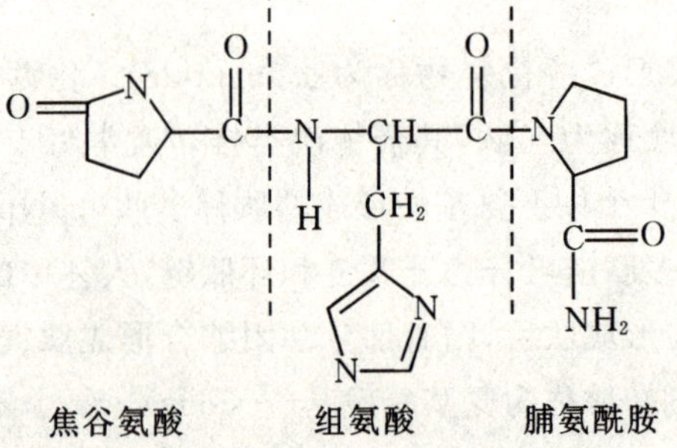

焦谷氨酸　组氨酸　脯氨酰胺

促甲状腺素释放激素

3. 神经肽 在神经信号传导过程中发挥信号传导作用的一类肽称为神经肽。已经发现的神经肽有脑啡肽(五肽)、强啡肽(十七肽)、孤啡肽(十七肽)、β-内啡肽(三十一肽)等。其中强啡肽和孤啡肽对中枢神经系统痛觉产生具有抑制作用,现已在临床上可用于镇痛治疗。

第三节 蛋白质的结构

组成人体蛋白质的 20 种氨基酸能够按照不同的数量和排列顺序以及肽链的特定空间排列,组成各种各样的蛋白质。不同的蛋白质,结构不同,功能各异。其中蛋白质的氨基酸的排列顺序和肽链的空间排布等构成蛋白质的分子结构。蛋白质的功能主要由其结构所决定,蛋白质的结构复杂,具有一、二、三、四级结构,一级结构又称基本结构,二、三、四级结构称为高级结构或空间构象。蛋白质空间构象(conformation)是指蛋白质分子中所有原子在三维空间的排布,是蛋白质不同特性和功能的结构基础,通常由非共价键(次级键)来维系,研究表明有机分子中单键的旋转是形成空间构象的主要原因。

一、蛋白质分子的一级结构

在蛋白质多肽链分子中从 N-末端到 C-末端氨基酸残基的排列顺序,称为蛋白质的一级结构(primary structure)。蛋白质多肽链中氨基酸残基的排列顺序是由遗传物质 DNA 分子中的脱氧核苷酸排列顺序所决定的。维系蛋白质一级结构的主要化学键是肽键;此外,部分蛋白质分子中还含有二硫键(—S—S—),它是由两个半胱氨酸中的巯基(—SH)脱氢形成的化学键。这些共价键含有的键能较大,因而蛋白质的一级结构通常比较稳定。一级结构是蛋白质的基本结构,它是蛋白质的空间构象和特异生物学功能的基础。不同种类的蛋白质,氨基酸组成和排列顺序不同,其一级结构和功能也不同。对蛋白质一级结构的研究能够从分子水平阐述结构与功能的关系,从根本上揭示生命和疾病的本质,对临床预防和疾病治疗有着重要的意义。

1953 年英国化学家 F. Sanger 首先完成对牛胰岛素的一级结构的测定,这是第一个被测定一级结构的蛋白质。1965 年我国生物化学科学家在世界上首次成功合成具有生物活性的结晶牛胰岛素,极大地推动了人工合成生物活性蛋白质的研究。胰岛素的一级结构是由 A 链和 B 链两条肽链通过两个二硫键连接组成的。其中 A 链含有 21 个氨基酸残基,B 链含有 30 个氨基酸残基。胰岛素分子中含有三个二硫键,一个位于 A 链内,另外两个位于 A 链和 B 链之间(图 2-3)。

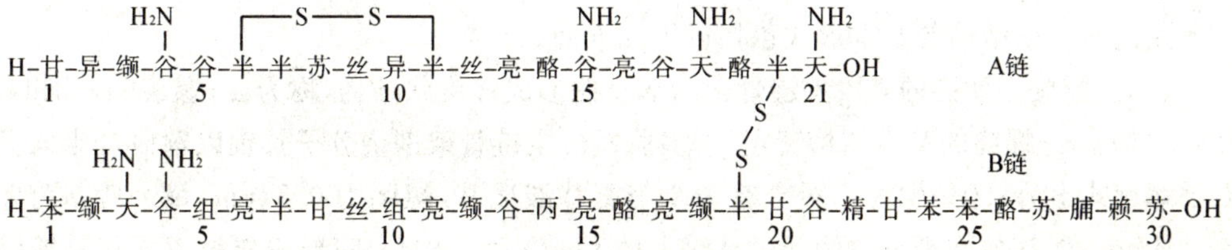

图 2-3 牛胰岛素的一级结构

二、蛋白质分子的空间结构

蛋白质的空间结构是指蛋白质分子中各原子、各基团在三维空间形成的各种空间排布和相互关系,又称蛋白质的构象。它是在一级结构基础上折叠、盘曲形成的更高级的形态,是蛋白质具有生物学功能或活性的基础。按照不同层次,蛋白质的空间结构可分为二、三和四级结构。蛋白质构象又可分为主链构象和侧链构象。主链构象是指多肽链主链骨架上所有原子(除了 R 基团以外)的空间排布和相互关系;侧链构象是指多肽链各氨基酸残基的侧链部分(R 基团)中的各原子的空间排布和相互关系。主链构象决定侧链基团的排布,侧链构象影响主链构象的卷曲和折叠,二者相互依存,相互影响。

(一)蛋白质二级结构

蛋白质的二级结构(secondary structure)是指多肽链主链骨架上的原子的局部空间排列。即主链的局部构象,不涉及氨基酸残基的 R 侧链构象。维系蛋白质二级结构稳定的主要化学键是氢键。多肽链主链骨架盘旋、缠绕和折叠可形成二级结构的特异空间结构。蛋白质二级结构的主要表现形式有 α-螺旋、β-折叠、β-转角和无规则卷曲。

20 世纪 30 年代末,L. Pauling 和 R. Corey 开始使用 X 射线晶体衍射技术研究蛋白质的空间结构,测定了分子中各原子间的标准键长和键角,发现多肽链中参与肽键形成的 6 个原子(C、O、N、H 和两个 C_α)同处于一个平面上,称为肽键平面(肽单元)(图 2-4)。在肽键平面中,肽键的 C—N 键长为 0.132nm,短于单键的 0.147nm,长于双键的 0.123nm,故具有部分双键的特性,因此 C=O 和 C—N 均不能自由旋转。所以整个肽链的主链原子(—C_αCN—C_αCN—)中只有 C_α—N 和 C_α—C 之间的单键可以旋转。肽键平面是研究蛋白质二级结构的基础。

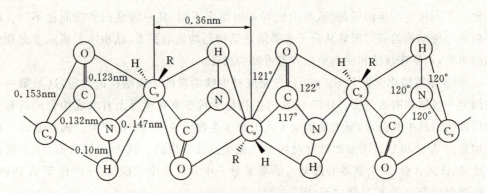

图 2-4 肽键平面示意图

蛋白质二级结构的基本形式包括以下几方面。

1. α-螺旋 肽链的某段主链骨架局部盘曲形成螺旋状结构,称为 α-螺旋(α-helix)(图 2-5)。α-螺旋的基本结构特点:①多肽链的主链骨架围绕分子长轴以顺时针走向呈右手螺旋式上升;②每螺旋一圈含有 3.6 个氨基酸残基,螺距为 0.54nm,每个残基跨距为 0.15nm;③螺旋与螺旋之间通过肽键上的 C=O 和—NH—间形成氢键以保持螺旋结构的稳定,氢键的方向与长轴基本平行;④氨基酸残基的 R 侧链伸向螺旋的外侧,其大小、形状及所带电荷性质等因素影响 α-螺旋形成的。如脯氨酸为亚氨基酸含有亚氨基（—NH—），形成肽键后的 N 原子因缺乏 H 原子不能再形成氢键，不能形成 α-螺旋。R 侧链较大时易产生空间位阻作用，同时 R 侧链内部带有相同电荷的基团相互聚集时易产生排斥作用，这两者因素均导致不能形成 α-螺旋。丙氨酸、谷氨酸、亮氨酸和甲硫氨酸常参与构成 α-螺旋。α-螺旋可见于血浆脂蛋白、多肽激素、钙调蛋白激酶、肌红蛋白、血红蛋白、角蛋白、肌球蛋白和纤维蛋白等。

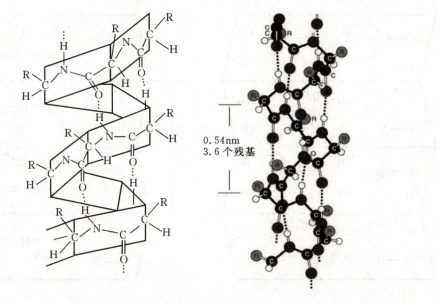

图 2-5　α-螺旋示意图

2. β-折叠　β-折叠(β-sheet)是由若干肽段或肽链排列起来所形成的扇面状片层构象。β-折叠的结构特点包括：①由若干条肽段或肽链平行或反平行排列组成片状结构；②主链骨架伸展呈锯齿状；③借相邻主链之间的氢键维系。两段以上的 β-折叠结构平行排布并以氢键相连所形成的结构称为 β-片层或 β-折叠层。β-片层内肽链的走向相同，即 N-末端、C-末端的方向一致称为顺向平行；反之，两肽链方向相反时称为反向平行(图 2-6)。

3. β-转角　β-转角(β-turn)是指多肽链中出现的一种 180°的倒转回折结构。β-转角的结构主要特征为：①主链骨架本身以大约 180°回折；②回折部分通常由四个氨基酸残基构成；③构象依靠第一残基的—CO 基与第四残基的—NH 基之间形成氢键来维系。β-转角的结构比较特殊，其中第二个氨基酸残基常为脯氨酸，也可见于甘氨酸、天冬氨酸、色氨酸和天冬酰胺。

4. 无规则卷曲　除上述三种比较规则的构象外，多肽链中因肽键平面不规则排列形成的无规律构象，称为无规则卷曲(random coil)或自由折叠。无规则卷曲广泛存在于各种天然蛋白质中，对蛋白质分子的结构和功能具有重要的作用。特异的蛋白质分子，其无规则卷曲部分的构象也是特定的。

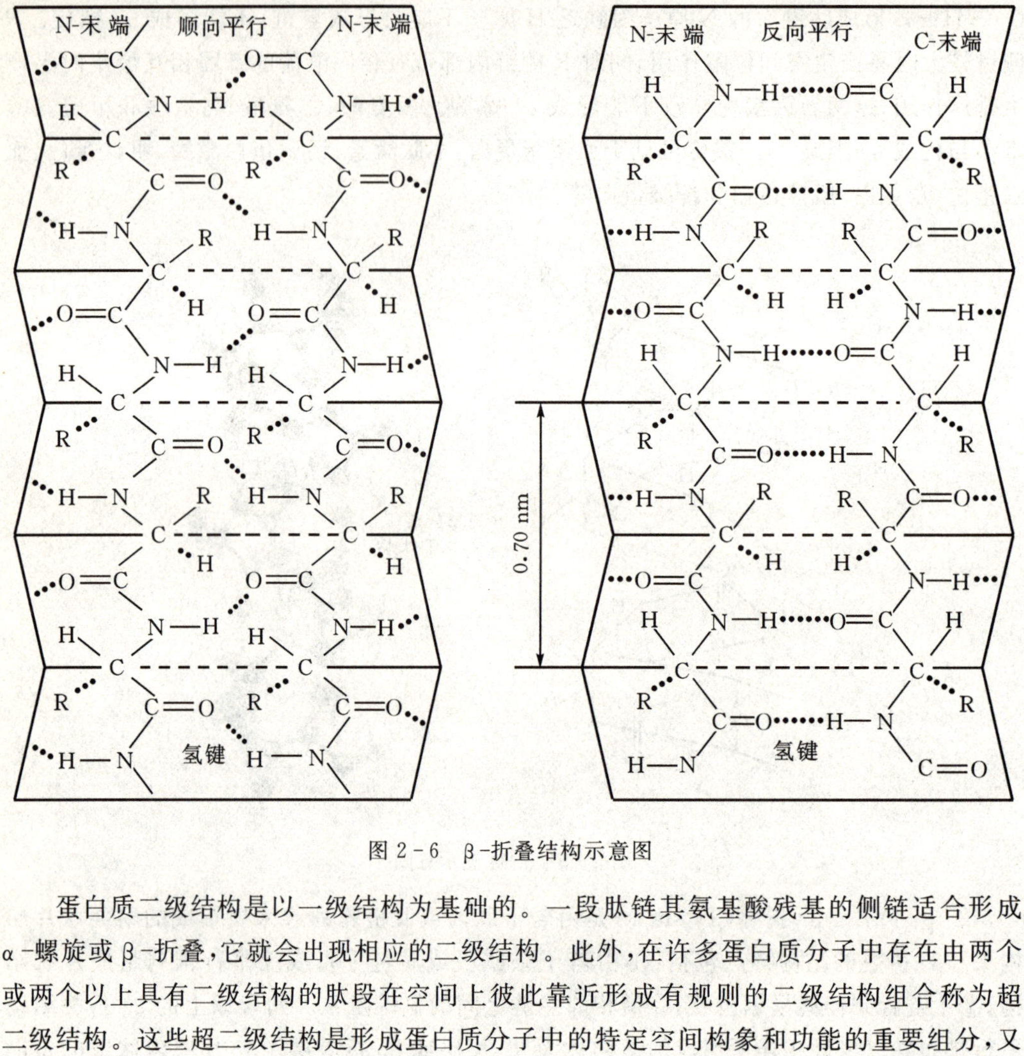

图 2-6 β-折叠结构示意图

蛋白质二级结构是以一级结构为基础的。一段肽链其氨基酸残基的侧链适合形成α-螺旋或β-折叠,它就会出现相应的二级结构。此外,在许多蛋白质分子中存在由两个或两个以上具有二级结构的肽段在空间上彼此靠近形成有规则的二级结构组合称为超二级结构。这些超二级结构是形成蛋白质分子中的特定空间构象和功能的重要组分,又被称为模体(motif)。常见的模体有α-螺旋组合(αα)、β-折叠组合(ββ)以及α-螺旋β-折叠组合(βαβ)(图 2-7)。

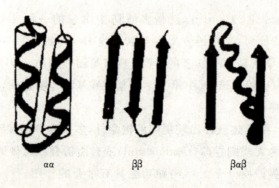

图 2-7 常见的模体

(二)蛋白质三级结构

蛋白质的三级结构是指整条多肽链中全部氨基酸残基的相对空间排布,即整条多肽链主链和侧链中所有原子的三维空间排布位置。三级结构是在二级结构的基础上进一步折叠、盘曲、缠绕而形成的空间结构。蛋白质的三级结构的维系和稳定主要依靠侧链基团相互作用产生的疏水键、氢键、盐键(离子键)、范德华力和二硫键等次级键,其中疏水键是维系蛋白质三级结构最主要的作用力(图2-8)。

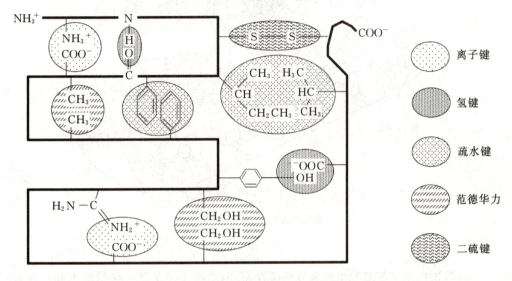

图2-8 维系蛋白质三级结构的次级键

由于多肽链的进一步盘曲和折叠,可形成球状、纤维状、椭圆状和棒状的分子构象,同时部分在一级结构上相距较远的R侧链在空间上相互靠近形成具有特殊生物学功能的区域。多肽链中氨基酸残基的侧链可分为亲水性的极性侧链和疏水性的非极性侧链。球状蛋白质的折叠大多把多肽链的疏水性侧链或疏水性基团埋藏在分子的内部。在三级结构的形成过程中,可将肽链中某些局部的几个二级结构汇成"口袋"或"洞穴"状。例如肌红蛋白(myoglobin,Mb),它是含有1个血红素辅基和153个氨基酸残基的单一肽链蛋白质,其分子中α-螺旋约占75%,有8段α-螺旋区,每个α-螺旋区含7~24个氨基酸残基,分别称为A、B、C……G及H肽段。每两个螺旋区之间有一段无规则卷曲肽段,处于转角处的氨基酸残基常为脯氨酸、色氨酸、酪氨酸和异亮氨酸等。其多肽链分子由于侧链的相互作用,形成球状分子;其中氨基酸残基上的疏水侧链大都在分子内部,形成疏水的洞穴,可容纳一个含有Fe^{2+}的血红素,具有结合并储存氧的功能;亲水侧链多位于分子表面,因此其水溶性较好(图2-9)。

部分相对分子质量较大的蛋白质常可折叠形成多个结构较为紧密且稳定并具有特定功能的区域,称为结构域(domain)。结构域是球状蛋白质的独立折叠单位,有较为独立的三维空间结构。大多数结构域含有序列上连续的100~200个氨基酸残基,若用限制性蛋白酶水解,含多个结构域的蛋白质常分解出独立的结构域,而各结构域的构象基本可以不改变,并保持其功能。超二级结构则不具备这种特点。

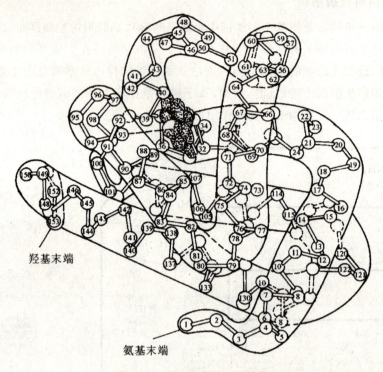

图 2-9 肌红蛋白的三级结构

不同的蛋白质其氨基酸组成和排列顺序不同,直接决定了其三级结构不同。仅有一条多肽链组成的蛋白质只要形成三级结构,就可以具有相应的生物学功能和活性,其三级结构是该蛋白质的最高级结构。大多数蛋白质都只有一条多肽链组成,其三级结构一旦被破坏,其生物学功能和活性将丧失。

蛋白质的多肽链须在分子伴侣的作用下折叠成正确的空间构象。分子伴侣(chaperon)是细胞内能够可逆地与未折叠肽段的疏水部分结合,随后松开,引导肽链正确折叠的一类蛋白质,也对蛋白质二硫键的正确形成起到重要作用。细胞内通过提供一个保护环境从而加速蛋白质折叠成天然构象或形成四级结构,它能够引导其他蛋白质的正确装配,但其本身不参与蛋白质功能结构的组成。分子伴侣可逆地与未折叠肽段的疏水部分结合,随后松开,如此重复进行可防止错误的聚集发生,使肽链正确折叠。分子伴侣也可与错误聚集的肽段结合,使之解聚后,再诱导其正确折叠。蛋白质分子折叠过程中,对于二硫键的正确形成,分子伴侣起了重要的作用。

(三)蛋白质四级结构

人体内有些蛋白质分子由两条或两条以上具有独立三级结构的多肽链通过非共价键相连聚合而成特定的空间排布和相互作用称为蛋白质四级结构。在这些分子中的每一条具有独立三级结构的多肽链称为一个亚基(subunit)。各亚基在独立存在时无活性,只有共同存在并呈现特定三维空间排布时才具有生物学功能。具有四级结构的蛋白质,各亚基之间主要的结合力是氢键和离子键。组成四级结构的亚基,其结构可以相同,也可以不同。若组成四级结构的两个亚基相同,称为同二聚体(homodimer);反之,则称为异二聚体(heterodimer),如红细胞内的血红蛋白(hemoglobin,Hb),图2-10由四个亚基聚合而成的,即含两个α亚基和两个β亚基。在一定条件下,这种蛋白质分子可以解聚成单个亚基,亚基在聚合或解聚时对某些蛋白质的活性具有调节作用。

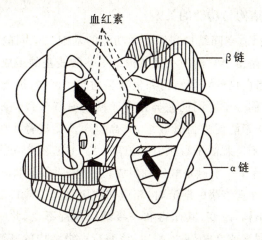

图2-10 血红蛋白的四级结构

现将上述蛋白质各级结构总结如下(表2-3),各级结构的关系见图2-11。

表2-3 蛋白质各级结构的对比

级别	构象特点表现形式	主要作用力
一级结构	氨基酸的排列顺序	链式基本结构 肽键
二级结构	主链原子局部空间排列	α-螺旋、β-折叠 氢键
三级结构	所有原子的空间排列	一条链进一步盘曲 疏水键
四级结构	各亚基间的空间排列	亚基聚合 氢键、离子键

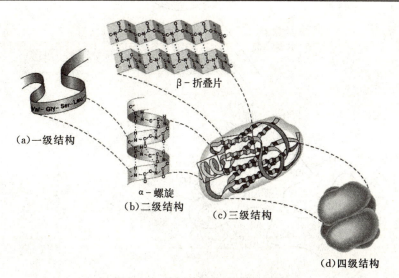

图2-11 蛋白质各级结构的关系

三、蛋白质分子结构与功能的关系

蛋白质的分子结构与功能有密切联系。蛋白质分子的一级结构是形成空间结构的物质基础,而蛋白质的生物学功能又受其特定的空间结构影响。

(一)蛋白质一级结构与功能的关系

1. 一级结构是蛋白质空间结构和生物学功能的基础　不同的多肽或蛋白质具有不同的生物学功能,本质是由于它们的一级结构中氨基酸残基的组成和排列顺序不同。蛋白质的一级结构决定蛋白质的空间结构和生物学功能。例如,加压素与缩宫素都是由垂体分泌的九肽激素,它们分子之间的差异仅在于两个氨基酸残基不同,但两者的生理功能有根本的区别。加压素能促进血管收缩,升高血压及促进肾小管对水的重吸收,具有抗利尿作用;而缩宫素则能刺激平滑肌引起子宫收缩,具有催产功能。

核糖核酸酶 A 含有 124 个氨基酸残基组成,它是由两条多肽链组成的蛋白质。当使用尿素或 β-巯基乙醇处理该酶的溶液时,相应的次级键和二硫键分别被破坏,从而导致其空间结构(二、三级结构)改变,其肽键和一级结构保持不变,此时该酶无活性;当使用透析超滤等方法除去尿素或 β-巯基乙醇后,该酶在一级结构的基础上,遵循其特定氨基酸顺序,重新恢复其天然空间构象,酶活性也完全恢复(图 2-12)。可见一级结构是蛋白质空间结构和生物学功能的基础。

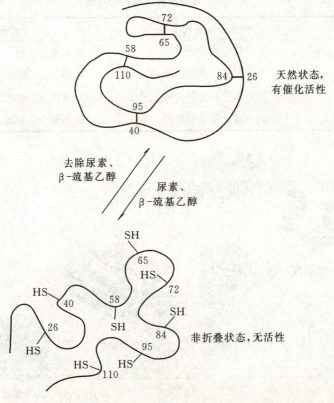

图 2-12　牛核糖核酸酶的一级结构、空间结构和生物学功能的关系

2. 蛋白质一级结构相似,其空间结构和功能也相似　蛋白质特定的构象和功能是由其一级结构所决定的。研究表明,蛋白质一级结构相似,其空间结构和功能也相似。一级结构中部分氨基酸残基直接参与构成蛋白质的功能活性区,在蛋白质的空间结构中处于关键位置。不同的蛋白质,如果关键部位的氨基酸序列相似,则其功能也相似。例如,由垂体前叶分泌的促肾上腺皮质激素(ACTH)和促黑激素(α-MSH),部分关键氨基酸残基顺序相同,所以具有相似的功能。再如,来源于不同动物种类的胰岛素,它们的一级结构不完全相同,但其组成中的关键氨基酸总数和排列顺序相同,从而具有相同的功能(表2-4)。

表2-4　胰岛素分子中氨基酸残基的差异部分

胰岛素来源	氨基酸残基的差异部分			
	A5	A6	A10	A30
人	Thr	Ser	Ile	Thr
猪	Thr	Ser	Ile	Ala
狗	Thr	Ser	Ile	Ala
兔	Thr	Ser	Ile	Ser
牛	Ala	Ser	Val	Ala
羊	Ala	Gly	Val	Ala
马	Thr	Gly	Ile	Ala
抹香鲸	Thr	Ser	Ile	Ala
鲤鲸	Ala		Thr	Ala

3. 一级结构改变可产生疾病　基因突变可导致蛋白质一级结构的改变,使蛋白质的空间结构改变和生物学功能降低(或丧失),进而可能引起生理功能的改变而产生疾病。这种由遗传物质突变引起分子水平上蛋白质差异而导致的疾病称为分子病。研究表明,大部分遗传疾病都与正常蛋白质分子结构改变有关。蛋白质分子中某些发挥关键作用的氨基酸缺失或被替代,有时仅仅一个氨基酸异常,都会导致蛋白质空间结构和功能发生异常。例如,镰刀状红细胞贫血(sickle cell anemia)患者,由于其基因突变,正常血红蛋白分子中β链的第6位谷氨酸被缬氨酸所取代,分子之间容易黏合聚集,导致红细胞形态改变,从原来正常的双面凹陷的圆饼状变成镰刀状,极易破裂且携氧功能降低。

β链N-端氨基酸排列顺序:
HbA:H_2N—Val—His—Leu—Thr—Pro—Glu—Glu—Lys…………COO^-
HbS:H_2N—Val—His—Leu—Thr—Pro—Val—Glu—Lys…………COO^-

(二)蛋白质空间结构与功能的关系

1. 蛋白质特定的空间结构是蛋白质生物学功能的基础　蛋白质的空间结构与蛋白质特定的生物学功能联系密切,空间结构是生物学功能的基础。一级结构即使没有改变,若蛋白质的空间结构被破坏,其生物学功能也丧失,如蛋白质的变性。空间结构相似,生物学功能也可能相似。例如,肌红蛋白和血红蛋白,其两者都含有血红素辅基的蛋白质,从 X 射线衍射分析证明血红蛋白(hemoglobin,Hb)中各亚基的三级结构和肌红蛋白的三级结构极为相似,因而都具有携带氧的功能。在正常人体内有许多蛋白质往往存在着多种天然构象,在一定条件下,这些构象之间可以进行相互转换,但只有一定的构象才能具有正常的生物学功能活性。因而,常可通过改变构象来调节蛋白质(或酶)的活性,从而调控相应的生理功能进而影响人体物质代谢。

血红蛋白是含有四个亚基具有别构效应的蛋白质,其功能是运输血液中的 O_2。血红蛋白具有紧密型(T 型)和松弛型(R 型)两种天然构象,两者能够相互转变。T 型血红蛋白空间结构较为紧密,对 O_2 的亲和力小,不易结合 O_2;相反 R 型血红蛋白空间结构则相对松弛,与 O_2 的亲和力大,易于结合 O_2。在肺部毛细血管内,氧分压较高,T 型血红蛋白分子中第一个亚基与 O_2 结合后,即引起血红蛋白构象发生改变,进而其余三个亚基依次与 O_2 的亲和力结合,血红蛋白分子的构象由 T 型转变成 R 型。氧合血红蛋白随红细胞在血循环中流经全身组织时,毛细血管中氧分压较低,R 型的血红蛋白又转变为 T 型,释放出 O_2。血红蛋白分子通过 T 型和 R 型两种构象相互转换完成对 O_2 的运输作用(图 2-13)。

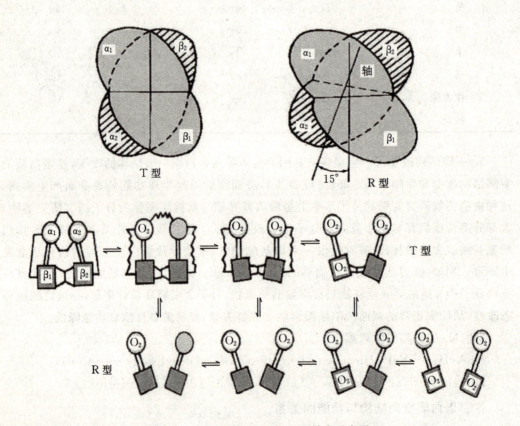

图 2-13 血红蛋白 T 型与 R 型转变示意图

2. 空间结构的改变可致病 人体内蛋白质多肽链的正确折叠对其空间结构的形成和其功能的发挥起到决定性作用。近年来的研究发现,即使蛋白质的一级结构维持正常,但蛋白质的空间结构发生错误改变,可对其生物学功能产生严重影响,进而可导致重大疾病产生,通常把这一类疾病称为蛋白质构象病,如人纹状体脊髓变性病、老年痴呆症、亨廷顿舞蹈病、疯牛病等。有些蛋白质错误折叠后相互聚集,常形成抗蛋白水解酶的淀粉样纤维沉淀,产生毒性而致病,表现为蛋白质淀粉样纤维沉淀的病理改变。

疯牛病是由朊病毒蛋白(prion protein, PrP)引起的一组人和动物神经退行性病变。正常人和动物体内的 PrP 二级结构富含 α-螺旋,对蛋白酶敏感,水溶性强,称为 PrP^c。PrP^c 在某种未知蛋白质的作用下可大部分转变成为 β-折叠的 PrP^{sc},尽管 PrP^c 和 PrP^{sc} 两者一级结构完全相同,但空间结构不同,进而生物学功能有显著差异。PrP^{sc} 对蛋白酶不敏感,水溶性差,且对热稳定,最终容易形成淀粉样聚集沉淀从而致病。

四、临床常用蛋白质药物

蛋白质是构成人体组织和细胞的重要组成成分,因此,在临床相关疾病诊断、预防和治疗过程中,多肽和蛋白质药物具有得天独厚的优势。该类药物具有高效安全、种类繁多、应用广泛的特点。

多肽和蛋白质类生物药物按药物的结构分类可分为氨基酸及其衍生物类药物、多肽和蛋白质类药物、酶和辅酶类药物、肽类激素药物、细胞生长因子和生物制品类药物。

临床常用蛋白质药物有以下几类。

1. **重组 DNA 技术人工合成类** 通过重组 DNA 技术人工合成肽类激素、蛋白质疫苗、干扰素和多肽类抗生素等,如人工合成胰岛素可用于治疗糖尿病;人工合成乙肝疫苗预防乙肝;人工合成生长激素治疗侏儒症;人工合成干扰素进行抗病毒、抗肿瘤和免疫调节;人工合成的多肽类抗生素具有抗菌、抗肿瘤、促进创伤面愈合等多种生物学特性。

2. **氨基酸类** 蛋白质分子水解后的产物是氨基酸,它是构成人体内最基本营养物质之一。氨基酸在医药上主要用来制备复方氨基酸输液,也可用作治疗药物和用于合成多肽药物。目前用作药物的氨基酸有 100 多种。由多种氨基酸组成的复方制剂用作静脉营养输液以及维持危重患者的营养,在抢救患者生命过程中发挥非常重要的积极作用。谷氨酸、精氨酸、天冬氨酸、胱氨酸、L-多巴等氨基酸单独作用治疗一些疾病,主要用于治疗肝脏疾病、消化道疾病、脑病、心血管疾病、呼吸道疾病以及用于提高肌肉活力、儿科营养和解毒等。

3. **酶类药物** 早期酶制剂主要用于治疗消化道疾病、烧伤及感染引起的炎症疾病,目前广泛应用于多种疾病的治疗,其制剂品种已超过 700 种。酶类药物主要可分为助消化酶类、消炎酶类、凝血与解凝酶类、抗肿瘤类、解毒和辅酶类、治疗遗传病类、诊断类等。消化酶类主要由胃蛋白酶、胰蛋白酶、淀粉酶、纤维素酶和木瓜酶类。消炎酶类有糜蛋白酶和双链酶。凝血与解凝酶类主要有尿激酶、链激酶和纤溶酶等。解毒酶主要有青霉素酶、过氧化氢酶和组织胺酶等。抗肿瘤类主要有 L-天冬酰胺酶(治疗白血病)、神经氨酸苷酶和米曲溶栓酶等。

第四节 蛋白质的性质

人体中的蛋白质是由许多氨基酸构成的生物大分子,氨基酸是蛋白质的基本组成单位。因此氨基酸的理化性质与蛋白质有必然密切的联系。两者在两性电离、等电点、紫外吸收及呈色反应方面相同,但蛋白质是高分子化合物,具有氨基酸没有的特殊理化性质。

一、蛋白质的两性解离与等电点

在蛋白质分子中多肽链含有两个末端,一端是有可解离出质子的 α-羧基,另一端是能够结合质子的 α-氨基,除此之外氨基酸残基侧链中的某些基团,如谷氨酸、天冬氨酸残基中的 γ-羧基和 β-羧基,赖氨酸残基中的 ε-氨基、精氨酸残基的胍基和组氨酸残基的咪唑基,在特定条件 pH 溶液中都可解离成带负电荷或正电荷的基团,因此蛋白质具有两性解离的性质,称为两性电解质。在不同 pH 值的溶液中蛋白质在溶液中可带正电荷或负电荷。当蛋白质在某一 pH 值溶液中,带有等量的正电荷和负电荷时,净电荷为零,成为兼性离子,那么此时该溶液的 pH 值称为该蛋白质的等电点。当溶液 pH 小于等电点时,蛋白质分子带正电荷。相反,蛋白质分子则带负电荷(图 2-14)。等电点是蛋白质的特征性常数,不同蛋白质等电点不同。含碱性氨基酸较多的蛋白质,等电点往往偏碱,如组蛋白和精蛋白。反之,含酸性氨基酸较多的蛋白质,如酪蛋白、胃蛋白酶等,其等电点往往偏酸。人体内蛋白质等电点都不相同,但大多数接近 5.0。通常人体血浆中蛋白质的等电点大多在 5.0~7.0,而血浆 pH 正常值在 7.35~7.45,故血浆中蛋白质均带负电荷,表现为阴离子。

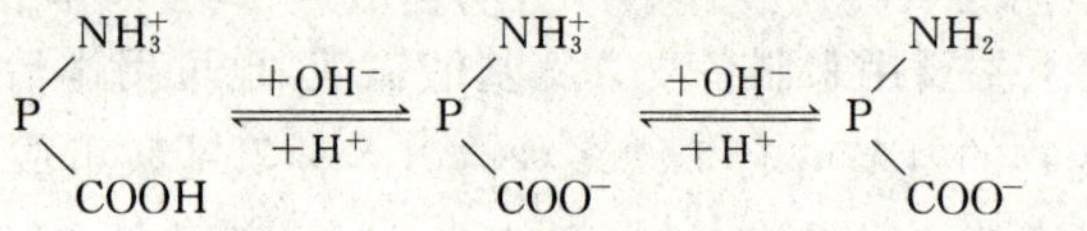

$$P\genfrac{}{}{0pt}{}{NH_3^+}{COOH} \underset{+H^+}{\overset{+OH^-}{\rightleftharpoons}} P\genfrac{}{}{0pt}{}{NH_3^+}{COO^-} \underset{+H^+}{\overset{+OH^-}{\rightleftharpoons}} P\genfrac{}{}{0pt}{}{NH_2}{COO^-}$$

蛋白质阳离子　　　蛋白质兼性离子　　　蛋白质阴离子

图 2-14　蛋白质的两性电离

电泳(electrophoresis)是指带电颗粒在电场中向电性相反的电极移动的现象。各种蛋白质的一级结构不同,所含氨基酸残基上酸性和碱性基团数目及解离程度不同,等电点不同,因此在同一 pH 值缓冲溶液中,各蛋白质所带电荷的性质和数量不同,同时不同蛋白质的相对分子质量和形状也不相同,因此,它们在同一电场中移动的方向和速度均不相同。通常带电荷多,分子小的蛋白质分子电泳速度较快;反之则电泳速度慢。利用这一性质可以对蛋白质进行有效的分离和纯化。电泳技术是临床检验和实验研究常用的技术手段,如临床上普遍利用该技术作血清蛋白电泳、尿蛋白电泳及同工酶的鉴定,以帮助诊断疾病和预后判断。

二、蛋白质分子的胶体性质

蛋白质是高分子化合物,研究表明其相对分子质量通常在 1 万~100 万,蛋白质(球状)的分子颗粒直径一般在1~100nm,属于胶体范围,因此蛋白质具有胶体性质。蛋白质溶液是一种稳定的亲水胶体溶液,具有不能透过半透膜、扩散系数小、黏度大等特点。

蛋白质分子颗粒表面含有许多亲水极性基团(氨基、羧基、羟基、硫基、酰胺基等),能与水分子形成一层水化膜,使蛋白质分子颗粒分隔开来,此外,在一定pH值溶液中同种蛋白都可解离并带有同种电荷(电荷层),同极相斥使颗粒均匀分散,具有稳定胶体的作用,防止其在溶液中相互聚集沉淀析出。因此,维持蛋白质胶体溶液稳定的两个因素是同种电荷层和水化膜。如果除去上述两种稳定蛋白质胶体溶液的因素,蛋白质颗粒将不稳定极易从溶液中析出(图2-15)。

蛋白质是高分子化合物,其分子颗粒大,不能透过半透膜。半透膜是具有超小微孔的膜,通常只能使相对分子质量小于10000的颗粒分子透过。利用蛋白质不能透过半透膜的特性,将含有小分子杂质的蛋白质溶液放入半透膜袋内,然后将透析袋放于蒸馏水中或缓冲液中,小分子物质能够从袋内转扩散到袋外液体中,而大分子的蛋白质仍留在袋内,使蛋白质得以纯化,这种用透析袋来分离纯化蛋白质的方法称为透析。人体中的细胞膜、线粒体膜、毛细血管壁都具有半透膜的性质,它们能使各种蛋白质分别存在于细胞内外不同的部位,对维持细胞内外水和电解质的平衡、物质代谢的调节都起着非常重要的作用。在临床上透析是分离纯化蛋白质的常用方法。

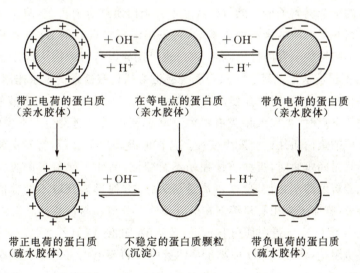

图2-15 蛋白质的稳定因素与沉淀

蛋白质溶液中的胶体颗粒比较大,经过超速离心后可发生沉降。单位力场中的沉降速度可用沉降系数(sedimentation coefficient,S)表示。蛋白质的相对分子质量越大,颗粒密度越大,其沉降系数也越大。故超速离心法也可用于蛋白质的分离纯化以及相对分子质量大小的测定。对超大分子的组装体常采用沉降系数命名,如原核生物核蛋白体的大亚基和小亚基分别用50S和30S表示。

三、蛋白质的沉淀反应

蛋白质分子相互聚集,从溶液中以固体形式析出的现象称为蛋白质的沉淀。通常破坏了蛋白质分子的水化膜和中和蛋白质所带的电荷，就会发生蛋白质的沉淀。常用的主要沉淀蛋白质的方法有以下几种。

1. 盐析法　在蛋白质溶液中加入大量中性盐（硫酸铵、硫酸钠、氯化钠等），高浓度盐溶液中的解离产生的不同离子中和了蛋白质颗粒表面的电荷，也破坏了蛋白质颗粒表面的水化层等稳定因素。使蛋白质从水溶液中沉淀出来的现象称为盐析（salt precipitation）。盐析法所得蛋白质虽然沉淀但一般不发生变性，用透析去除中性盐后加水稀释可使蛋白质恢复活性。因而沉淀的蛋白质不一定变性。盐析时，若把溶液pH值调节至该蛋白质的等电点，则沉淀效果更好。不同种类的蛋白质所带电荷量不同、解离程度不同，因此在盐析时通过加入不同浓度的中性盐，可使蛋白质溶液中不同的蛋白质分子分别沉淀析出，这种方法称为分段盐析法。临床检验中常用此法来分离和纯化蛋白质。

2. 重金属盐沉淀法　通常正常情况下人体中pH约为7.4，大多数蛋白质pI约为5.0，pH大于pI，此时蛋白质带有负电荷，易与带正电荷的重金属盐离子（如汞、铅、铜、锌等）结合生成不溶性盐而沉淀。在使用重金属盐沉淀法时应保持溶液的pH值大于该蛋白质的pI，从而使蛋白质能与金属离子结合沉淀。重金属盐沉淀的蛋白质一般容易导致蛋白质变性。

临床上在解救误服重金属盐中毒的患者时常用蛋白质溶液（蛋清或牛奶），其原理是让进入消化道的重金属离子尽可能与患者服入的蛋白质结合而沉淀，阻止重金属离子与人体内重要组织蛋白质结合沉淀。然后，再采用洗胃或催吐的方法，将重金属离子与蛋白质形成的不溶性盐从胃内排出体外，部分也可用导泻药将毒物从肠管排出。

3. 有机溶剂沉淀法　乙醇、甲醇、丙酮等有机溶剂具有极强的脱水作用，可强烈破坏蛋白质分子颗粒的水化膜，因此能使蛋白质颗粒不稳定沉淀。假如把溶液的pH值调节到该蛋白质的等电点时，再加入该类有机溶剂则沉淀更易迅速发生。在室温条件下，有机溶剂沉淀获得的蛋白质往往会发生变性。若在低温条件下进行，特别是使用丙酮或乙醇沉淀蛋白质且时间短暂时，蛋白质往往来不及变性，因此可保留蛋白质原有的活性不发生变性。与盐析沉淀法相比，此法不需透析去盐，方便迅速获取不变性的蛋白质。正是利用这个特点，临床上常用有机溶剂在低温条件下分离和制备各种血浆蛋白。

4. 某些酸类沉淀法　蛋白质可与钨酸、苦味酸、鞣酸、三氯乙酸、磺基水杨酸等发生沉淀。其主要机制是：溶液的pH值小于某些蛋白质的等电点可使蛋白质颗粒带上正电荷，而这些酸类化合物的酸根离子带有负电荷，两者相互结合生成不溶性的蛋白盐而沉淀析出。临床生化检验中常用钨酸、三氯乙酸作为蛋白沉淀剂，用以制备无蛋白血滤液；用苦味酸、磺基水杨酸等检验尿中的蛋白质。

四、蛋白质分子变性作用

（一）蛋白质的变性

1. 变性的概念　在某些物理或化学因素的作用下，蛋白质的正常空间结构被破坏，并进一步导致蛋白质的理化性质的改变和生物学活性的丧失，这种现象称为蛋白质的变性作用（denaturation）。一般认为，变性的实质是蛋白质空间结构被破坏，次级键和部分二硫键断裂,而并不涉及蛋白质一级结构中氨基酸残基顺序的改变,不破坏肽键。导致蛋白质变性的因素有很多,常见的物理因素主要包括高温、高压、剧烈振荡、超声波、紫外线和 X 射线等;常见的化学因素主要包括强酸、强碱、尿素、重金属盐、生物碱试剂、有机溶剂等。

2. 变性蛋白质的特征　蛋白质变性以后,空间结构改变,多肽链的疏水侧链基团暴露在外,多肽链相互聚集黏附。这些导致蛋白质的理化性质和生物学活性改变,具体表现为生物学活性丧失(酶的催化功能消失,激素失活,蛋白质的免疫学功能改变等)、溶解度降低、黏度增加、结晶能力下降、容易被蛋白酶水解消化。

3. 变性的应用　在临床医学上常采用高温、高压、乙醇、紫外线照射等方法进行杀灭细菌和病毒,上述方法能使细菌和病毒中的蛋白质完全变性失活;相反,在生产、储存和运输具有生物活性的蛋白质(血清、疫苗、抗体、激素等)时往往采用低温保存,主要避免这些蛋白质变性失活,从而保持其有效活性。

如果蛋白质在某些因素作用下发生变性,但时间相对比较短暂,程度比较轻,在除去这些变性的因素后,蛋白质能够恢复原来空间结构和生物学活性,这种现象称为蛋白质复性(renaturation)。例如,尿素和 β-巯基乙醇能引起核糖核酸酶变性,迅速除去这两者因素后,核糖核酸酶又可恢复其空间结构和催化活性。但大多数蛋白质变性后,空间结构和生物学活性改变后不能恢复,称为不可逆变性。

(二)蛋白质变性后的凝固

在强酸和强碱作用下,蛋白质分子发生变性后,仍然能够溶于强酸或强碱溶液中,若将 pH 值调至该变性蛋白质的等电点,则变性蛋白质迅速互相凝聚成絮状不溶物,此絮状物仍然可溶于强酸和强碱中。若再进一步对此絮状不溶物加热则可使其变成比较坚固的凝块,此凝块不再溶于强酸和强碱,这种现象称为蛋白质的凝固作用(protein coagulation)。凝固的本质是蛋白质变性的进一步发展的不可逆结果。

变性、沉淀与凝固既有联系又有区别。蛋白质变性后易于沉淀,但并不一定都发生沉淀,如蛋白质在强酸强碱溶液中变性而依然溶解在溶液不发生沉淀;沉淀的蛋白质易发生变性,但并不都变性,如盐析;但凝固的蛋白质必定发生变性并出现沉淀。

五、蛋白质的紫外吸收特征及颜色反应

(一)蛋白质紫外吸收特征

蛋白质分子中含有酪氨酸及色氨酸残基,这些氨基酸残基含有共轭双键,具有紫外吸收的能力,其特征性吸收峰在 280nm 波长处,在此波长范围内,蛋白质的吸光度与其浓度成正比关系,利用此特性可以对蛋白质的含量进行测定。

(二)蛋白质的呈色反应

蛋白质分子中的肽键及氨基酸残基上各种特殊基团可以与相关显色试剂发生特定的颜色反应,这些特定颜色反应常被用于对蛋白质进行定性和定量分析。

1. 双缩脲反应　在碱性条件下,蛋白质分子和多肽中含有的肽键与硫酸铜共热反应

呈现紫色或紫红色的现象称为双缩脲反应(biuret reaction)。氨基酸无此呈色反应。当蛋白质溶液中蛋白质水解程度增大,氨基酸浓度升高时,双缩脲反应的颜色深度会逐渐下降,因此双缩脲反应可用来鉴定蛋白质的水解程度和蛋白质的定性分析。

2. 酚试剂反应(Folin反应) 大多数蛋白质分子中含有一定量的酪氨酸残基,其中的酚基在碱性条件下与酚试剂的磷钼酸及磷钨酸进行还原反应生成蓝色化合物,根据颜色的深浅可作为蛋白质的定量测定,其反应的灵敏度比双缩脲反应高100倍,比紫外分光光度法高10~20倍。临床上常用酚试剂反应测定样品中的微量蛋白质,如血清黏蛋白、脑脊液中蛋白质的测定。

3. 茚三酮反应 通常在pH 5.0~7.0的溶液中,蛋白质分子中水解产生的游离氨基酸能与茚三酮水合物共热反应生成蓝紫色化合物。此化合物在570nm波长处有最大吸收峰,且吸光度和氨基酸的含量成正比关系,因此茚三酮反应可用于蛋白质的定性、定量分析。

4. 乙醛酸反应 蛋白质中通常都含有色氨酸残基,在蛋白质溶液中加入乙醛酸混匀后,徐徐加入浓硫酸,在两液接触面处呈现紫红色环。血清球蛋白含色氨酸残基的量较为稳定,故临床生物化学检验可用乙醛酸反应来测定球蛋白量。

六、蛋白质的免疫学性质

蛋白质不仅是生物体的主要组成部分,更为重要的是它与生物体的生命活动有着非常密切的关系。各种生理活动都通过蛋白质来实现。如果外源物或异物侵入生物体内时,机体的免疫系统(浆细胞等)便可产生相应的球蛋白,并与之特异结合,以消除异物的危害,这个现象被称为免疫反应。异物被称为抗原,球蛋白被称为抗体。蛋白质、核酸、多糖、病毒、细菌等异物均能刺激机体免疫系统产生特异性免疫,具有良好抗原性的物质大多是蛋白质。但并不是所有的蛋白质都有抗原性。

第五节 蛋白质的提取、分离纯化和结构鉴定与分析

蛋白质种类繁多,结构复杂,功能各异,广泛分布于组织细胞和体液中,在研究这些蛋白质的结构和功能时,必须能够先从混合物里将目标蛋白质单一分离、纯化出来,结合蛋白质生物大分子具有胶体性质、沉淀、变性和凝固等特点,可采用透析、电泳、盐析、层析及超速离心等方法有效地把蛋白质分离纯化,在不破坏蛋白质空间构象的同时,进一步准确研究蛋白质的结构和功能。蛋白质的分离,纯化和鉴定是研究蛋白质重要的一环节。

一、蛋白质的提取

破碎细胞和组织后,将蛋白质溶解于溶液的过程称为蛋白质的提取。蛋白质的提取首先要选择适当的材料,选择的原则是保证材料应含有较多量的蛋白质,且来源方便;由于大多数蛋白质存在于细胞内,且结合在一些细胞器上,因此需要破碎细胞,然后以适当

的溶液缓冲液提取;最后根据所提取的蛋白质性质选用合适的溶液和适当的提取次数提高提取效率,所得到的即为蛋白质粗提液。

二、蛋白质的分离和纯化

蛋白质的分离、纯化方法很多,主要有以下几种。

(一)透析法与超滤法

透析(dialysis)法就是利用具有半透膜性质的透析袋(膜)以及蛋白质大分子对半透膜的不可通透性将蛋白质与其他小分子化合物分离的方法。透析袋的截留极限一般在相对分子质量在 5000 左右的分子。此法简便,常用于蛋白质的脱盐。具体方法是:将含有相对分子质量较大蛋白质的溶液装入透析袋内,再将透析袋放入缓冲液或水中,相对分子质量较小的物质(如无机盐、有机溶剂或相对分子质量小的抑制剂)便可透过透析膜进入缓冲液或水中,相对分子质量较大蛋白质就潴留在透析袋内。反复更换 3~5 次袋外的透析液,可将透析袋内的小分子物质全部清除掉。

超滤(ultrafiltration)法是依据分子大小和形状,在一定压力下,使蛋白质溶液在通过一定空间的超滤膜时进行选择性分离的技术。其原理是利用超滤膜在一定的压力或离心力的作用下,相对分子质量大的物质被截留,相对分子质量小的物质则滤过排出,从而达到分离纯化的目的。选择不同孔径的超滤膜可截留不同相对分子质量的物质。常用于蛋白质溶液的浓缩、脱盐、分级纯化。

(二)离心分离法

离心(centrifugation)分离法是利用离心机等机械进行快速旋转产生的离心力,将不同密度的物质分离开的方法。把蛋白质溶液放在离心机离心管中离心,蛋白质分子就发生沉降作用。沉降的速度与颗粒大小成正比。蛋白质在离心场中的行为用沉降系数(sedimentation coefficient,S)表示,单位为秒,一个沉降系数单位为 1×10^{-13} s。蛋白质的沉降常数(20℃,水中)为 $1\times10^{-13}\sim2\times10^{-11}$ s,即 1S~200S。

(三)沉淀法

1. 盐析法　盐析法是将中性盐加入蛋白质溶液,高浓度的中性盐(如硫酸铵、硫酸钠、氯化钠等)破坏蛋白质的水化膜并中和其电荷而使蛋白质析出。由于不同的蛋白质其溶解度与等电点不同,沉淀时所需的 pH 值与离子强度也不相同,通过改变盐的浓度与溶液的 pH 值,可将混合液中的蛋白质分批盐析分开,这种方法称为分段盐析法。例如,半饱和硫酸铵可沉淀血浆球蛋白,饱和硫酸铵可沉淀包括血浆清蛋白在内的全部蛋白质。一般只是使蛋白质发生沉淀而不会产生变性。经透析除去盐分,可以得到较纯的保持活性的蛋白质。

2. 有机溶剂法　可与水混溶的有机溶剂如乙醇、丙酮等,因引起蛋白质脱去水化层而破坏蛋白质颗粒的水化膜,以及降低介电常数而增加带电质点间的相互作用,致使蛋白质颗粒容易凝集而使蛋白质析出沉淀。在常温下,有机溶剂沉淀蛋白质往往引起变性,如酒精可消毒灭菌。若在低温(0~4℃)条件下,用有机溶剂沉淀蛋白质,只要快速低温干燥,一般不会变性,所以常用此法制备蛋白质,若适当调节溶剂 pH 和离子强度,则可使分离效果更好。

3. **重金属盐法** 蛋白质在碱性溶液中(pH＞pI)带负电荷,易与带正电荷的重金属离子如 Hg^{2+}、Cu^{2+}、Pb^{2+}、Ag^{+} 等结合成不溶性的蛋白质盐沉淀。此种沉淀常引起蛋白质分子变性。因此,在临床上抢救重金属盐中毒患者时,给予大量的蛋白质液体(如牛奶、蛋清)以生成不溶性蛋白质盐而减少吸收,然后利用洗胃或催吐剂将其排出体外。

$$P\begin{matrix}COO^-\\NH_3^+\end{matrix} \xrightarrow{OH^-} P\begin{matrix}COO^-\\NH_2\end{matrix} \xrightarrow{Pb^{2+}} P\begin{matrix}COOPb\\NH_2\end{matrix} \downarrow$$

4. **有机酸沉淀法** 三氯乙酸、钨酸和磺柳酸分子中的酸负离子,在酸性溶液中(pH＜pI)易与带正电荷的蛋白质结合成盐而沉淀。这类沉淀反应经常被临床检验部门用来除去体液中干扰测定的蛋白质,用钨酸制备无蛋白血滤液,用磺柳酸来检查尿蛋白。

$$P\begin{matrix}COO^-\\NH_3^+\end{matrix} \xrightarrow{H^+} P\begin{matrix}COOH\\NH_3^+\end{matrix} \xrightarrow{CCl_3COO^-} P\begin{matrix}COOH\\NH_3^+ \ OOCCl_3C\end{matrix} \downarrow$$

因为沉淀过程发生了蛋白质的结构和性质的变化,所以又称为变性沉淀。例如,加热沉淀、强酸碱沉淀、重金属盐沉淀和生物碱沉淀等都属于不可逆沉淀。

几乎所有的蛋白质都因加热变性而凝固。当蛋白质处于等电点时,加热凝固最完全和最迅速。我国很早便创造了将大豆蛋白质的浓溶液加热并点入少量盐卤(含 $MgCl_2$)的制豆腐方法,这是成功地应用加热变性沉淀蛋白的一个例子。

(四)电泳法

在同一 pH 溶液中,由于各种蛋白质所带电荷性质和数量的不同,相对分子质量大小不同,因此,它们在同一电场中移动的速度有差异。在不同的 pH 环境下,蛋白质的电荷性质不同,在蛋白质等电点偏酸性时,蛋白质粒子带负电荷,在电场中向正极移动;在等电点偏碱性时,蛋白质粒子带正电荷,在电场中向负极移动。这种现象称为蛋白质电泳。

目前对蛋白质分离有着高分辨率的电泳首推聚丙烯酰胺凝胶电泳。这种电泳方法因为聚丙烯酰胺凝胶系微孔介质,样品不易扩散,并且同时兼有分子筛的作用,分离效果相当好。如果将凝胶装入玻璃管中,蛋白质的不同组分形成环状圆盘,称为圆盘电泳。在铺有凝胶的玻璃板上进行的电泳称为平板电泳。还有等电聚焦电泳,这是因为蛋白质分子有一定的等电点,当它处在一个由阳极到阴极 pH 值梯度逐渐增加的介质中,并通过直流电时,它便"聚焦"在与其等电点相同的 pH 值位置上,形成位置不同的区带而得到分离。此外还有双向电泳、免疫电泳等,纸电泳、醋酸纤维薄膜电泳也仍然在一定范围内应用。等电聚焦和聚丙烯酰胺凝胶电泳组合的双向电泳(two-dimensional electrophoresis, 2-DE)是蛋白质组学研究的重要技术之一。

临床上常利用血清蛋白电泳来辅助肝、肾疾病的诊断和观察预后。例如,利用醋酸纤维薄膜电泳技术,可将血清蛋白质分离成五条区带:A、$α_1$-球蛋白、$α_2$-球蛋白、$β$-球蛋白、$γ$-球蛋白,经定量分析可测定各条区带蛋白的含量。

(五)层析法

层析（chromatography）也是蛋白质分离纯化的重要手段。一般来说，待分离蛋白质溶液（流动相）经过一个固态物质（固定相）时，根据溶液中待分离的蛋白质颗粒大小和电荷多少不同及亲和力大小不一样等，使待分离的蛋白质组分在两相中反复分配，以不同速度流经固定相而达到分离蛋白质的目的。层析的种类较多，常见的有离子交换层析、分子筛层析（凝胶过滤）和亲和层析等。其中离子交换层析和分子筛层析应用最广。

三、蛋白质的含量测定、结构鉴定与分析

在研究蛋白质的过程中，利用蛋白质的理化性质可对蛋白质进行分离纯化，随后需要对蛋白质的含量进行测定，对蛋白质的结构进行鉴定与分析。

(一)蛋白质的含量测定

蛋白质含量测定是生物化学及其他生命学科最常涉及的分析内容，是临床上疾病诊断及康复情况检查的重要指标。测定蛋白质含量的方法有很多，根据化学性质测定的方法有凯氏定氮法（Kjeldahl法）、福林-酚试剂法（Lowry法）、双缩脲法和BCA试剂（4,4′-二羧酸-2,2′-二喹啉钠）法等；根据物理性质的紫外分光光度法（蛋白质在280nm处有最大吸收峰）；还有根据蛋白质染色原理的考马斯亮蓝法、银染法和Bradford蛋白分析法（或称Bio-Rad蛋白分析法）等。这些方法各有优缺点，如凯氏定氮法操作烦琐；双缩脲法灵敏度低；BCA法结果稳定，灵敏度也高，被大家广泛接受。

(二)蛋白质的结构鉴定与分析

1. 一级结构的鉴定分析　一级结构的鉴定分析，即多肽链中氨基酸序列的鉴定与分析。对多肽链中氨基酸组成鉴定分析，首先需要将已经纯化的蛋白质经强酸、强碱水解成单一氨基酸，然后用离子交换树脂将各种氨基酸分离，分别测定其含量，推算出各氨基酸在蛋白质中的百分比或个数。其次是测定多肽链的氨基末端和羧基末端的氨基酸残基。

2. 空间结构的鉴定分析　近年来，随着结构生物学的发展，蛋白质的二级结构和三维结构的测定已普遍开展。蛋白质空间结构的鉴定与分析的方法主要有以下几种：①质谱法；②X射线晶体衍射分析与核磁共振法；③紫外-可见差光谱法；④荧光光谱法；⑤红外光谱法；⑥圆二色谱法。

本章小结

蛋白质是生命的物质基础，平均含氮量约为16%，其基本组成单位是$L-\alpha$-氨基酸（甘氨酸除外）。构成天然蛋白质分子的氨基酸有20种。氨基酸通过肽键连接形成多肽或蛋白质。氨基酸可分为非极性脂肪族氨基酸、极性中性氨基酸、芳香族氨基酸、酸性氨基酸和碱性氨基酸五类。必需氨基酸包括缬氨酸、亮氨酸、异亮氨酸、苏氨酸、色氨酸、甲硫氨酸、苯丙氨酸、赖氨酸共8种。

生 物 化 学

蛋白质分子中的氨基酸通过肽键相互连接,肽键是蛋白质分子的主要化学键。氨基酸通过肽键连接形成的化合物称为肽。十个以上氨基酸形成的肽称为多肽。多肽链方向是从N-末端到C-末端。人体许多具有某些重要生理功能的小分子肽,称为生物活性肽。在蛋白质多肽链分子中从N-末端到C-末端氨基酸残基的排列顺序,称为蛋白质的一级结构。维系蛋白质一级结构的主要化学键是肽键。一级结构是蛋白质的基本结构,它是蛋白质的空间构象和特异生物学功能的基础。蛋白质的二级结构是指多肽链主链骨架上的原子的局部空间排列。维系蛋白质二级结构稳定的主要化学键是氢键。蛋白质二级结构的主要表现形式有α-螺旋、β-折叠、β-转角和无规则卷曲。蛋白质的三级结构是指整条多肽链中全部氨基酸残基的相对空间排布,即整条多肽链主链和侧链中所有原子的三维空间排布位置。疏水键是维系蛋白质三级结构最主要的作用力。一级结构是蛋白质空间结构和生物学功能的基础。蛋白质特定的空间结构是蛋白质生物学功能的基础,空间结构改变导致理化性质改变和蛋白质生物学功能的丧失。

蛋白质和氨基酸都具有两性解离的特点。两者的紫外吸收最大峰波长都在280nm处。蛋白质具有高分子胶体性质。沉淀的蛋白质不一定变性,变性的蛋白质不一定沉淀,凝固的蛋白质必定发生了沉淀和变性。利用蛋白质的理化性质可对蛋白质进行分离和纯化。

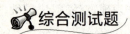综合测试题

一、名词解释

1. 肽
2. 肽键
3. 蛋白质的一级结构
4. 蛋白质的等电点
5. 蛋白质的变性
6. 结构域

二、问答题

1. 简述氨基酸的结构通式、特点、分类。
2. 蛋白质的主要理化性质有哪些?
3. 举例说明蛋白质变性、沉淀和凝固的关系。
4. 简述导致蛋白质变性的主要因素,如何在蛋白质分离纯化中减少其变性机会。
5. 蛋白质二级结构的主要表现形式有几种?各有何特点?哪些氨基酸残基影响二级结构的形成?
6. 以疯牛病为例解释蛋白质构象改变引起疾病的机制。

三、单项选择题

1. 蛋白质一级结构的主要化学键是
   A. 氢键　　　B. 疏水键　　　C. 盐键　　　D. 二硫键　　　E. 肽键

2. 蛋白质变性后可出现下列哪种变化
   A. 一级结构发生改变　　　　　　　　B. 构型发生改变
   C. 相对分子质量变小　　　　　　　　D. 构象发生改变
   E. 溶解度变大
3. 测得某一蛋白质样品的氮含量为 0.40g,此样品约含蛋白质多少
   A. 2.00g　　B. 2.50g　　C. 6.40g　　D. 3.00g　　E. 6.25g
4. 关于蛋白质分子三级结构的描述,其中错误的是
   A. 天然蛋白质分子均有的这种结构
   B. 具有三级结构的多肽链都具有生物学活性
   C. 三级结构的稳定性主要是次级键维系
   D. 亲水基团聚集在三级结构的表面
   E. 是指每一条多肽链内所用原子的空间排列
5. 蛋白质所形成的胶体颗粒,在下列哪种条件下不稳定
   A. 溶液 pH 值大于 pI　　　　　　　B. 溶液 pH 值小于 pI
   C. 溶液 pH 值等于 pI　　　　　　　D. 溶液 pH 值等于 7.4
   E. 在水溶液中
6. 蛋白质变性是由于
   A. 氨基酸排列顺序的改变　　　　　B. 氨基酸组成的改变
   C. 肽键的断裂　　　　　　　　　　D. 蛋白质空间构象的破坏
   E. 蛋白质的水解
7. 变性蛋白质的主要特点是
   A. 黏度下降　　　　　　　　　　　B. 溶解度增加
   C. 不易被蛋白酶水解　　　　　　　D. 生物学活性丧失
   E. 容易被盐析出现沉淀
8. 若用重金属沉淀 pI 为 8 的蛋白质时,该溶液的 pH 值应为
   A. 8　　B. >8　　C. <8　　D. ≤8　　E. ≥8
9. 蛋白质分子组成中不含有下列哪种氨基酸
   A. 半胱氨酸　B. 甲硫氨酸　C. 胱氨酸　D. 丝氨酸　E. 瓜氨酸
10. 下列哪一种氨基酸在 280nm 处,具有最大的光吸收
    A. 谷氨酸　B. 苯丙氨酸　C. 丝氨酸　D. 组氨酸　E. 脯氨酸
11. 多肽链中主链骨架的组成是
    A. —NCCNNCCNNCCN—　　　　　B. —CHNOCHNOCHNO—
    C. —CONHCHCONHC—　　　　　　D. —CNOHCNOHCNOH—
    E. —CNHOCNHOCNHO—
12. 氨基酸在等电点时,具有的特点是
    A. 不带正电荷　　　　　　　　　　B. 不带负电荷
    C. 溶解度最小　　　　　　　　　　D. 溶解度最大

E. 在电场中向正极移动

13. 氨基酸与蛋白质共同的理化性质是
    A. 胶体性质   B. 两性解离性质
    C. 沉淀性质   D. 变性性质
    E. 双缩脲反应

14. 蛋白质分子的元素组成特点是
    A. 含氮量约 16%   B. 含大量的碳
    C. 含少量的硫   D. 含大量的磷
    E. 含少量的金属离子

15. 下列含有两个羧基的氨基酸是
    A. 精氨酸   B. 赖氨酸   C. 甘氨酸   D. 色氨酸   E. 谷氨酸

16. 含有疏水侧链的氨基酸有
    A. 色氨酸、精氨酸   B. 精氨酸、亮氨酸
    C. 苯丙氨酸、异亮氨酸   D. 天冬氨酸、丙氨酸
    E. 谷氨酸、蛋氨酸

17. 组成蛋白质的单位是
    A. $L-\alpha$-氨基酸   B. $D-\alpha$-氨基酸
    C. $L-\beta$-氨基   D. $D-\beta$-氨基酸
    E. $L、D-\alpha$-氨基酸

18. 在 pH 6.0 的缓冲液中电泳,哪种氨基酸基本不动
    A. 精氨酸   B. 丙氨酸   C. 谷氨酸   D. 天冬氨酸   E. 赖氨酸

19. 在 pH 7.0 时,哪种氨基酸带正电荷
    A. 丙氨酸   B. 亮氨酸   C. 赖氨酸   D. 谷氨酸   E. 苏氨酸

20. 蛋白质中的 α-螺旋和 β-折叠都属于
    A. 一级结构   B. 二级结构   C. 三级结构   D. 四级结构   E. 侧链结构

(张 冬)

第三章 维生素

> **学习目标**
>
> 【掌握】脂溶性维生素的缺乏病，水溶性维生素的活性形式、主要生理功能及缺乏症。
>
> 【熟悉】维生素的概念和种类，脂溶性维生素的生理功能。
>
> 【了解】脂溶性维生素和水溶性维生素的化学本质、性质及来源。

第一节 维生素的概述

一、维生素的概念

维生素（vitamin）是机体维持正常生理功能所必需，但在体内不能合成或合成量不足，必须由食物供给的一类低分子有机化合物。维生素既不构成组织细胞的成分，也不能氧化供能，但在物质代谢及多种生理功能的维持中发挥重要作用。

人类对维生素的认识可以追溯到公元7世纪初，当时我国唐代名医孙思邈已经开始用猪肝治疗"雀目"（维生素 A 缺乏症），用谷白皮防治"脚气病"（维生素 B_1 缺乏症）。17世纪欧洲的航海日记中也有关于使用柠檬汁或新鲜蔬菜防治海员坏血病（维生素 C 缺乏症）的记载。20世纪初更有多项有关维生素的研究获得诺贝尔奖。

二、维生素的命名与分类

维生素的种类很多，化学结构差别很大。维生素的命名是按照发现的先后顺序，以英文字母加以命名的，如维生素 A、维生素 B、维生素 C、维生素 D、维生素 E 和维生素 K 等。有的维生素之后又被证明是多种维生素的混合物，于是便在字母右下方注以阿拉伯数字编号，如维生素 B_1、维生素 B_2、维生素 B_6、维生素 B_{12} 等；有的化合物之后又被证明并非是维生素，这就导致维生素的名称无论是字母还是阿拉伯数字都是不连续的。

维生素可按其溶解性分为脂溶性维生素（lipid‐soluble vitamin）和水溶性维生素（water‐soluble vitamin）两大类。

三、维生素缺乏的主要原因

尽管人体对于维生素的需要量不多，但在长期摄入不足、吸收障碍或需要量增加等情况下,都可能发生维生素缺乏,造成物质代谢和生理功能紊乱,引起维生素缺乏症。对于生长发育期儿童、疾病恢复期患者、孕妇、乳母等特殊人群,尤其应该重视维生素的适量补充。

第二节 脂溶性维生素

脂溶性维生素包括维生素 A、维生素 D、维生素 E、维生素 K。它们都是异戊二烯的衍生物,属于疏水化合物,在食物中多与脂类共存,并与脂类一起被吸收。肝胆疾病及慢性腹泻等干扰脂类吸收的因素可能影响脂溶性维生素的吸收,甚至引起缺乏病。脂溶性维生素在体内往往与载脂蛋白或其他特殊蛋白结合运输,因此不会出现在尿中,但可以随胆汁从粪便排出。在体内,维生素 A、维生素 D、维生素 K 主要贮存于肝,维生素 E 则主要贮存于脂肪组织,由于排泄较慢,长期过量摄入脂溶性维生素可因体内蓄积而引起中毒症状。

一、维生素 A

维生素 A 是含 β-白芷酮环及 2 分子异戊二烯的不饱和一元醇。天然维生素 A 有两种形式:一种是维生素 A_1,又称视黄醇(retinol);另一种是维生素 A_2,因其脂环的 3 位碳多了一个双键,又称 3-脱氢视黄醇(图 3-1)。维生素 A_2 的生物学活性仅为维生素 A_1 的一半。

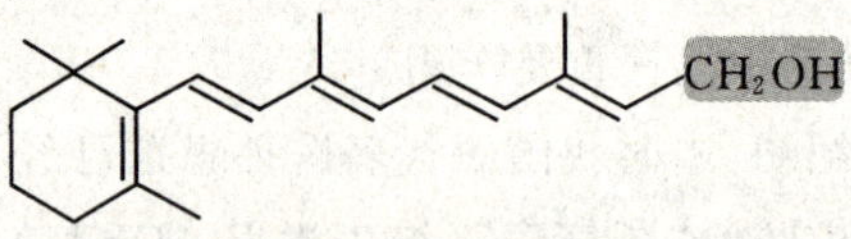

维生素 A_1(视黄醇) 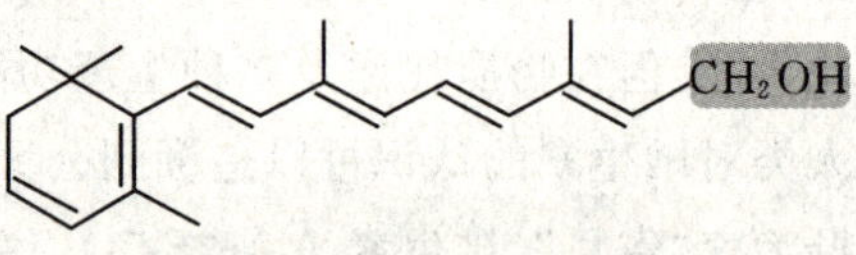   维生素 A_2(3-脱氢视黄醇)

图 3-1 维生素 A 的结构

维生素 A 在体内有三种活性形式:视黄醇、视黄醛和视黄酸。天然视黄醇为全反式,可氧化成视黄醛,并可进一步氧化成视黄酸。

维生素 A 主要存在于动物体内,肝脏、肉类、蛋黄等食物中含量丰富。植物中不含维生素 A,但胡萝卜等蔬菜中含有丰富的类胡萝卜素,尤其是 β-胡萝卜素,可以在小肠黏膜细胞的双加氧酶作用下断裂为 2 分子视黄醇,因此 β-胡萝卜素也被称作维生素 A 原(provitamin A)。

维生素 A 参与构成视觉细胞内的感光物质。视色素是 11-顺视黄醛与不同视蛋白结合而成的络合物。人类感受弱光的视色素为视紫红质,主要分布在视杆细胞。感受弱光刺激时,视紫红质中的 11-顺视黄醛发生光异构作用而转变为全反型视黄醛(图 3-2),同时与视蛋白分离。这一光异构作用引起视杆细胞膜的 Ca^{2+} 通道开放,Ca^{2+} 内流而引发神经冲动,传导到大脑皮质产生视觉。从亮处到暗处,总要适应一段时间才能看清弱光下的物体,这一现象称为"暗适应"。这是因为视紫红质被亮光分解,需要重新合成方能感受弱光刺激。当维生素 A 缺乏时,视紫红质合成受阻,不能很好地感受弱光,暗适应时间延长甚至丧失,这种维生素 A 缺乏症称为"夜盲症"。

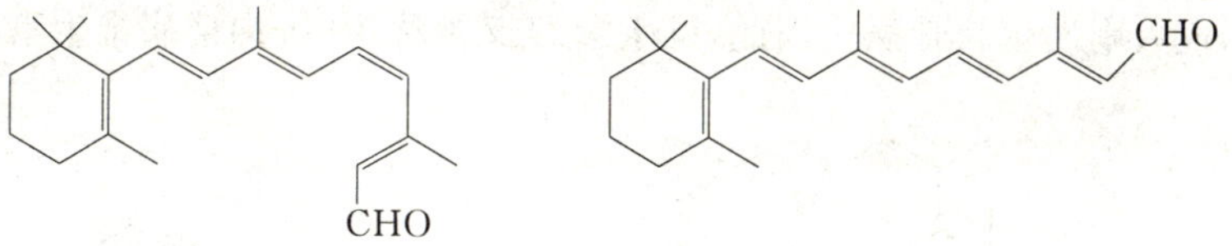

11-顺视黄醛　　　　　　　全反型视黄醛

图 3-2　11-顺与全反型视黄醛的结构

维生素 A 还参与维持上皮组织完整性。糖蛋白是上皮组织细胞间质和分泌黏液的主要成分。维生素 A 可以促进糖蛋白的合成,对于维持上皮组织的正常结构和功能具有重要作用。维生素 A 缺乏时,表现为皮肤及其附属器的上皮组织干燥、增生和角化。在皮肤,表现为皮脂腺和汗腺角化、分泌减少,毛囊角化,皮肤干燥、粗糙、脱屑等;在眼部,表现为角膜和结膜表皮细胞退变,易感染,泪腺萎缩,分泌减少,称为"干眼病"。因此,维生素 A 又被称为"抗干眼病维生素"。

维生素 A 还参与调控基因表达,促进生长发育。全反式视黄酸,又称全反式维 A 酸(all-trans retinoic acid,ATRA),是维生素 A 的中间代谢产物,在调控脊椎动物的生长、发育,尤其是胚胎发生过程中的形态形成具有重要作用。有实验证明,全反式视黄酸和 9-顺视黄酸可与细胞核受体结合并定位到染色体特定部位,调控特定基因的表达。

另外,流行病学调查表明,维生素 A 的摄入量与癌症的发生呈负相关。动物实验表明,维生素 A 及其衍生物全反式维 A 酸可诱导细胞分化,减轻化学致癌物的作用。β-胡萝卜素具有抗氧化作用,能清除体内自由基,对于因自由基所致的癌症,尤其是对吸烟引起的肺癌具有较好的预防作用。

正常成人每日维生素 A 的需要量是 2600～3300U。长期过量摄入维生素 A,如过食鱼肝油,可引起中毒症状,主要表现为骨痛、毛发易脱、鳞状皮炎、皮肤瘙痒、烦躁、头痛、厌食、恶心、腹泻、肝脾大及出血倾向等症状,孕妇摄入过多维生素 A 可发生胎儿畸形。

二、维生素 D

维生素 D 是一组类固醇的衍生物。最重要的维生素 D 是维生素 D_3,又称胆钙化醇。

维生素 D_3 主要存在于动物性食物,鱼油、肝、乳类及蛋黄等食物中含量丰富。人体皮肤含有 7-脱氢胆固醇,经阳光中的紫外线照射后,可转变为维生素 D_3,是人体维生素 D 的重要来源。因此,7-脱氢胆固醇被称为维生素 D_3 原(图 3-3)。

维生素 D_3 在肝细胞微粒体 25-羟化酶的作用下转变为 $25-(OH)-D_3$,后者是血浆中维生素 D_3 的主要存在形式,也是肝内维生素 D_3 的贮存形式。$25-(OH)-D_3$ 再经肾小管上皮细胞的 1α-羟化酶催化转变为维生素 D_3 的活性形式 $1,25-(OH)_2-D_3$。

维生素 D 的主要生理功能是参与钙磷代谢的调节。$1,25-(OH)_2-D_3$ 可以促进小肠黏膜细胞合成钙结合蛋白,增强 Ca^{2+}-ATP 酶活性,使小肠对钙和磷的吸收增加;提高破骨细胞的数量及活性,促进骨盐溶解和钙磷周转,有利于新骨钙化,维持骨的生长、更新;促进肾小管对钙磷的重吸收,但作用较弱。维生素D缺乏可引起钙磷代谢障碍,表现为血钙和血磷降低,神经肌肉的兴奋性增高,小儿手足搐搦等。严重缺乏维生素D,儿童可致佝偻病,成人则发生软骨病。因此,维生素D又被称为“抗佝偻病维生素”。

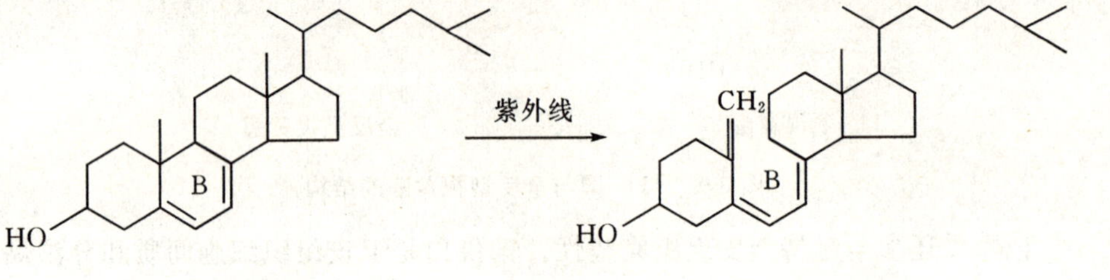

7-脱氢胆固醇　　　　维生素D_3

图3-3　7-脱氢胆固醇生成维生素D_3

维生素D还可以影响组织细胞的分化。有证据表明,多种组织细胞都存在维生素D受体,与1,25-$(OH)_2$-D_3结合调节细胞的分化。维生素D缺乏可引起自身免疫病,低日照与结肠癌和乳腺癌的发病率和死亡率相关。

正常成人每日维生素D的需要量为200～400U。长期服用维生素D每日超过2000U可引起中毒,主要表现为厌食、恶心、呕吐、嗜睡、皮痒、多尿、肾衰竭等,停药数日后症状可消失。重症中毒者可出现骨化过度和异位钙化等。

三、维生素E

维生素E又名生育酚(tocopherol),是一组苯骈二氢吡喃的衍生物。根据其化学结构可分为生育酚和生育三烯酚两大类,每类又根据甲基的数目和位置不同分为α、β、γ、δ四种(图3-4)。自然界以α-生育酚分布最广,活性最高,而作为抗氧化剂,以δ-生育酚作用最强,α-生育酚作用最弱。

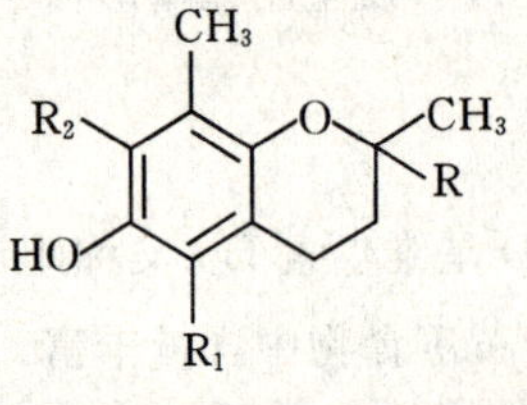

	α	β	γ	δ
R_1:	—CH_3	—CH_3	—H	—H
R_2:	—CH_3	—H	—CH_3	—H

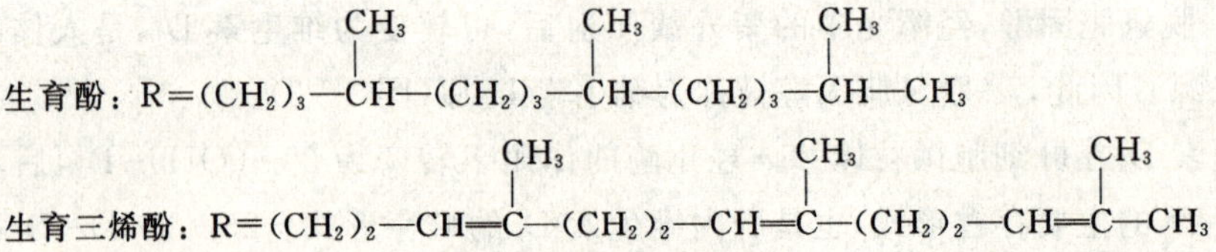

图3-4　维生素E的结构

维生素E主要存在于植物油、油性种子和麦芽中。豆类、莴苣中也含有较多的维生素E。

维生素 E 具有抗氧化作用。维生素 E 通过将分子中的酚羟基氧化成醌来捕捉自由基，避免脂质过氧化物产生，保护生物膜磷脂中的多不饱和脂肪酸及含巯基的蛋白质，是生物膜中对抗氧化损伤的第一道防线。

维生素 E 参与维持动物的生殖功能，缺少维生素 E 会使动物因生殖器官受损而不育。人类尚未发现因维生素 E 缺乏引起的不育。临床上常用维生素 E 治疗先兆流产、不育、月经紊乱及更年期综合征等。

维生素 E 能提高血红素合成过程中的关键酶 δ-氨基-γ-酮戊酸(δ-aminolevulinic acid，ALA)合酶和 δ-氨基-γ-酮戊酸脱水酶的活性，从而促进血红素的合成。另外，维生素 E 还能对抗红细胞氧化性溶血，延长红细胞寿命。

维生素 E 可以调节某些基因的表达，在抗感染、维持免疫功能、抑制细胞增殖、抑制低密度脂蛋白氧化从而降低心血管疾病危险性及延缓衰老等方面都有一定作用。

维生素 E 还能够调节前列腺素和血栓素的生成，抑制血小板聚集，以及参与维持骨骼肌、心肌、周围血管和脑细胞的正常结构和功能。

维生素 E 一般不易发生缺乏。严重的脂肪吸收障碍或肝功能受损可出现维生素 E 缺乏。维生素 E 缺乏主要表现为红细胞脆性增加引起贫血，偶可伴有神经功能障碍。

四、维生素 K

维生素 K 又称凝血维生素，是 2-甲基-1,4-萘醌的衍生物(图 3-5)。天然维生素 K 不溶于水。维生素 K_1 主要存在于绿叶蔬菜、麦麸和植物油中；维生素 K_2 是人体肠道细菌的代谢产物；维生素 K_3 和维生素 K_4 是人工合成的维生素 K 代用品，为水溶性，可口服或注射，活性高于天然维生素 K。

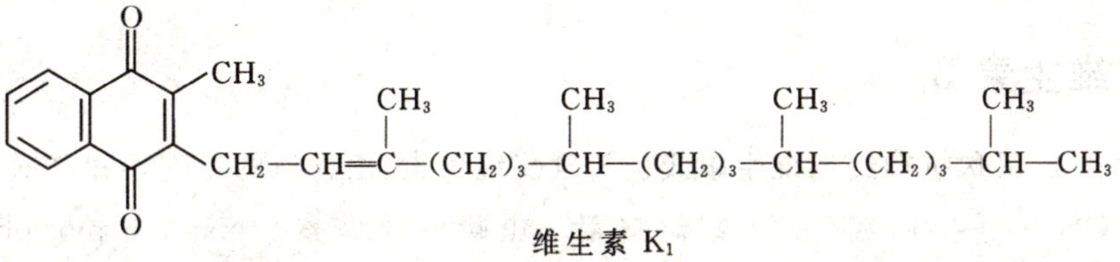

维生素 K_1

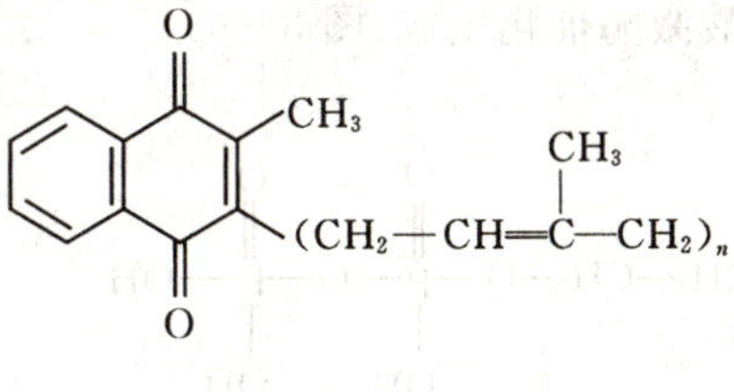

维生素 K_2

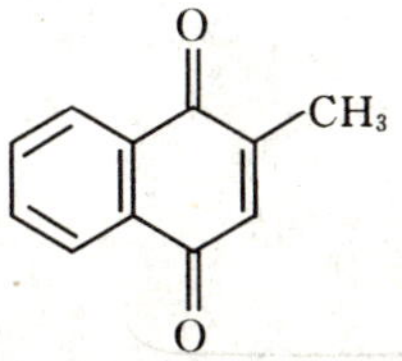

维生素 K_3

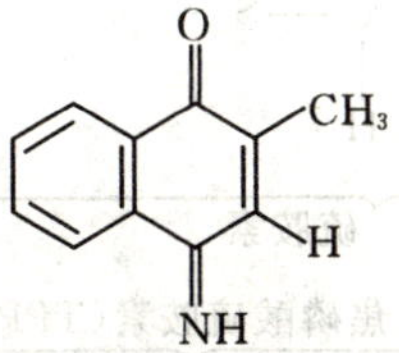

维生素 K_4

图 3-5 维生素 K 的结构

维生素 K 最主要的生理功能是参与凝血过程。凝血酶原(凝血因子Ⅱ)的激活需要 γ-谷氨酸羧化酶将其 N-末端的 10 个谷氨酸残基羧化成 γ-羧基谷氨酸。维生素 K 是 γ-谷氨酸羧化酶的辅助因子。γ-羧基谷氨酸具有很强的螯合 Ca^{2+} 的能力,这种结合可以进一步激活凝血酶,还可以帮助凝血酶附着在带负电荷的血小板或细胞膜的磷脂上发挥凝血作用。此外,维生素 K 也参与某些凝血因子及抗凝血因子的激活。

维生素 K 依赖的蛋白质也参与骨的代谢和降低动脉硬化的危险性。有证据表明,服用大剂量维生素 K 可以明显增加骨密度,因为骨中的骨钙蛋白和骨基质 γ-羧基谷氨酸蛋白都是维生素 K 所依赖的。

正常成人对维生素 K 的需要量为每日 60~80μg。由于维生素 K 广泛存在于动、植物性食物,肠菌也能合成,一般情况下不会出现缺乏症。只有长期大量口服广谱抗生素抑制肠道菌群生长或发生脂肪吸收障碍,才会出现维生素 K 缺乏症。维生素 K 缺乏主要表现为凝血障碍,皮下、肌肉及胃肠道出血。

第三节 水溶性维生素

水溶性维生素包括 B 族维生素和维生素 C。B 族维生素是一组结构各不相同,只因溶解性相似而一并提取的维生素,包括维生素 B_1、维生素 B_2、维生素 B_6、维生素 PP、泛酸、叶酸、生物素和 B_{12} 等,通常作为酶的辅酶或辅基,参与代谢过程。硫辛酸常与维生素 B_1 同时存在,但它不溶于水而易溶于有机溶剂,也有人将其归为脂溶性维生素。

水溶性维生素的特点是易溶于水,在食物加工过程中易失活、易流失;多数在碱性环境中不稳定;吸收快,在体内很少储存,需不断从膳食中补充;过量摄入后随尿排出,很少因蓄积而中毒。

一、维生素 B_1

维生素 B_1 又称抗神经炎维生素或抗脚气病维生素,由含硫的噻唑环和含氨基的嘧啶环通过—CH_2—连接而成,故又名硫胺素。焦磷酸硫胺素(thiamine pyrophosphate,TPP)是维生素 B_1 在体内的活性形式,由焦磷酸激酶催化生成(图 3-6)。

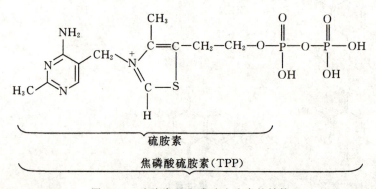

图 3-6 硫胺素及焦磷酸硫胺素的结构

维生素 B_1 在谷类和豆类的种皮、酵母、干果、蔬菜中含量丰富,过度加工的精白米面则会造成维生素 B_1 大量丢失。动物的肝脏、肾脏、脑、瘦肉和禽蛋中也含有较多的维生素 B_1。

维生素 B_1 最主要的生理功能是参与糖的氧化分解。焦磷酸硫胺素是 α-酮酸氧化脱羧酶的辅酶,其噻唑环上的 S 与 N 之间的 C 十分活跃,易于释出 H^+ 形成碳负离子并与 α-酮酸的酮基结合,形成不稳定的中间物,促使其脱羧释放出 CO_2。维生素 B_1 缺乏会影响 α-酮酸的氧化脱羧,使糖代谢受阻,丙酮酸堆积,影响细胞的正常功能,神经细胞尤其敏感。

焦磷酸硫胺素还是转酮醇酶的辅酶,参与磷酸戊糖途径。当维生素 B_1 缺乏时,磷酸戊糖途径受阻,核糖及 NADPH 的生成存在障碍,体内核苷酸及鞘磷脂的合成不足,导致末梢神经炎及其他神经病变。

维生素 B_1 能可逆地抑制胆碱酯酶的活性,并为乙酰胆碱的合成提供乙酰基,因此,维生素 B_1 在神经传导中起一定作用。当维生素 B_1 缺乏时,乙酰胆碱的生成不足,分解加速,在消化系统可导致消化液分泌减少和胃肠蠕动减慢。维生素 B_1 缺乏主要表现为食欲不振、消化不良、胃肠胀气等。

正常成人维生素 B_1 的需要量为每日 1.2~1.5mg。当维生素 B_1 严重缺乏时,糖代谢受阻、丙酮酸堆积,初期表现为多发性神经炎、食欲减退、四肢无力、心搏过速、下肢浮肿等,严重时会出现肌肉萎缩、腕下垂、麻痹、心脏扩张及循环衰竭等,临床上称为"脚气病"。

二、维生素 B_2

维生素 B_2 又名核黄素,是核醇和 6,7-二甲基异咯嗪的缩合物(图 3-7)。

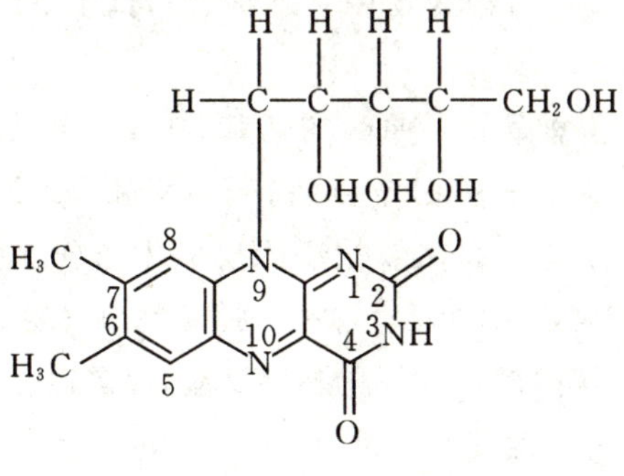

图 3-7 维生素 B_2 的结构

食物中的维生素 B_2 主要在小肠上段通过转运蛋白主动吸收,在小肠黏膜细胞黄素激酶的作用下,转变为黄素单核苷酸(flavin mononucleotide,FMN),进一步结合腺苷一磷酸生成黄素腺嘌呤二核苷酸(flavin adenine dinucleotide,FAD)(图 3-8)。FMN 和 FAD 是维生素 B_2 的活性形式。

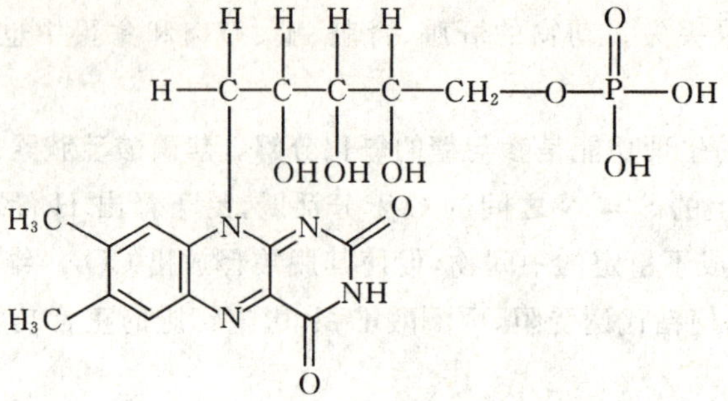

黄素单核苷酸(FMN)

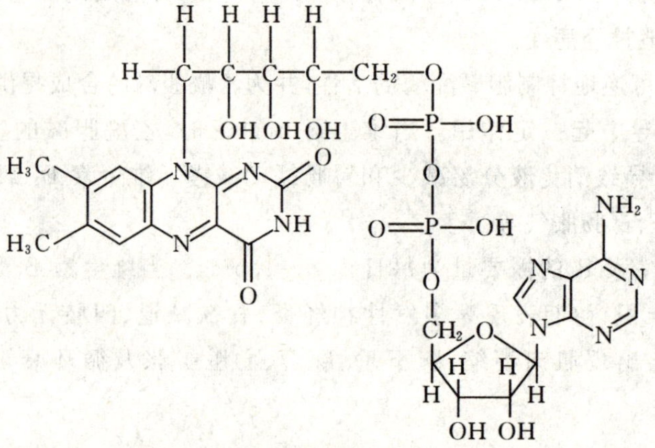

黄素腺嘌呤二核苷酸(FAD)

图3-8 黄素单核苷酸(FMN)与黄素腺嘌呤二核苷酸(FAD)的结构

维生素 B_2 广泛存在于动、植物食物中。米糠、酵母、肝、蛋黄、乳制品及蔬菜中含量丰富。

FMN 和 FAD 是体内多种氧化还原酶的辅基,在氧化还原反应中起传递氢的作用。这些含核黄素的酶也被称为黄素蛋白或黄酶。FMN 和 FAD 分子中异咯嗪环上 N_1 和 N_{10} 能可逆地加氢和脱氢,因此它们在氧化还原反应中可作为氢的传递体。以 FMN 或 FAD 为辅基的酶有琥珀酸脱氢酶、脂酰辅酶 A 脱氢酶、L-氨基酸氧化酶及黄嘌呤氧化酶等。维生素 B_2 广泛参与体内的各种氧化还原反应,促进糖、脂肪和蛋白质的代谢,对维持上皮组织的正常功能具有一定的作用。

维生素 B_2 的需要量为每日 1.2~1.5mg,维生素 B_2 缺乏可引起代谢强度降低,表现为口角炎、唇舌炎、眼睑炎、结膜炎、角膜血管增生、脂溢性皮炎等。

三、泛酸

泛酸(pantothenic acid)又名遍多酸,因其在自然界中分布广泛而得名(图3-9)。泛酸是由二羟基二甲基丁酸通过酰胺键与 β-丙氨酸缩合而成的有机酸。

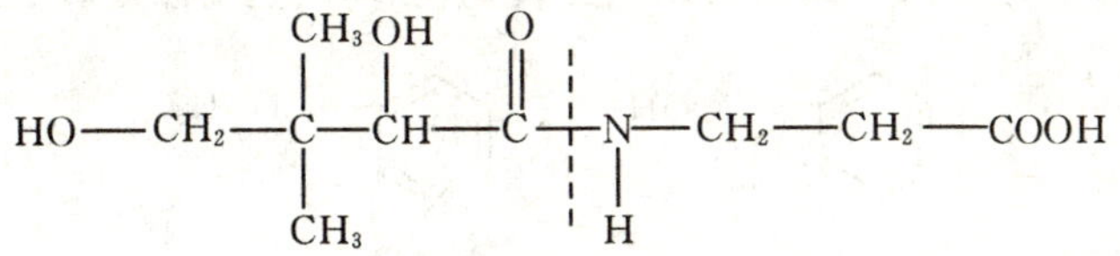

图 3-9 泛酸的结构

泛酸被吸收后经磷酸化并与半胱氨酸提供的 β-巯基乙胺结合成为 4′-磷酸泛酰巯基乙胺。后者是辅酶 A(coenzyme A，CoA)和酰基载体蛋白(acyl carrier protein，ACP)的组成成分，辅酶 A 和酰基载体蛋白是泛酸在体内的活性形式(图 3-10)，参与传递脂酰基。

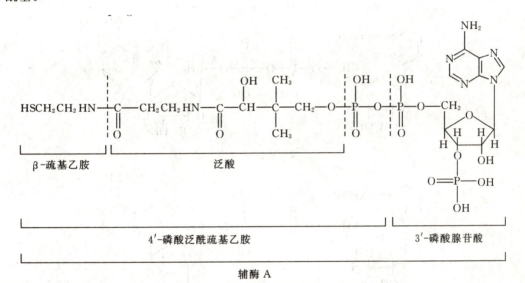

图 3-10 辅酶 A 的结构

泛酸在食物中普遍存在，尤其在谷类、豆类、酵母和动物肝脏中含量丰富，肠道细菌也可以合成泛酸，一般很少发生缺乏症。

目前已知利用辅酶 A 和酰基载体蛋白的酶有 70 多种，它们在体内广泛参与糖、脂肪、蛋白质代谢及肝的生物转化。辅酶 A 是酰基转移酶的辅酶，主要起传递脂酰基的作用。脂酰基的结合部位是—SH，故常以 HSCoA 表示辅酶 A，如携带乙酰基形成乙酰辅酶 A，则写作 $CH_3CO-SCoA$。酰基载体蛋白与脂肪酸的合成有密切关系。

在临床上，辅酶 A 可以作为代谢促进剂，用于冠心病、肝炎、白细胞减少症、原发性血小板减少性紫癜等疾病的辅助治疗。

典型的泛酸缺乏症极为罕见。早期表现为易疲劳、胃肠功能紊乱；严重时出现肢神经痛综合征，主要表现为脚趾麻木、步行摇晃、周身酸痛等；病情继续恶化，则会产生易怒、暴躁、失眠等症状。

四、维生素 PP

维生素 PP 又称抗癞皮病维生素，包括烟酸(nicotinic acid)和烟酰胺(nicotinamide)，二者均为吡啶的衍生物(图 3-11),可以相互转化,在体内主要以酰胺形式存在。

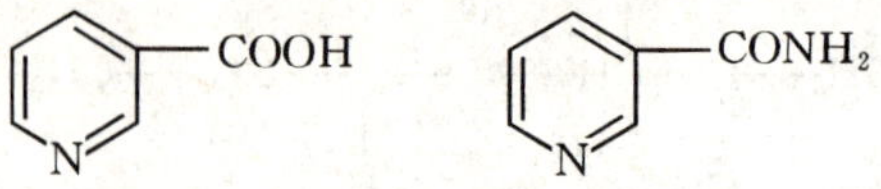

尼克酸　　　　尼克酰胺

图 3-11　维生素 PP 的结构

在体内,维生素 PP 的活性形式是烟酰胺腺嘌呤二核苷酸(nicotinamide adenine dinucleotide,NAD^+,辅酶Ⅰ)和烟酰胺腺嘌呤二核苷酸磷酸(nicotinamide adenine dinucleotide phosphate,$NADP^+$,辅酶Ⅱ)(图 3-12)。

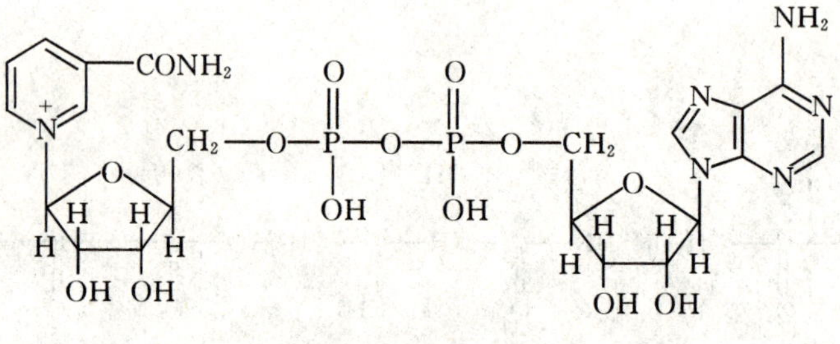

NAD^+ 的结构

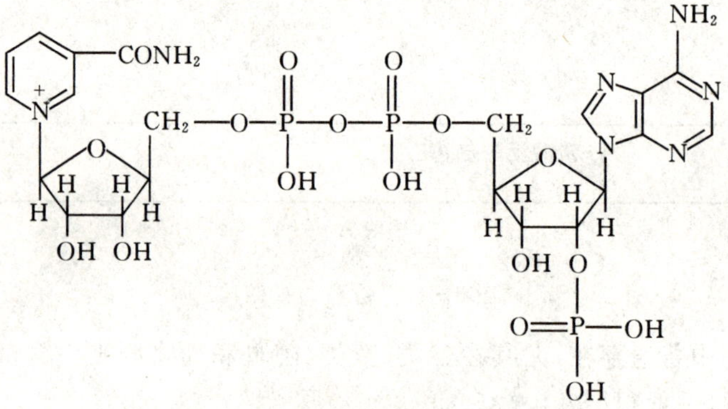

$NADP^+$ 结构

图 3-12　NAD^+ 与 $NADP^+$ 的结构

维生素 PP 在自然界中分布广泛,以酵母、米糠中含量最多,豆类、蔬菜、肉类和肝脏等也是维生素 PP 的重要来源。人体利用色氨酸可以合成少量维生素 PP,但转化效率较低,不能满足人体需要。玉米的色氨酸含量低,维生素 PP 又以不易吸收的结合形式存在,因此以玉米为主食的人容易发生缺乏症状。

NAD^+ 和 $NADP^+$ 是生物体内多种不需氧脱氢酶的辅酶,在氧化还原反应中能可逆地加氢和脱氢,起氢传递体的作用。分子中烟酰胺的吡啶 N 为五价,能够可逆地接受两个电子变成三价,其对侧的 C 原子性质活泼,能够可逆地结合一个 H^+。因此 NAD^+ 和 $NADP^+$ 在每次脱氢反应中可以接受一个氢原子和一个电子,另一个 H^+ 则游离于介质中,形成 $NADH+H^+$ 或 $NADPH+H^+$,反应可逆。

维生素 PP 可抑制脂肪动员和减少肝内极低密度脂蛋白(VLDL)的合成,从而降低血胆固醇。近年来,烟酸作为药物已用于辅助治疗高胆固醇血症和动脉粥样硬化。

正常成人对维生素 PP 的需要量为每日 15～20mg。维生素 PP 缺乏可引起皮肤暴露部位的对称性皮炎,伴有消化不良性腹泻和神经变性导致的痴呆,称糙皮病(pellagra)。抗结核药物异烟肼的结构与维生素 PP 十分相似,长期服用可引起维生素 PP 的缺乏。

大剂量(每日 2～4g)服用烟酸可引起血管扩张、皮肤潮红、胃肠不适等症状。长期日服用量超过 500mg 还可能造成肝损伤。烟酸肌醇酯是一种温和的周围血管扩张药,副作用少,并可降低胆固醇。

五、维生素 B_6

维生素 B_6 是吡啶的衍生物,包括三种结构类似的化合物——吡哆醇(pyridoxine)、吡哆醛(pyridoxal)和吡哆胺(pyridoxamine)。维生素 B_6 的活性形式主要有磷酸吡哆醛(pyridoxal phosphate)和磷酸吡哆胺(pyridoxamine phosphate),二者可以相互转化(图 3－13)。

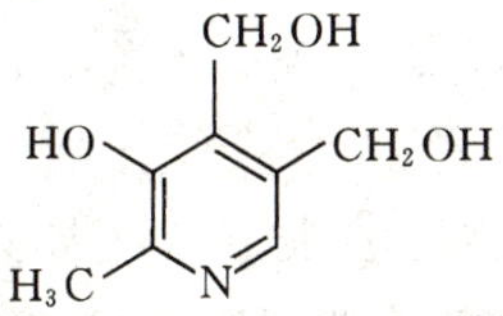

吡哆醇

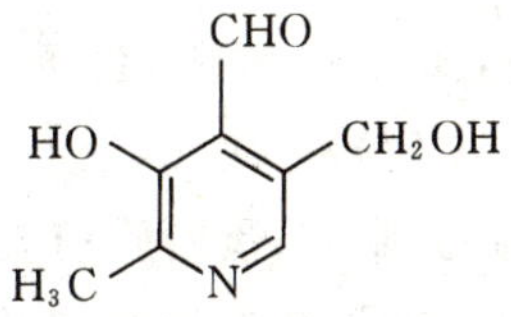

吡哆醛

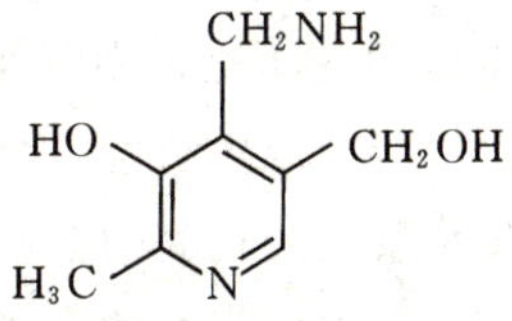

吡哆胺

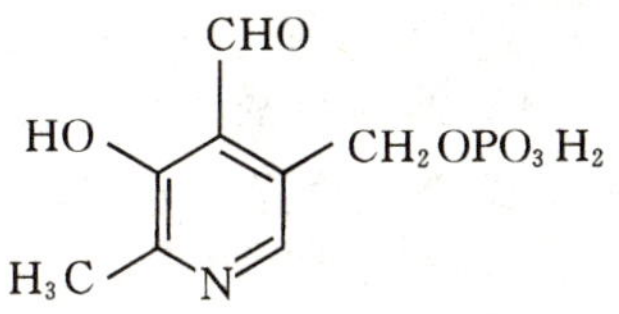

磷酸吡哆醛

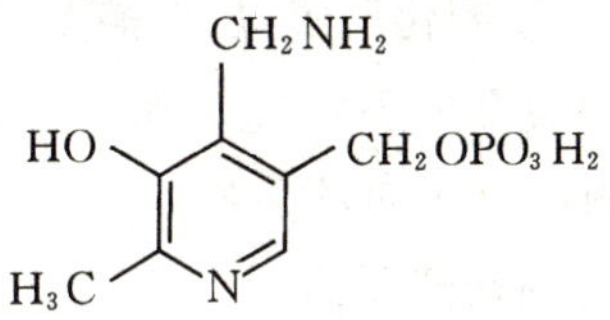

磷酸吡哆胺

图 3－13 维生素 B_6 及其磷酸酯的结构

维生素 B_6 广泛分布于动植物食物中,米糠、坚果、豆类、蛋黄、肝、肉类、鱼及酵母中含量尤为丰富。肠菌虽能合成维生素 B_6,但只有少量被吸收、利用。

磷酸吡哆醛是体内百余种酶的辅酶,重要的有:①氨基酸转氨酶的辅酶,通过醛式和胺式的互变传递氨基,参与氨基酸的分解代谢和营养非必需氨基酸的合成。②氨基酸脱羧酶的辅酶,催化氨基酸脱羧生成生物胺,如谷氨酸脱羧生成抑制性神经递质 γ-氨基丁酸。③δ-氨基-γ-酮戊酸合酶的辅酶,参与血红素生成,并参与血红蛋白合成过程中铁的参入,缺乏维生素 B_6 可出现小细胞低色素性贫血及血清铁升高。

磷酸吡哆醛还可将类固醇激素-受体复合物从 DNA 结合位点移去,终止其作用。当维生素 B_6 缺乏时,人体对雌激素、雄激素、肾上腺皮质激素和维生素 D 的敏感性增加,类固醇激素依赖的前列腺癌、乳腺癌和子宫内膜癌的风险可能增加。

由于食物中含有丰富的维生素 B_6,人类很少发生维生素 B_6 缺乏症。但磷酸吡哆醛可与异烟肼或青霉胺结合而失去活性,在长期使用此类药物时,应及时补充维生素 B_6。

六、生物素

生物素(biotin)是由噻吩和尿素结合形成的双环化合物,含有戊酸侧链。自然界存在的生物素至少有两种:α-生物素和 β-生物素(图 3-14)。

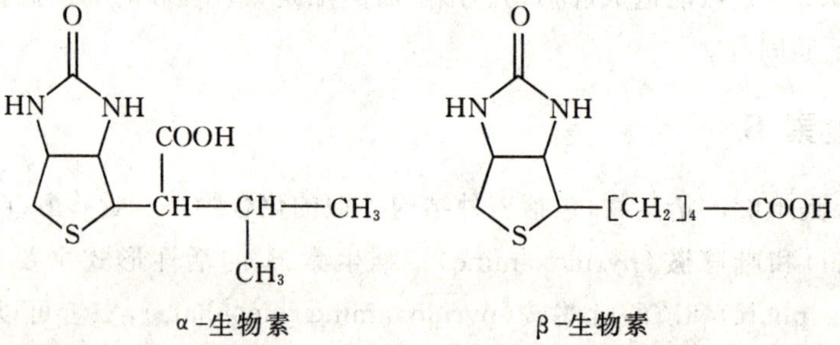

图 3-14 生物素的结构

生物素在动植物中分布广泛,如肝脏、肾脏、蛋黄、酵母、蔬菜、谷类中含量丰富。肠道细菌也能合成生物素,因此很少发生缺乏症。

生物素是羧化酶的辅基,参与糖、脂肪、蛋白质和核酸的代谢。生物素通过戊酸的羧基与酶蛋白中赖氨酸的 ε-氨基以酰胺键相连而紧密结合形成复合物,称生物胞素(biocytin)。在羧化反应中,生物胞素固定 CO_2 为羧基,与尿素环上的一个 N 原子结合,再转移给相应底物,完成羧化反应,反应需要 ATP。

生物素还参与基因表达的调控。目前,已经鉴定的人类基因组中含有 2000 多个依赖生物素的基因。组蛋白的生物素化作为一种表观遗传学调控方式,可以影响细胞周期、转录和 DNA 损伤修复。

生物素来源广泛,肠道细菌也能合成生物素,故一般不易缺乏。但未煮熟的鸡蛋清中含有一种抗生物素蛋白,能与生物素结合而妨碍其吸收,若长期食用就可能发生生物素缺乏。另外,长期口服抗生素,抑制肠道正常菌群,也可能造成生物素缺乏。生物素缺乏的主要症状是疲劳、食欲缺乏、恶心、呕吐、皮炎及脱屑型红皮病。

七、叶酸

叶酸(folic acid)由 2-氨基-4-羟基-6-甲基蝶呤啶、对氨基苯甲酸和 L-谷氨酸三部分组成,又称蝶酰谷氨酸。

在体内,叶酸被二氢叶酸还原酶还原为二氢叶酸,再进一步还原为 5,6,7,8-四氢叶酸(tetrahydrofolic acid,THFA 或 FH_4),反应需要 NADPH。四氢叶酸是叶酸的活性形式(图 3-15)。

叶酸广泛存在于蔬菜、水果、肝和酵母中,肠道细菌也可以合成叶酸。

FH_4 是一碳单位的载体,作为一碳单位转移酶的辅酶。FH_4 分子中 N_5 和 N_{10} 是一碳单位结合的部位。体内许多物质如嘌呤、胸腺嘧啶、丝氨酸、甘氨酸等的合成均需要一碳单位。叶酸缺乏时，DNA 合成受到抑制，骨髓幼红细胞的分裂速度降低，细胞体积增大，核内染色质疏松，这种红细胞大部分在骨髓内成熟前就被破坏，由此造成的贫血称为巨幼红细胞性贫血，又称恶性贫血。抗癌化疗药物甲氨蝶呤与叶酸结构相似，二者可以通过竞争性抑制作用抑制二氢叶酸还原酶活性，使四氢叶酸生成减少，进而抑制肿瘤细胞的分裂增殖，发挥抗癌作用。

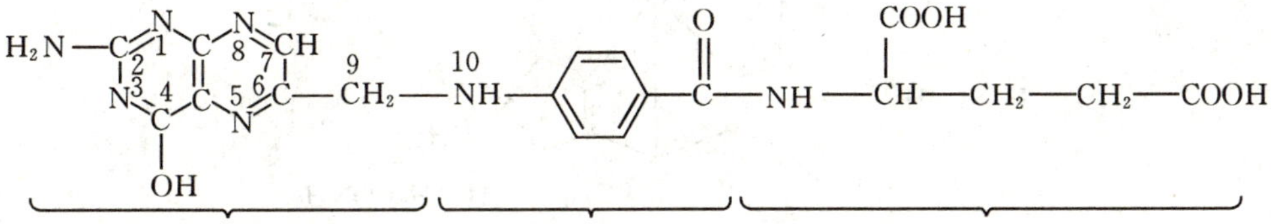

蝶啶　　对氨基苯甲酸　　L-谷氨酸

叶酸

$$\text{叶酸(F)} + NADPH(H^+) \xrightarrow{FH_2\text{ 还原酶}} \text{5,6-二氢叶酸}(FH_2) + NADP^+$$

$$FH_2 + NADPH(H^+) \xrightarrow{FH_2\text{ 还原酶}} \text{5,6,7,8-四氢叶酸}(FH_4) + NADP^+$$

图 3-15　叶酸的结构及四氢叶酸的生成

FH_4参与甲硫氨酸的再生。甲硫氨酸的再生需要 FH_4 和维生素 B_{12} 提供甲基，叶酸缺乏可引起甲硫氨酸的转甲基障碍。

叶酸来源广泛，一般不易发生缺乏症。但吸收不良、需求增加、代谢失常或长期服用光谱抗生素等可造成叶酸缺乏。抗惊厥药及口服避孕药也可干扰叶酸的吸收和代谢，导致叶酸缺乏。另外，叶酸可降低无脑儿、脊柱裂等神经管畸形的发生风险，孕妇及乳母应适量补充。

八、维生素 B_{12}

维生素 B_{12} 又称钴胺素(cobalamine)，是卟啉的衍生物，其钴啉环中含有一个金属离子钴，是目前已知的唯一含有金属元素的维生素(图 3-16)。

维生素 B_{12} 的钴与不同的基团结合，可以形成氰钴胺素、羟钴胺素、甲钴胺素和 5′-脱氧腺苷钴胺素等形式。前两种是药用维生素 B_{12} 的形式，后两种具有辅酶的功能，又称辅酶 B_{12}(CoB_{12})，也是体内维生素 B_{12} 的主要形式。

肝脏、肾脏、瘦肉、鱼肉、蛋类等动物性食物中维生素 B_{12} 的含量较高，肠道细菌也可以合成。一般情况下人体不会缺少维生素 B_{12}。在十二指肠，维生素 B_{12} 需要与胃壁细胞分泌的一种称为内因子(intrinsic factor, IF)的糖蛋白结合才能被回肠吸收。内因子产生不足可能影响维生素 B_{12} 的吸收，引起缺乏症状。

维生素 B_{12} 是甲基转移酶的辅酶，有利于甲硫氨酸的再生和多种物质的甲基化，甲钴胺素参与甲基的传递。当维生素 B_{12} 缺乏时，一方面，甲硫氨酸的再生障碍出现同型半胱氨酸的堆积，增加动脉粥样硬化、血栓形成及高血压风险；另一方面，四氢叶酸的再生障

碱 N^5-甲基四氢叶酸堆积,组织中游离的四氢叶酸减少,一碳单位代谢受阻,影响嘌呤、嘧啶的合成,导致核酸的合成障碍,影响细胞分裂,发生巨幼红细胞性贫血。

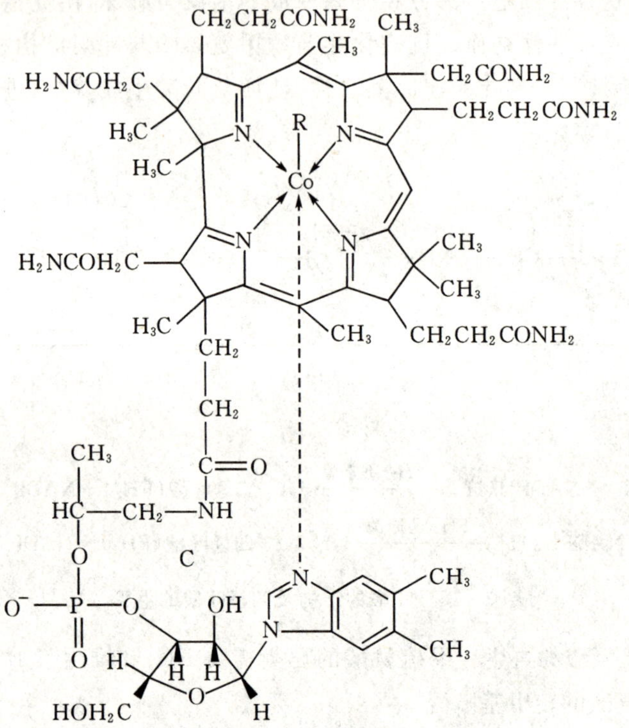

R=CN,氰钴胺素;R=CH₃,甲钴胺素

R=OH,羟钴胺素;R=5'-脱氧腺苷,5'-脱氧腺苷钴胺素

图 3-16 钴胺素的结构

5'-脱氧腺苷钴胺素是 L-甲基丙二酰辅酶 A 变位酶的辅酶,参与支链氨基酸和奇数碳脂肪酸的分解代谢。当维生素 B_{12} 缺乏时,L-甲基丙二酰辅酶 A 大量堆积,并可代替丙二酰辅酶 A 合成支链脂肪酸,破坏生物膜的结构,影响神经髓鞘的转换,使神经髓鞘变性退化,引发进行性脱髓鞘,这是维生素 B_{12} 缺乏出现神经症状的原因。

九、维生素 C

维生素 C 是含六个碳原子的不饱和多羟基化合物,是 L-型己糖的衍生物,以内酯形式存在。其 C_2 和 C_3 位的两个烯醇式羟基极易释出 H^+ 而呈酸性,故称抗坏血酸。维生素 C 是一种强还原剂,在水溶液中易被 O_2 或其他氧化剂氧化生成脱氢抗坏血酸(图 3-17)。在体内,抗坏血酸在氧化还原反应中,能可逆地接受和释出氢,起递氢体的作用。

维生素 C 广泛存在于新鲜的蔬菜和水果中,以番茄、柑橘类、鲜枣、山楂等中含量丰富,人体不能合成。植物的干种子中虽不含维生素 C,一旦发芽便可大量合成。

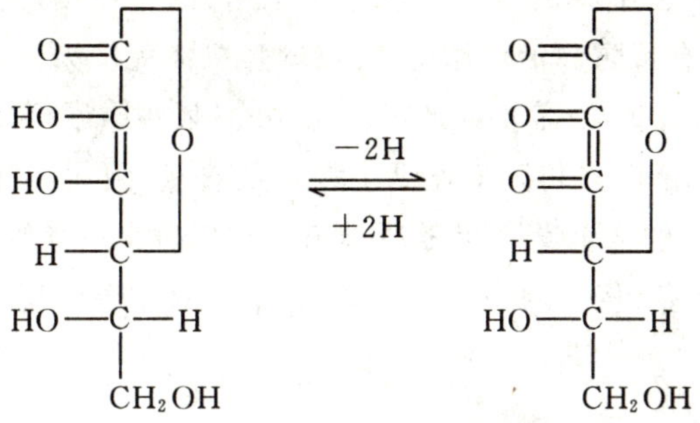

L-抗坏血酸　　　　　　脱氢抗坏血酸

图 3-17　维生素 C 的结构

维生素 C 是羟化酶的辅助因子,参与体内的多种羟化反应:①促进胶原蛋白的合成。前胶原肽链中的大量脯氨酸和赖氨酸由羟化酶催化,生成羟脯氨酸和羟赖氨酸,羟化后的多肽链连接起来,形成胶原蛋白。羟化酶含有巯基,以 Fe^{2+} 作为辅助因子,维生素 C 对巯基和 Fe^{2+} 均有保护作用,可以促进胶原蛋白的合成。因此,维生素 C 的缺乏可导致毛细血管脆性增加、牙齿易松动、骨骼易折断以及创伤不易愈合等,称"坏血病"。②参与胆固醇的转化。在正常情况下,体内胆固醇约有 40% 转变为胆汁酸。维生素 C 是胆汁酸生成的限速酶 7α-羟化酶的辅酶。胆固醇转变为肾上腺皮质激素的反应也需要维生素 C 的参与。因此,维生素 C 缺乏可影响胆固醇的代谢,造成胆固醇堆积。③参与芳香族氨基酸的代谢。苯丙氨酸羟化生成酪氨酸及酪氨酸进一步代谢的反应,均需维生素 C 的参与。当维生素 C 缺乏时,尿中可检测到大量对羟苯丙酮酸。维生素 C 还参与酪氨酸转变为儿茶酚胺,色氨酸转变为 5-羟色胺的反应。④参与肉碱的合成。体内肉碱的合成需要依赖维生素 C 的羟化酶。维生素 C 缺乏时,由于脂肪酸的 β 氧化作用减弱,可出现倦怠、乏力等症状。

维生素 C 具有还原性,参与体内的氧化还原反应。①保护巯基酶:维生素 C 能使巯基酶如琥珀酸脱氢酶、乳酸脱氢酶等的—SH 维持还原状态,发挥正常的生理功能。维生素 C 还能在谷胱甘肽还原酶的催化下,使氧化型谷胱甘肽(GSSG)还原,生成还原型谷胱甘肽(GSH),将脂质过氧化物还原,保护生物膜的正常功能,发挥抗氧化作用(图 3-18)。②其他作用:维生素 C 能使红细胞中的高铁血红蛋白(MHb)还原为血红蛋白(Hb),恢复其运输氧的能力;维生素 C 能使三价铁(Fe^{3+})还原为易被肠黏膜细胞吸收的二价铁(Fe^{2+}),并能使血浆运铁蛋白中的 Fe^{3+} 还原为 Fe^{2+};维生素 C 能促进叶酸转变为具有生理活性的四氢叶酸;维生素 C 能保护维生素 A、维生素 E 和维生素 B 免遭氧化;维生素 C 作为抗氧化剂,还能影响细胞内活性氧敏感的信号途径,调节基因表达和细胞功能,促进细胞分化。

图 3-18　维生素 C 参与维持谷胱甘肽的还原状态

生物化学

维生素C能促进淋巴细胞增殖并加强趋化作用、促进免疫球蛋白合成、增强吞噬细胞的吞噬能力,对感染有预防和治疗作用,可以增强机体免疫力。

我国建议成人维生素C的需要量是每日60mg。某些因素可能影响其利用,如吸烟、口服避孕药和皮质类固醇激素可降低血维生素C的含量,阿司匹林可干扰白细胞对维生素C的摄取。过量摄入的维生素C可随尿排出。与多数水溶性维生素不同的是,维生素C在体内有一定量的储存,相应的缺乏症在3~4个月后才会出现。

十、硫辛酸

硫辛酸(lipoic acid)是含硫的八碳酸,其6位和8位碳通过二硫键相连,故称6,8-二硫辛酸,有氧化型和还原型两种存在形式,二者可以互变(图3-19)。

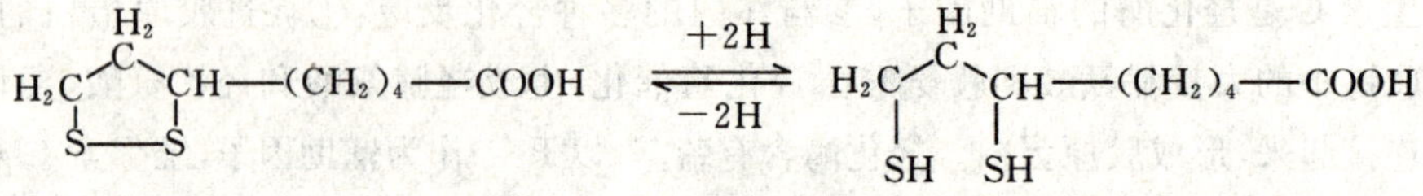

图3-19 硫辛酸的结构及形式

硫辛酸不溶于水,易溶于脂溶剂,因此有人将其归入脂溶性维生素。也有人认为它不是维生素,而将其称为类维生素。

硫辛酸在自然界分布广泛,肝脏和酵母中含量尤为丰富。在食物中,硫辛酸常与维生素B_1同时存在。目前,尚未发现人类有硫辛酸缺乏症。

硫辛酸是α-酮酸氧化脱羧酶的辅酶。例如,丙酮酸脱氢酶复合体中,硫辛酸是二氢硫锌酰胺转乙酰基酶的辅酶,起传递氢和转移酰基的作用,促进乙酰辅酶A的生成。硫辛酸还具有抗脂肪肝和降低血胆固醇的作用。此外,它很容易进行氧化还原反应,可以保护巯基酶免受金属离子的损害。

本章小结

维生素是人体维持正常生理功能所必需的一类小分子微量化合物,机体不能合成或合成量不足,必须由食物供给。维生素分为脂溶性维生素与水溶性维生素两大类。

脂溶性维生素包括维生素A、维生素D、维生素E、维生素K。它们的消化吸收与脂类一起进行,脂类吸收障碍可引起脂溶性维生素缺乏症。长期摄入过多可导致中毒症。维生素A参与组成视觉细胞内的感光物质,维持上皮组织结构的完整,促进生长、发育和繁殖,并有抗氧化及抑制癌变的作用。维生素D的活性形式是$1,25-(OH)_2-D_3$,参与钙磷代谢的调节。维生素E具有抗氧化、维持生殖功能和促进血红素合成等作用。维生素K参与多种凝血因子的活化,与血液凝固有关。

水溶性维生素包括B族维生素和维生素C。B族维生素多构成酶的辅酶成分,参与物质代谢。维生素B_1的活性形式是焦磷酸硫胺素,作为α-酮酸氧化脱羧酶、转酮醇酶的辅酶,维生素B_1缺乏可引起"脚气病";维生素B_2的活性形式是黄素单核苷酸与黄素腺嘌呤二核苷酸,作为黄素蛋白酶的辅基传递氢,维生素 B_2 缺乏时,可引起唇炎、舌炎、口角炎等症;泛酸的活性形式是辅酶 A 和酰基载体蛋白,参与酰基转移反应;维生素 PP 的活性形式是 NAD^+ 和 $NADP^+$,是多种不需氧脱氢酶的辅酶,作为氢的传递体,维生素 PP 缺乏引起癞皮病;维生素 B_6 的活性形式是磷酸吡哆醛/胺,是氨基酸转氨酶、脱羧酶的辅酶,参与氨基的转移;生物素是羧化酶的辅酶;叶酸和维生素 B_{12} 与一碳单位代谢密切相关。维生素 C 是一种抗氧化剂,还参与多种物质的羟化反应。硫辛酸常与维生素 B_1 共存,是 α-酮酸氧化脱羧酶的辅酶。

综合测试题

单项选择题

1. 关于脂溶性维生素的叙述不正确的是
   A. 其消化、吸收过程与脂类一起进行
   B. 在血中的运输需结合载脂蛋白或特殊载体
   C. 体内有一些储存,但积蓄时易中毒
   D. 肠道细菌合成可满足人体所需
   E. 多数与构成辅酶无直接关系

2. 维生素 B_1 严重缺乏可引起
   A. 口角炎　　　　　　B. 脚气病　　　　　　C. 佝偻病
   D. 恶性贫血　　　　　E. 坏血病

3. 患口腔炎(口角炎、唇炎、舌炎等)时应补充下面哪种维生素
   A. 维生素 B_1　　　　B. 维生素 B_2　　　　C. 维生素 B_6
   D. 维生素 PP　　　　 E. 维生素 C

4. 下列哪个辅酶不含维生素
   A. 磷酸吡哆醛　　　　B. NAD^+　　　　　　C. FAD
   D. 辅酶 Q　　　　　　E. HSCoA

5. 下列维生素或其衍生物作为辅酶的生理功能哪个是错误的
   A. 生物素——羧化　　B. 泛酸——转酰基　　C. 叶酸——还原
   D. 吡哆醛——转氨基　E. 尼克酰胺——传递氢

6. 下列哪种维生素缺乏不会导致丙酮酸堆积
   A. 维生素 B_1　　　　B. 维生素 B_2　　　　C. 维生素 B_6
   D. 维生素 PP　　　　 E. 泛酸

7. 下列哪种维生素可由胆固醇生成
   A. 生物素　　　　　　B. 硫辛酸　　　　　　C. 维生素 PP
   D. 维生素 D　　　　　E. 维生素 B_{12}

8. 下列哪两种维生素缺乏都会影响一碳单位代谢
   A. 维生素 B_{12} 和叶酸　　B. 维生素 B_6 和维生素 B_2

C. 维生素 B_{12} 和维生素 B_6 　　D. 维生素 PP 和维生素 B_{12}
E. 叶酸和维生素 B_2

9. 含金属元素的维生素是
   A. 生物素　　　　　　　B. 硫辛酸　　　　　　　C. 维生素 B_6
   D. 维生素 PP　　　　　　E. 维生素 B_{12}

10. 胶原蛋白合成需要
    A. 维生素 A　　　　　　B. 维生素 B　　　　　　C. 维生素 C
    D. 维生素 D　　　　　　E. 维生素 E

(王宏娟)

第四章 酶

> **学习目标**
>
> 【掌握】酶的概念,酶的化学组成,酶促反应的特点,酶的分子组成,酶的活性中心,同工酶,影响酶促反应速度的因素及米氏常数的意义。
> 【熟悉】酶原和酶原的激活的概念、机制和生理意义,核酶、抗体酶、酶的调节。
> 【了解】酶的分类与命名、酶的作用机制、酶在临床医学的应用。

生物体的整个生命活动是以新陈代谢为基础的,这个动态的过程伴随有物质代谢和能量代谢,通过各种各样复杂的、有序的、连续进行、有规律的化学反应来进行。在生物体内的这些反应通常反应条件较为温和,不需要高温、高压、强酸、强碱等剧烈条件就可以发生,同时这些反应中绝大多数都需要一类特异性的物质——酶。1878年科学家Kuhne首次提出"酶"概念;1963年,Phillips用X射线衍射技术测定并阐明了鸡蛋清溶菌酶的三维结构,获得1989年的诺贝尔化学奖。20世纪80年代,T. R. Ceck 和 S. Altman发现了具有催化功能的RNA——核酶(ribozyme),打破了酶是蛋白质的传统观念,使酶学研究达到新的高度。现阶段酶学的研究突飞猛进,已鉴定出4000多种酶,数百种得到了结晶,每年都有新的酶被发现。酶学的相关知识与医学关系密切,临床发现人体的许多疾病和酶的活性、含量异常有重要联系,与酶相关的研究成果也对药物设计、药物转化吸收、疾病的诊断和治疗产生重要的意义。

第一节 酶的概述

一、酶是生物催化剂

酶(enzyme,E)是由机体活细胞分泌产生的对特异性底物具有特异性催化功能的生物大分子。一般体外的化学反应需要在特定条件下,由特定的催化剂参与促进反应进行,生物体体内发生的众多代谢反应需要酶的参与,又被称为生物催化剂(biocatalyst)。由酶催化的化学反应称为酶促反应。在酶促反应中被酶催化的物质称为底物(substrate,S)或作用物;经酶催化所产生的物质称为产物(product,P)。

化学反应中酶所具有的催化能力称为酶活性(或酶活力),通常用酶促反应速度来衡量和反映。在某些理化因素作用下,酶的空间构象被破坏或改变,导致其失去催化能力称为酶的失活。

二、酶的命名和分类

生物体内参与新陈代谢的化学反应复杂繁多,因而催化这些反应的酶也是多种多样的。随着生物化学和分子生物学学科的发展,科学技术手段的创新,越来越多的酶被发现和鉴定。为了便于研究和统计,必须对酶进行科学系统的命名和分类。

(一)酶的命名

1. 习惯命名法 习惯命名法主要是以酶催化的底物、反应的性质以及酶的来源命名。①根据酶催化的底物命名:例如,催化淀粉水解的酶称为淀粉酶,催化蛋白质水解的酶称为蛋白酶等。有时为了表明酶的来源还加上相应器官的名称,如唾液淀粉酶、胃蛋白酶、胰蛋白酶等。②根据酶促反应的性质类型命名:如氧化酶、转氨酶、脱氢酶等。③将上述两种方法结合起来命名:例如,催化乳酸脱氢反应的酶类称为乳酸脱氢酶,催化氨基酸脱羧基反应的酶称为氨基酸脱羧酶。习惯命名法缺乏系统性,容易出现一个酶有几种名称或多种酶用同一个名称的现象,但该命名方法简单、易记,应用时间久,迄今仍被人们所使用。

2. 国际系统命名法 为了规范酶的命名,1961年国际酶学委员会(IEC)提出根据系统分类法进行命名,按照规定每一个酶都有一个系统名称,并附有一个4位数字的分类编号。国际系统命名法规定每种酶的名称应该标明酶的底物及反应性质,以酶催化的整个反应为命名范围。如果一种酶催化两种或两种以上底物,底物名称间用":"隔开。例如,天冬氨酸转氨酶系统命名为 L-天冬氨酸:α-酮戊二酸氨基转移酶,编号为 EC 2.6.1.1。由于许多酶作用的底物是两种以上,使酶的系统名称过长且化学名称较复杂,因而国际酶学委员会又从这些酶的常用习惯名称中选择一个简便实用的作为推荐名称(表4-1)。

表4-1 酶的分类与命名举例

编号	系统名称	推荐名称	催化反应
EC1.2.3.2	黄嘌呤:氧氧化还原酶	黄嘌呤氧化酶	黄嘌呤 + H_2O + O_2 $\rightleftharpoons$ 尿酸 + H_2O_2
EC2.6.1.1	L-天冬氨酸:α-酮戊二酸氨基转移酶	天冬氨酸转氨酶	L-天冬氨酸 + α-酮戊二酸 $\rightleftharpoons$ 草酰乙酸 + L-谷氨酸
EC3.1.1.7	乙酰胆碱乙酰转移酶	乙酰胆碱酯酶	乙酰胆碱 + H_2O $\rightleftharpoons$ 胆碱 + 乙酸
EC4.1.2.13	D-果糖-1,6-二磷酸:D-甘油醛-3-磷酸裂合酶	果糖二磷酸醛缩酶	D-果糖-1,6-二磷酸 $\rightleftharpoons$ 磷酸二羟丙酮 + D-甘油醛3-磷酸裂合酶
EC5.3.1.9	D-葡萄糖-6-磷酸酮醇异构酶	磷酸葡萄糖异构酶	D-葡萄糖-6-磷酸 $\rightleftharpoons$ D-果糖-6-磷酸
EC6.4.1.2	乙酰辅酶A:CO_2连接酶	乙酰辅酶A连接酶	ATP + 乙酰辅酶A + CO_2 + H_2O $\rightleftharpoons$ ADP + 正磷酸 + 丙二酰辅酶A

(二)酶的分类

国际酶学委员会根据酶促反应的性质可分为六大类:氧化还原酶类、转移酶类、水解酶类、裂解酶类、异构酶类、合成酶类。

1. **氧化还原酶类** 氧化还原酶类(oxidoreductases)是催化底物进行氧化还原反应的酶类。酶在反应过程中主要催化电子、氢和氧的转移,这类酶通常都需要辅酶(NAD^+、$NADP^+$、FAD、FMN)参与反应。例如,乳酸脱氢酶、细胞色素氧化酶、过氧化氢酶、过氧化物酶等。

2. **转移酶类** 转移酶类(transferases)是催化不同底物分子之间进行某些基团的转移或交换的酶类。例如,氨基转移酶、甲基转移酶、乙酰转移酶、磷酸化酶、激酶和多聚酶等。

3. **水解酶类** 水解酶类(hydrolases)是催化底物发生水解反应的酶类。例如,淀粉酶、蛋白酶、脂肪酶等。这类酶按照其水解的底物不同又可分为蛋白酶、核酸酶、脂肪酶等;蛋白水解酶根据蛋白质对底物蛋白的作用部位,可进一步分为内肽酶和外肽酶;核酸酶可分为外切核酸酶和内切核酸酶。

4. **裂解酶类** 裂解酶类又称为裂合酶类。裂解酶类(lyases)是指催化从底物移去一个基团并形成双键或其逆过程的酶类。该酶主要催化底物分子中 C—C、C—N、C—O 等键断裂,使一个底物形成两分子产物。例如,醛缩酶、碳酸酐酶、柠檬酸合成酶等。许多裂解酶的反应方向相反,一个底物去掉双键,并与另一个底物结合成一个分子。

5. **异构酶类** 催化分子内各种基团位置互变,同分异构体间相互转变,醛酮互变的酶称为异构酶类(isometases)。例如,磷酸丙糖异构酶、磷酸己糖异构酶、磷酸葡萄糖变位酶等。

6. **合成酶类** 催化两种底物合成一种化合物,同时偶联有高能磷酸键水解和释放能量的酶类称为合成酶类(ligases)。此类酶能参与分子间的缩合反应或将同一个分子两个末端连接反应;在某些反应中还催化了三磷酸腺苷和其他高能化合物中高能磷酸键的水解,释放能量。例如,谷氨酰胺合成酶、谷胱甘肽合成酶、DNA 连接酶等。

此外,国际系统分类法还根据酶所催化的化学键的特点和参加反应的基团差异,将上述六大类更进一步分类。每种酶的分类编号均表示为 EC+四个数字,且四个数字间用"."间隔开。四个数字的第一个数字表示该酶属于六大类中的哪一类;第二个组数字代表该酶属于哪一个亚类;第三个数字表示亚-亚类;第四个数字是该酶在亚-亚类中的排序(表 4-1)。

三、酶作用的专一性

与一般催化剂相比,酶具有相同的特点,其中包括:①在化学反应前后本身的质和量不发生改变;②只催化热力学上允许进行的反应;③只能加快反应的进程和达到平衡点的速度,而不能改变反应的平衡点和平衡常数;④在可逆反应中对反应的正方向和逆方向都具有催化作用。此外由于酶的本质是生物大分子,因此酶又具有一般化学催化剂所没有的特性和催化机制。

酶在生物体化学反应中催化作用的特点主要包括以下四方面。

(一)高度的催化效率

酶的催化效率极高,在同一化学反应中,酶催化反应的效率比非催化反应高 $10^8 \sim 10^{20}$ 倍,比一般催化剂高 $10^7 \sim 10^{10}$ 倍。例如,脲酶催化尿素的水解速度是 H^+ 催化作用的 7×10^{12} 倍;酵母蔗糖酶催化蔗糖水解的速度是 H^+ 催化速度的 2.5×10^{12} 倍。机体的新陈代谢能够有条不紊地迅速进行,正是有赖于酶的高度催化效率。酶蛋白分子和底物分子之间通过独特的作用机制从而使酶具有高度的催化效率。

(二)高度的特异性

与一般化学催化剂不同,酶对其所催化的底物具有严格的选择性,即一种酶只能作用于一种或一类底物,或一定的化学键,催化一定的反应并生成特定的产物,酶的这种特性称为酶的特异性或专一性(specificity)。酶催化作用的高度专一性是酶最重要的特点,是酶与一般催化剂最主要的区别。酶催化的特异性依赖于酶蛋白分子中的特定结构。根据酶对底物选择的严格程度不同的特点,可以分为绝对特异性、相对特异性和立体异构特异性三种类型。

1. **绝对特异性** 一种酶只能作用于一种特定结构的底物发生一定的化学反应并生成一定结构的产物,这种特异性称为绝对特异性或绝对专一性(absolute specificity)。例如,脲酶只能催化尿素水解生成 CO_2 和 NH_3,而对尿素的衍生物(如甲基尿素)则无作用;琥珀酸脱氢酶只能催化琥珀酸与延胡索酸之间的氧化还原反应。

2. **相对特异性** 有些酶对底物的专一性不是依据整个底物分子结构,有些酶只能催化一类特定的化学键(化学基团),或含有相同化学键(化学基团)的一类化合物进行反应,酶的这种选择性称为相对特异性或相对专一性(relative specificity)。例如,酯酶既能催化甘油三酯水解,又能催化其他酯键的水解;脂肪酶除了水解脂肪外,也可以水解简单的酯类化合物;消化系统中的蛋白酶仅对蛋白质中肽键的氨基酸残基种类有选择性,而对具体的底物蛋白质种类无严格要求(图 4-1)。

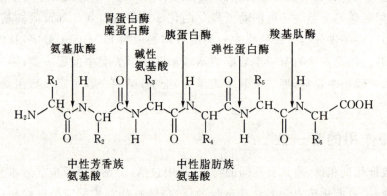

图 4-1 消化系统蛋白酶的相对特异性

3. **立体异构特异性** 有一些酶对底物分子的立体构型有严格的选择性,只对某一底物的一种立体异构体具有催化作用,而对其他同分立体异构体无催化作用,酶的这种选择性称为立体异构特异性。例如，L-乳酸脱氢酶只能对L-乳酸脱氢反应生成丙酮酸，而对D-乳酸无作用；α-淀粉酶只能水解淀粉中的α-1,4-糖苷键，而不能水解纤维素中的β-1,4-糖苷键。

(三) 高度的不稳定性

通常酶的催化反应都需要在常压、常温、pH值近中性的条件下进行，此时酶的催化效率非常高，虽然它与一般催化剂一样，随着温度升高，活性也会进一步有所提高，但由于酶的化学本质是生物大分子，因此温度过高（超过最适温度），会失去活性（变性），酶的催化效率就会降低，甚至会失去催化作用。在某些特殊理化因素（高温、高压、紫外线、强酸、强碱、重金属离子、紫外线等）作用下都会导致酶构象改变，从而导致酶变性失活。因此酶活性具有高度不稳定性。

(四) 可调节性

体内的多种代谢物或激素主要通过调节酶的活性和含量来实现对各种酶促反应的调节，从而使生物体内新陈代谢能正常进行，并能适应不断变化的生命活动的需要。例如，酶原的激活使酶在特定的环境中发挥作用；别构剂对别构酶进行激活或抑制调节；有的酶合成受代谢物的诱导和阻遏；激素和神经通过第二信使对反应关键酶中的限速酶进行调节等。如果体内酶活性或含量的精确调节出现异常，机体的物质代谢将会发生紊乱，可能导致疾病的发生甚至个体的死亡。酶活性可以调节和控制是酶区别于一般催化剂的另一重要特征。

四、同工酶

同工酶（isoenzyme）是指催化相同的化学反应，但酶蛋白的分子结构、理化性质和免疫学性质各不相同的一组酶。同工酶不仅可以存在于生物的同一种属或同一个体的不同组织，甚至存在于同一组织细胞的不同亚细胞结构中，使不同的组织、器官和不同的亚细胞结构具有不同的代谢特征。现在发现有百余种同工酶，研究最多最为清楚的是乳酸脱氢酶（lactic acid dehydrogenase，LDH）。人体中LDH是由骨骼肌型（M型）和心肌型（H型）两种亚基组成的四聚体酶，根据亚基组成比例的不同分为五种同工酶，即LDH_1（H_4）、LDH_2（H_3M）、LDH_3（H_2M_2）、LDH_4（HM_3）和LDH_5（M_4）。这五种同工酶由于分子结构的差异而具有不同的电泳速度，它们在电场中向正极的电泳速度从LDH_1至LDH_5依次递减。

乳酸脱氢酶同工酶在不同组织器官中的含量和分布比例不同，代谢特点也不同，但都可催化乳酸与丙酮酸之间发生的反应。心肌中LDH_1含量较丰富，以催化乳酸生成丙酮酸为主，有利于心肌细胞利用乳酸氧化供能；肝脏和骨骼肌中LDH_5含量较多，以催化丙酮酸还原成乳酸为主，有利于骨骼肌进行糖酵解（表4-2）。

表 4-2　人体各组织器官中乳酸脱氢酶同工酶的分布

组织器官	同工酶百分比				
	LDH_1	LDH_2	LDH_3	LDH_4	LDH_5
心肌	67	29	4	<1	<1
肝	2	4	11	27	56
肾	52	28	16	4	<1
脾	10	25	40	25	5
肺	10	20	30	25	15
胰腺	30	15	50	<1	5
骨骼肌	4	7	21	27	41
红细胞	42	36	15	5	2
白细胞	13	48	33	6	<1
血清	27.1	34.7	20.9	11.7	5.7

机体广泛存在的同工酶在临床上为诊断不同器官和组织的疾病提供了理论依据。同工酶测定是常见临床诊断的一个重要部分。由于同工酶的组织特异性,当某些组织发生病变时,分布在这些组织中特定的同工酶就会释放进入血浆,测定和分析血清中相应同工酶谱就能较准确地反映病变部位和程度。故临床常用检测血清同工酶活性、分析同工酶谱来诊断疾病和预后判定。例如,严重的肝脏损伤,血清中 LDH_5 活性显著升高;心肌梗死的患者 LDH_1 活性显著升高(图 4-2)。肌酸激酶(creatine kinase,CK)是由 M 型(肌型)和 B 型(脑型)亚基组成的二聚体同工酶。脑中含有 CK_1,心肌中含有 CK_2,骨骼肌中含有 CK_3。CK_2 仅分布在心肌中且含量很高,占人体 CK 总量的 14%~42%。正常血液中的几乎不含 CK_2,主要含有 CK_3,当心肌梗死后 24 小时内血中 CK_2 活性显著升高。因此,CK_2 可作为临床早期诊断心肌梗死的一种重要生化指标。此外,检测组织器官同工酶的变化有重要的意义:在代谢调节上起着重要的作用;用于解释发育过程中阶段特有的代谢特征;同工酶可以作为遗传标志,用于遗传分析研究。

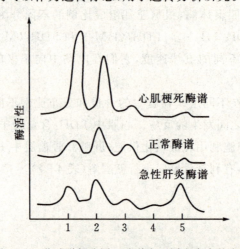

图 4-2　乳酸脱氢酶同工酶谱在不同疾病中的变化

五、抗体酶

抗体酶(abzyme),又称催化抗体(catalytic antibody),是一类具有催化能力的免疫球蛋白,即通过一系列化学与生物技术方法制备出的具有催化活性的抗体,它既具有相应的免疫活性,又能像酶那样催化某种化学反应。酶与底物的结合及抗体与抗原的结合都是高度专一性的,但这两种结合的基本区别在于酶与高能态的过渡态分子相结合,而抗体则与抗原相结合。

抗体酶的研究是酶工程的一个全新领域。随着对抗体酶研究的深入进行,抗体酶越来越显示出其在医学领域中的潜在应用价值。利用动物免疫系统产生抗体的高度专一性,可以得到一系列高度专一性的抗体酶。抗体酶的研究使生产高纯度立体专一性的药物成为现实,有利于机体对药物的吸收,并降低药品的毒副作用。以某个生物化学反应的过渡态类似物来诱导免疫反应,产生特定抗体酶,以治疗某种酶先天性缺陷的遗传病。抗体酶可有选择地使病毒外壳蛋白的肽键裂解,从而防止病毒与靶细胞结合;将抗体酶技术和蛋白质融合技术结合在一起,设计出既有催化功能又有组织特异性的嵌合抗体,用于切除恶性肿瘤。

六、核酶

美国科学家 T. R. Cech 和 S. Altman 发现了核酶。1989 年,核酶的发现者 T. R. Cech 和 S. Altman 被授予诺贝尔化学奖。核酶(ribozyme)泛指一类具有催化功能的 RNA 分子。一般是指无须蛋白质参与或不与蛋白质结合,就具有催化功能的 RNA 分子,可降解特异的 mRNA 序列,又称核酸类酶、酶 RNA、核酶类酶 RNA。核酶的发现证明 RNA 分子不但有复制的功能,含有复制的信息,而且还有催化的功能。因此,RNA 既是信息分子,又是功能分子。

大多数核酶通过催化转磷酸酯和磷酸二酯键水解反应参与 RNA 自身剪切、加工过程。自然界中已发现多种核酶,目前主要有四种核酶能用于反式切割靶 RNA:四膜虫自身剪接内含子、大肠杆菌 RNase P、锤头状核酶和发夹状核酶。

核酶研究的意义在于:①核酶的发现,对中心法则作了重要补充;②核酶的发现是对传统酶学的扩展;③利用核酶的结构设计合成人工核酶。核酶在基础研究方面的应用进一步探究生命的起源。核酶在医学方面的应用能够通过识别特定位点而抑制目标基因的表达,具有抑制效率高,专一性强,同时免疫原性低,很少引起免疫反应的特点,如抗肝炎病毒、抗人类免疫缺陷病毒Ⅰ型(HIV-Ⅰ)、抗肿瘤。

第二节 酶的组成与结构

一、酶的分子组成

根据酶的分子基本组成可将酶分为单纯酶和结合酶两大类。

1. 单纯酶　单纯酶(simple enzyme)是指仅由氨基酸构成的酶,如蛋白酶、淀粉酶、脲酶、脂肪酶、核糖核酸酶等催化水解反应的酶。

2. 结合酶　结合酶(conjugated enzyme)是指由蛋白质部分和非蛋白质部分组成的酶。其中蛋白质部分称为酶蛋白(apoenzyme),非蛋白质部分称为辅助因子(cofactor)。酶蛋白与辅助因子结合形成的复合物称为全酶(holoenzyme)。酶蛋白与辅助因子单独存在时均无催化活性,只有两者结合形成全酶时才具有催化活性。

二、酶的辅助因子与功能

辅助因子按其化学本质可分为金属离子和小分子有机化合物两类。常见的金属离子有 Fe^{2+}、Fe^{3+}、Mn^{2+}、Zn^{2+}、Cu^{2+}、Cu^+、Mg^{2+}、K^+ 等。金属离子作为酶的辅助因子有多种功能:①作为酶活性中心的组成部分参加催化反应;②稳定酶的空间构象;③作为桥梁连接酶与底物;④中和电荷,减小静电斥力,促进底物与酶的结合。小分子有机化合物多数是 B 族维生素的活性形式,主要起传递氢原子、电子或一些基团(氨基、羧基、酰基、一碳单位等)的作用(表 4-3)。

表 4-3　含 B 族维生素的辅酶(辅基)及其作用

转移基团或原子	所含维生素	辅酶或辅基名称
H 原子、电子	维生素 PP	NAD^+(烟酰胺腺嘌呤二核苷酸)
H 原子、电子	维生素 PP	$NADP^+$(烟酰胺腺嘌呤二核苷酸磷酸)
H 原子、电子	维生素 B_2	FMN(黄素单核苷酸)
H 原子、电子	维生素 B_2	FAD(黄素腺嘌呤二核苷酸)
酰基	泛酸	辅酶 A
氨基	维生素 B_6	磷酸吡哆醛
二氧化碳	生物素	生物素
甲基	维生素 B_{12}	钴胺素辅酶类
一碳单位	叶酸	四氢叶酸

辅助因子按其与酶蛋白结合的紧密程度分为辅酶(coenzyme)与辅基(prosthetic group)。辅酶与酶蛋白以非共价键结合,结合疏松,可以用透析或超滤的方法除去。辅基与酶蛋白以共价键结合,结合紧密,不能通过透析或超滤的方法除去。

每一种酶蛋白通常只能与特定的辅助因子结合,但生物体内的辅助因子有限,而酶的种类繁多,同一种辅助因子往往可与不同的酶蛋白结合而表现出不同的催化作用,如乳酸脱氢酶、谷氨酸脱氢酶都需要 NAD^+,但各自催化的底物不同。因此,在酶促反应中,酶蛋白决定反应的特异性,辅助因子决定反应的性质和反应类型。

三、酶的结构与功能

(一)酶的必需基团

酶的催化活性与酶的特定空间结构有着密切联系。酶分子中氨基酸残基的侧链具有的化学基团各不相同,但并非所有的基团都参与酶的特定空间结构,进而在化学反应中形成酶的催化活性。通常将那些与酶活性密切相关的化学基团称为酶的必需基团(essential group)。常见的必需基团有丝氨酸和苏氨酸残基上的羟基、半胱氨酸残基上的巯基、组氨酸残基上的咪唑基、谷氨酸和天冬氨酸残基上的羧基等。

(二)酶的活性中心

酶的必需基团在一级结构上可能相距甚远,但在形成空间结构时通过肽键的盘绕、折叠会相互靠拢,构成具有特定空间结构的区域,这一区域能与底物特异性结合,并将底物转变成产物,该区域称为酶的活性中心(active center)或活性部位(active site)(图4-3)。活性中心常位于酶分子表面或深入酶分子内部,呈裂缝、凹陷或袋状,大多由氨基酸残基的疏水基团组成。例如,溶菌酶的活性中心是一裂隙,可以容纳肽多糖的六个单糖基(A、B、C、D、E、F),并与之形成氢键和范德华力。催化基团是35位Glu,52位Asp;101位Asp和108位Trp是结合基团(图4-4)。不同的酶,活性中心构象不同,因而酶对底物有严格的选择性。如果酶的活性中心被破坏或是被非底物物质占据,酶将丧失催化活性。结合酶的辅酶和辅基往往参与构成酶的活性中心。

酶活性中心内的必需基团分为结合基团与催化基团两类。结合基团(binding group)是指能识别和结合底物,使底物与酶形成具有一定构象的过渡态酶-底复合物的基团,它与酶对底物的专一性有密切关系。催化基团(catalytic group)是指能改变底物中的某些化学键,催化底物发生化学反应并将其转变成产物的基团。另外存在某些化学基团处于活性中心以外,虽然不直接参与酶的结合和催化作用,但其对于维持活性中心的特定空间结构稳定性和作为调节剂的结合部位是所必需的,这些基团称为活性中心以外的必需基团。

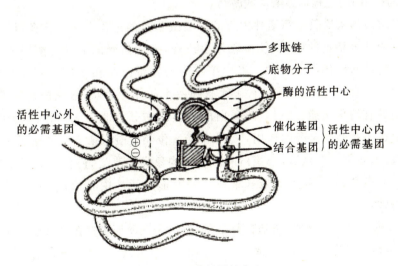

图4-3 酶的活性中心

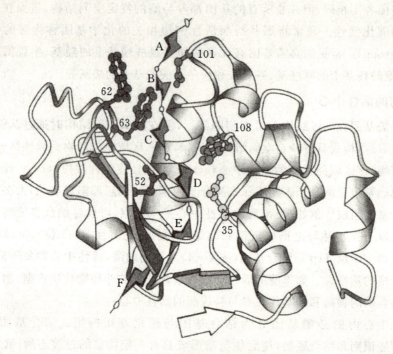

图4-4 溶菌酶的活性中心示意图

(三)酶原及酶原的激活

有些酶在细胞内合成或初分泌时,处于无催化活性状态,必须在一定的条件下才能激活转变为有活性的酶。这种无活性的酶的前体称为酶原(zymogen,proenzyme)。酶原转变成有活性的酶的过程称为酶原的激活。

酶原的激活的实质就是酶活性中心的形成或暴露的过程。在一定条件下,酶原被水解掉一个或几个特定的肽键,使构象发生改变,表现出酶的活性。酶原的激活大多是通过蛋白酶的水解作用进行的。消化系统中的胃蛋白酶和胰蛋白酶等在初分泌时都是以酶原形式存在的,在一定条件下水解掉一个或几个短肽,转化成相应的活性酶,从而对食物具有消化功能。例如,胰蛋白酶从胰腺初分泌时为无活性的胰蛋白酶原,胰蛋白酶原在小肠受肠激酶的作用,N-末端第6位赖氨酸与第7位异亮氨酸残基之间的肽键断裂,水解下一个六肽,胰蛋白酶原分子构象发生改变,使含有必需基团的组氨酸、丝氨酸、缬氨酸、异亮氨酸等残基聚集在一起形成活性中心,结果转变成为有活性的胰蛋白酶(图4-5)。

此外,体内的糜蛋白酶原、羧基肽酶A原、弹性蛋白酶原也都在水解后才能激活为相应的酶,从而具有催化活性(表4-4)。

酶原和酶原的激活具有重要的生理意义。在正常情况下,机体能避免消化系统细胞产生的蛋白酶对自身进行消化损伤,同时能使有限的酶在特定的部位和适合的环境中发挥催化作用。从酶原到酶原激活的过程是机体一种重要的调控酶活性的方式。临床上急性胰腺炎的致病原理就是因为某些特殊原因引起的胰蛋白酶原等在胰腺组织被非正常激活,直接水解自身的胰腺组织细胞,导致胰腺病变出血。酶原是酶在机体的特定储存形式。例如,血液中大多数凝血酶和纤维蛋白溶解酶通常是以无活性的酶原形式存在,只有当组织或血管受损出血时,凝血酶原才生成有活性的凝血酶激活凝血机制;当组织或血管出现血栓时,纤维蛋白溶解酶原才转变为有活性纤维蛋白溶解酶激活溶栓机制。

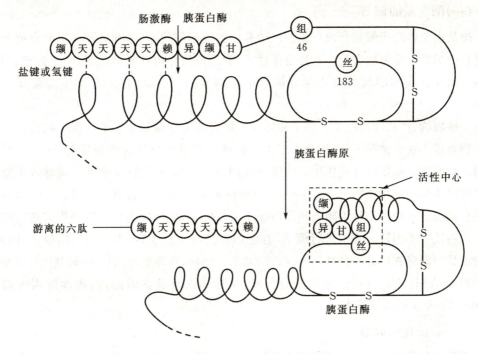

图 4-5 胰蛋白酶原激活的示意图

表 4-4 人体常见酶原的激活过程

酶原	激活条件	激活后的酶	酶原水解下的片段
胃蛋白酶原	H^+ 或胃蛋白酶	胃蛋白酶	六个多肽片段
羧基肽酶 A 原	胰蛋白酶	羧基肽酶 A	几个碎片
弹性蛋白酶原	胰蛋白酶	弹性蛋白酶	几个碎片
糜蛋白酶原	胰蛋白酶或糜蛋白酶	糜蛋白酶	两个二肽
胰蛋白酶原	肠激酶或胰蛋白酶	胰蛋白酶	六肽

四、酶的调节

物质代谢包含多条代谢途径,而每条代谢途径又是由多种酶促反应组成的,因而机体受到一系列酶组成的多酶体系进行精确地调控。这一系列酶的活性决定了人体的新陈代谢能否有条不紊地进行,是否能适应内外环境的变化。每条代谢途径的方向和速度并不是由一系列连续的酶促反应过程中的每一个酶决定,而是由其中一个或几个酶的活性所决定,这类酶被称为关键酶(key enzymes)或调节酶(regulatory enzymes)。关键酶中催化的反应速率最慢、酶活性最低的酶被称为限速酶(limiting velocity enzyme)。限速酶催化特定的不可逆单向反应,其活性决定了整条代谢途径的方向和速率。机体内外各种调节因素对代谢途径的调节主要是对关键酶的调节,酶的调节包括酶活性的调节和酶含量的调节。

(一)酶含量的调节

酶是由机体组织细胞合成产生的。随着细胞的新陈代谢,各种酶都在不断合成与分解过程中保持正常酶的含量。在特定条件下,为适应机体内外环境,细胞可受激素、神经等刺激来促进或抑制酶的合成与分解速率来调节酶的含量,进一步影响酶促反应的速率。

一些底物、产物、激素、生长因子和特殊药物等都能够在转录水平上影响酶蛋白的正常生物合成。通常情况下,在转录水平上升高酶合成量的物质称为诱导物(inducer),诱导物产生的促进酶蛋白合成作用称为诱导作用(induction);在转录水平上能够减少酶合成量的物质称为辅阻遏物(corepressor),无活性的阻遏蛋白与辅阻遏物结合产生的抑制酶蛋白基因转录的作用称为阻遏作用(repression)。酶蛋白的诱导与阻遏作用往往需要相应的物质在基因转录水平进行调节,直至相应的酶蛋白表达,需要的时间较长,因此,酶的诱导与阻遏作用是一种持续与缓慢的调节。例如,胰岛素可诱导 3-羟基-3-甲基戊二酰辅酶 A(HMG-CoA)还原酶的合成,诱导体内合成胆固醇,而胆固醇则可阻遏 HMG-CoA 还原酶的合成。

(二)酶活性的调节

酶活性的调节主要分为别构调节和化学修饰调节,它们对酶促反应速率的调节属于快速调节。

1. 别构调节　某些小分子化合物能与酶活性中心外的某一部位特异性可逆结合,从而引起酶分子构象的变化,进而改变酶的活性,酶的这种调节称为别构调节(allosteric regulation),也称为变构调节。受变构调节的酶称为别构酶(allosteric enzyme)或变构酶。能引起变构调节的物质称为别构效应剂(allosteric effector)。其中能使酶的活性增强的物质称为别构激活剂(allosteric activator);相反,能使酶活性降低的物质称为别构抑制剂(allosteric inhibitor)。例如,腺苷三磷酸是磷酸果糖激酶的变构抑制剂,而腺苷二磷酸、腺苷一磷酸为其变构激活剂。酶分子与别构效应剂结合的部位称为别构部位(allosteric)或调节部位(regulatory site)。机体代谢途径中的关键酶大多属于别构酶,可通过别构调节这些酶的活性。酶的别构调节是体内代谢途径的重要快速调节方式之一。

别构酶常为多个亚基构成的寡聚体。亚基中能与底物结合发挥催化作用的称为催化亚基;能与别构效应剂结合发挥调节作用的亚基称为调节亚基。有的底物与效应剂可结合在同一亚基上,但结合位点不同,分别称为调节部位和催化部位。别构效应剂与调节亚基依靠非共价键可逆结合,通过改变酶的构象从而改变酶的活性。别构酶中各亚基的聚合或分离、疏松或紧密都与酶活性有密切联系,且亚基具有协同效应,当效应剂与酶的一个亚基结合,该亚基的别构效应会引起相邻亚基也发生相同的别构效应,并增强这种效应剂的亲和力,这种协同称为正协同效应;反之称为负协同效应。如果效应剂是底物自身,正协同效应的底物浓度与酶促反应速率呈"S"形曲线,别构激活剂使别构酶的"S"形曲线左移,而别构抑制则使"S"形曲线右移(图4-6)。

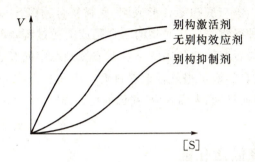

图4-6 别构激活剂、别构抑制剂与无别构效应剂的反应曲线比较

别构抑制剂通常是代谢途径的终产物,别构酶常处于代谢途径的起始,通过反馈抑制作用,可以及早地调节整个代谢途径,减少不必要的底物消耗。因而别构调节的意义在于能够合理有效利用物质和能量,避免代谢产能过剩。例如,葡萄糖的氧化分解可提供能量使腺苷一磷酸、腺苷二磷酸转变成腺苷三磷酸,当腺苷三磷酸过多时,通过变构调节酶的活性,可限制葡萄糖的分解,而腺苷二磷酸、腺苷一磷酸增多时,则可促进糖的分解。随时调节ATP/ADP的水平,可以维持细胞内能量的正常供应。

2. 化学修饰 体内一些酶在某些其他酶的催化作用下,其蛋白肽链上的基团可与另外一些特殊化学基团共价可逆结合,从而改变这些酶的活性,酶的这种调节方式称为酶的共价修饰调节(covalent modification)或称酶的化学修饰(chemical modification)调节。该类酶称为修饰酶(modification enzyme)。

体内绝大多数修饰酶都有无活性(或低活性)和有活性(或高活性)两种形式,这两种形式的互变由两种不同的酶催化进行,同时催化互变的这些酶在体内受到激素等因素的调节。在化学修饰调节的过程中,酶促反应具有级联放大效应。

体内的酶的化学修饰调节方式有以下几种:磷酸化与脱磷酸化、乙酰化与去乙酰化、腺苷化与去腺苷化、甲基化与去甲基化等。其中最常见的是磷酸化与脱磷酸化。酶的磷酸化与脱磷酸化两反应都是不可逆反应,分别由蛋白激酶和磷蛋白磷酸酶参与催化(图4-7)。

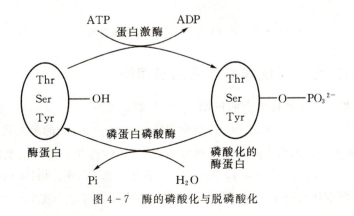

图4-7 酶的磷酸化与脱磷酸化

第三节 酶促反应的作用机制

酶催化化学反应时,酶与底物结合形成酶-底物复合物(ES),复合物再分解释放出酶,同时生成一种或多种产物。酶与底物的结合是放能的过程,释放的结合能可降低反应的活化能。因此,酶能否有效地与底物结合形成过渡态中间复合物,是酶能否发挥催化作用的关键。诱导契合学说可很好地解释过渡态中间复合物的形成。酶促反应的高效性是由邻近效应与定向排列、表面效应、共价催化、酸碱催化等多元催化机制综合作用的结果。

一、酶能显著降低活化能

活化能(activation energy)是指在一定温度下,1摩尔反应物从基态转变为过渡态所需要的自由能,即过渡态物质比基态物质高出的那部分能量。活化能的高低决定反应体系中活化分子的多少,活化能越低,能达到活化态的分子就越多,反应速度就越快。酶与其他催化剂一样能降低反应的活化能,但酶能使其底物分子获得更少的能量时便可进入过渡态(图4-8),因此具有极高的催化效率。

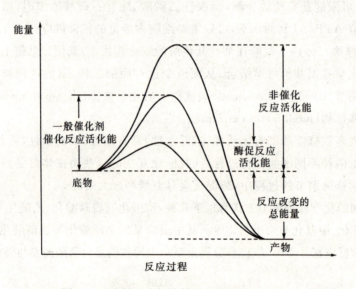

图4-8 酶促反应与其他反应活化能的比较

二、中间复合物学说和酶作用的过渡态

关于酶活性中心和底物结合的机制,1890年德国化学家E. Fischer提出了著名的"钥匙-锁模型"(lock and key model)。该学说指出酶分子和底物的关系就像钥匙和锁一样,一把锁只能被一把钥匙或是构象上相近的钥匙打开,这在一定程度上解释了酶促反应的特性。1913年,L. Michaelis和M. Menton提出了酶-底复合物(中间复合物)学说。按照该学说在酶催化底物反应前,酶的活性中心必须首先与底物定向结合生成酶-底物

复合物(ES),然后再由中间复合物生成产物,并释放出酶,这就是中间产物学说。酶与底物结合的过程是释放能量的过程,释放的结合能能够有效降低酶与底物反应的活化能。酶与底物的结合使得底物在酶分子某些化学基团的作用下构象发生改变,形成不稳定的过渡态,仅需要极少的能量便可进入活化态,从而迅速转变为产物。具体反应式过程可用下式表示。

$$S+E \rightleftharpoons ES \longrightarrow E+P$$

三、酶作用高效性的机制

酶活性部位的结合基团能否有效地与底物结合,直接影响酶-底物复合物的形成,进而对底物转化为过渡态和酶发挥其高度的催化效率起到关键作用。酶作用高效性的机制可能有以下几种原因。

(一)诱导契合假说

1958 年 D. E. Koshland 在钥匙-锁模型学说的基础上,结合酶-底中间复合物学说进一步提出了更为合理的诱导契合假说。按照这一学说,酶与底物分子结合时,酶的活性部位并不是和底物的形状刚好吻合互补的。在酶和底物结合的过程中,酶或底物分子,或两者的构象都发生改变后才互补结合。随后酶学的 X 射

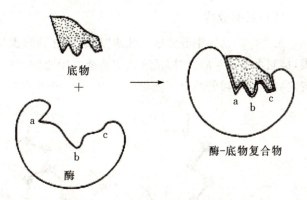

图 4-9 酶-底物结合的诱导契合假说

线衍射研究证明,在酶与底物结合过程中,酶分子的构象的确发生了变化。当酶与底物相互接近时,其结构相互诱导,相互适应,形成酶-底物复合物,进而催化底物转变为产物,这个动态的正确结合的过程称为酶-底物结合的相互诱导契合(图 4-9)。

(二)邻近效应和定向排列

底物通常与酶的活性中心进行结合,在反应过程中化学反应速度与反应物浓度成正比,底物分子有朝酶的活性中心靠近的趋势,最终结合到酶的活性中心,使底物在酶活性中心的有效浓度大大增加的效应称为邻近效应。若在反应系统的某一局部区域,底物浓度增高,则反应速度也随之提高。此外,在两个以上底物参加反应时,底物之间必须按照正确的方向相互碰撞才能促进反应发生,酶与底物间的靠近具有一定有利于反应的正确定向关系,当专一性底物向酶活性中心靠近时,会诱导酶分子构象发生改变,使酶活性中心的相关基团和底物的反应基团正确定向排列,同时使反应基团之间的分子轨道以正确方向严格定位,这样两者才能形成酶-底复合物,大大增加了反应的速率,使酶促反应易于进行(图 4-10)。

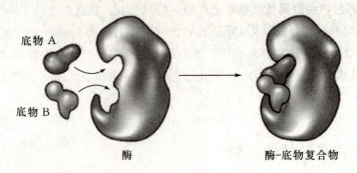

图 4-10 酶与底物的邻近效应和定向排列

(三)张力作用

底物的结合可诱导酶分子构象发生变化,同时比底物大得多的酶分子的三、四级结构的变化,也可对底物产生张力作用,使底物改变,促进酶-底复合物进入活性状态。

(四)表面效应

某些酶的活性中心常形成疏水"口袋",这种疏水环境可防止酶与底物之间形成水化膜,抑制水分子对酶、辅酶及底物中功能基团之间干扰性的吸引和排斥作用,有利于酶与特定底物密切接触结合并催化反应的进行(图 4-11)。

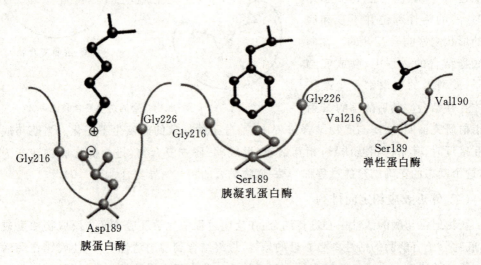

图 4-11 胰蛋白酶、胰凝乳蛋白酶和弹性蛋白酶的活性中心——"口袋"

(五)酶的多元催化作用

酶的催化过程通常是多种机制同时催化作用,相互协同,因而具有很高的催化效率。

1. **酸-碱催化作用** 酶是两性电解质,酶活性中心内的基团有些是质子供体(酸),有些是质子受体(碱)。在体液条件下,这些酸性或碱性基团可以执行与酸碱相同的催化作用。同一种酶常兼有酸碱双重催化作用,其远比一般催化剂单一酸催化或碱催化效率高,这种催化作用称为酸碱催化。

2. **共价催化** 酶的催化基团与底物通过形成瞬间共价键而将底物激活,并催化底物进一步转化为产物,这种催化机制称为共价催化。共价催化包括亲核催化和亲电子催化,常见于蛋白质水解酶、转氨酶等催化的反应。

第四节　影响酶促反应速率的因素

影响酶促反应的因素主要包括底物浓度、酶浓度、pH 值、温度、激活剂和抑制剂等。

一、底物浓度对酶促反应速率的影响

在酶浓度、pH 值、温度等其他因素恒定不变的情况下,底物浓度和反应速率的关系可表示为矩形双曲线(图 4-12)。在底物浓度较低时,酶未被底物饱和,反应速率随底物浓度的增高而加快,两者成正比,反应处于一级反应(a 段);随着底物浓度进一步增加,酶促反应速率继续加快,但两者不再成正比,酶促反应速率增加的幅度逐渐减小,此时反应为混合级反应(b 段);再继续增加底物浓度,当底物浓度增加到一定程度时,此时酶的活性中心全部被底物饱和,反应速率不再增加且趋于恒定,继续增加底物浓度,反应速率不再增加,此时的反应速率称为最大反应速率(V_{max}),酶促反应处于零级反应(c 段)。

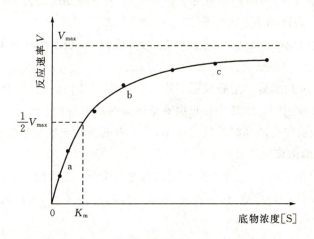

图 4-12　底物浓度对酶促反应速率的影响

酶促反应速率与底物浓度之间的变化关系,证明了酶-底复合物的形成与转变为产物的过程的存在,有力支持了"中间产物学说"。在酶浓度很低时,酶的活性中心部分与底物结合,随着底物的增加,酶-底复合物的形成与产物的生成成正比关系增加;当底物增加到一定浓度时,酶的活性中心被底物饱和,全部生成酶-底复合物中间过渡中产物,此时再增加底物浓度也不改变复合物的量,反应速率达到最大值。

(一)米氏方程

1913 年 L. Michaelis 和 M. Menten 根据酶-底中间复合物学说,为证明底物浓度对酶促反应速度的影响,推导出表示底物浓度与酶促反应速度之间定量关系的数学方程式,即米氏方程式。

$$V=\frac{V_{max}[S]}{K_m+[S]}$$

其中 V 为反应速率,K_m 为米氏常数(Michaelis constant),V_{max} 是最大反应速率(maximum velocity),[S]为底物浓度。当[S]极低且 K_m 远大于[S]时,V 与[S]成正比;当[S]极高且远大于 K_m 时,V 不再增加,达到最大速率 V_{max}。

(二)K_m 与 V_{max}

K_m 的推导:

当反应速率为最大反应速率一半时,米氏常数与底物浓度相等。即 $V=\frac{V_{max}}{2}$ 时,

米氏方程可变为:$V=\frac{V_{max}}{2}=\frac{V_{max}[S]}{K_m+[S]}$

简化上式得 $K_m=[S]$,即 K_m 是酶促反应速度为最大反应速度一半时的底物浓度,单位为"mol/L"。

K_m 在酶学研究中的意义如下。

1. K_m 是酶的特征性常数　K_m 值的大小并非固定不变,只与酶的结构、底物和反应环境如温度、pH 值有关,与酶的浓度无关。故对某一酶促反应而言,在一定条件下都有特定的 K_m 值,大多数酶的 K_m 值介于 $10^{-6}\sim10^{-2}$ mol/L。

2. K_m 值可近似反映酶和底物的亲和力　K_m 值越小,表示酶和底物的亲和力越大,反之,K_m 值越大,表示酶和底物的亲和力越小。

3. K_m 值可用来判断酶作用的最适底物　一种酶有几种底物时,对每一种底物都有一个特定的 K_m 值,其中 K_m 值最小的底物则是该酶的最适底物。

V_{max} 是酶被底物完全饱和时的反应速率,当所有的酶均与底物形成复合物时,反应速率达到最大,其与酶浓度成正比。

酶被底物完全饱和时(V_{max}),单位时间内每个酶分子(或活性中心)催化底物转变成产物的分子数称为酶的转换数(turnover number),单位是 s^{-1}。酶的转换数可用来表示酶的催化效率。

二、pH 值的影响与最适 pH 值

酶促反应速度受所处环境 pH 值的影响。不同的酸碱度条件下,酶分子中的极性基团解离状态不同,构成酶分子活性中心的必需基团的解离状态直接影响酶活性中心的空间构象和底物的结合,从而影响酶活性。此外,底物和辅酶上的极性基团的解离状态也受环境酸碱度改变的影响,从而影响酶与它们的亲和力。因而 pH 值的改变对酶促反应速度的影响很大。在某一 pH 值时,酶、底物和辅酶的解离状态最适宜它们相互结合,酶催化活性达到最大,酶促反应速率达到最大值,此时的环境 pH 值称为酶的最适 pH(optimum pH)。当偏离最适 pH 值时,酶活性降低,酶促反应速率减小,偏离越远,酶活性越低,严重时可导致酶失活(图 4-13)。

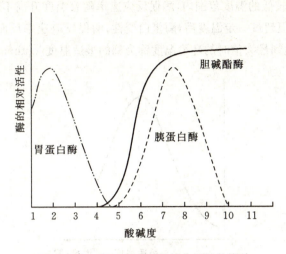

图4-13　pH对某些酶促催化活性的影响

酶的最适pH不是酶的特征性常数,它受底物、缓冲液的种类和浓度、酶的纯度等因素影响而改变。当环境pH高于或低于最适pH时,都会导致酶活性降低,酶促反应速率减慢。人体内大多数酶最适pH接近中性,过酸或过碱都会使酶蛋白变性,导致酶活性降低或失活。但也有个别酶例外,例如胃蛋白酶的最适pH约为1.8,肝精氨酸酶最适pH约为9.8。临床上常利用胃蛋白酶的最适pH特性使用酸性溶液配制胃蛋白酶合剂。

由于酶活性受pH的影响较大,因此在酶的提纯、测定其活力和使用时,通常在某一pH缓冲液中进行,保证酶分子的稳定和酶活性的相对恒定。

三、酶浓度对酶促反应速率的影响

在酶促反应体系中,底物浓度恒定且始终能使酶饱和的情况下,并且保持反应的温度、pH值、激活剂、抑制剂等因素不变,此时酶促反应速率与酶浓度成正比关系(图4-14)。此时,酶浓度越大,酶促反应速率越大。

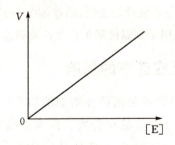

图4-14　酶浓度对酶促反应速率的影响

四、温度的影响与酶的最适温度

绝大多数化学反应速率都与温度有关,通常随着温度升高反应速率逐渐增大。酶的本质是蛋白质,温度过高可导致酶蛋白变性,因此温度对酶促反应速率有双重影响

（图4-15）。在一个较低的温度范围内，酶促反应速率随着温度升高不断增大，直至酶促反应速率达到最大值，但超过一定温度后，酶蛋白变性，酶促反应速率反而随着温度上升而下降。酶促反应速率达到最大值时的环境温度称为酶的最适温度(optimum temperature)。

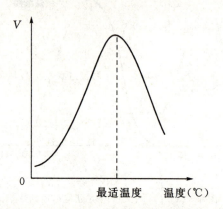

图4-15　温度对酶促反应速率的影响

温血动物细胞内酶的最适温度一般在35～40℃。酶的最适温度也不是酶的特征性常数，其易受到作用时间的改变而改变，酶在短时间内可耐受较高的温度，相反延长反应时间，最适温度数值会降低。因而临床生化检验时可采用升高反应温度、缩短反应时间的手段来对酶进行快速检测。

温度对酶促反应速率影响的双重性在临床医学实践中具有重要的理论指导意义。在低温条件下，酶活性随着温度的降低而降低，酶促反应速率减小，但低温并不破坏酶蛋白构象，只是分子间碰撞机会减少，酶活性处于抑制状态；当温度回升后，酶活性可恢复。在温度高于最适温度的条件下，酶蛋白随着温度不断升高逐渐变性失活，酶促反应速率减小甚至停止，酶的构象发生破坏。正是利用温度对酶促反应速率影响的这些特点，临床上对血液制品、疫苗、酶制剂和酶检测标本采用低温保存，防止高温使酶蛋白变性失活；低温麻醉就是利用低温抑制酶活性来减慢组织代谢率，提高机体在手术中对氧和营养物质缺乏的耐受性。此外，大多数酶在60℃左右就开始变性，超过80℃以后多数酶的变性不可逆转，临床上常利用高温高压灭菌就是利用了高温使酶蛋白变性失活这一特点。

五、激活剂对酶促反应速率的影响

使酶从无活性转变为有活性或使酶活性增加的物质称为酶的激活剂。机体中的激活剂主要包括无机离子和小分子有机化合物。作为激活剂的无机离子大多是 Mg^{2+}、K^+、Na^+、Ca^{2+}、Fe^{3+}、Zn^{2+} 等金属离子，少数是 Cl^-、CN^-、I^- 等阴离子；小分子有机化合物激活剂如半胱氨酸、还原型谷胱甘肽、胆汁酸盐等。

根据激活剂对酶活性的影响程度，其又分为必需激活剂(essential activator)和非必需激活剂(non-essential activator)两类。大多数金属离子激活剂对酶促反应是不可或缺的，否则酶将无法发挥催化活性，因而这类激活剂称为酶的必需激活剂。必需激活剂参与酶与底物或与酶-底中间复合物的结合过程，但激活剂本身不转化为产物。如 Mg^{2+}

是己糖激酶的必需激活剂，Mg^{2+}与底物腺苷三磷酸结合形成复合物参与反应。有些激活剂对于一些酶的作用只是升高其催化活性，即使去除这些激活剂，酶依然有一定的催化活性，这类激活剂称为非必需激活剂。非必需激活剂通过与酶或底物或酶-底复合物结合，提高酶的活性。例如，Cl^-是唾液淀粉酶的非必需激活剂。

六、抑制剂对酶促反应速率的影响

使酶活性降低或丧失且不引起酶蛋白变性的物质称为酶的抑制剂。抑制剂可与酶的活性中心或活性中心外的作用位点结合，进而抑制酶的活性。与引起酶蛋白变性的因素相比，抑制剂具有选择性使某些酶活性降低或丧失的特点，变性因素可导致所有酶失活，因而其不属于抑制剂。根据抑制剂与酶结合的方式不同，抑制作用可分为不可逆抑制和可逆抑制两大类。

（一）不可逆抑制

这类抑制剂不可逆地与酶结合，它通常以共价键与酶活性中心的必需基团相结合，使酶失去活性。此种抑制剂不能用透析、超滤等物理的方法去除，只能通过某些药物才能解除抑制，使酶恢复活性。这种抑制称为不可逆性抑制（irreversible inhibition）。例如，农药敌百虫、敌敌畏、1059等有机磷化合物能专一性地与胆碱酯酶（choline esterase）活性中心丝氨酸残基的羟基（—OH）结合，使酶构象改变而失去活性。通常把这些能够与酶活性中心的必需基团进行共价结合，从而抑制酶活性的抑制剂称为专一性抑制剂。

$$\begin{array}{c} RO\ \ \ \ O \\ \diagdown\diagup \\ P \\ \diagup\diagdown \\ R'O\ \ \ \ X \end{array} + HO-E \longrightarrow \begin{array}{c} RO\ \ \ \ O \\ \diagdown\diagup \\ P \\ \diagup\diagdown \\ R'O\ \ \ \ O-E \end{array} + HX$$

有机磷化合物　　羟基酶　　　　　失活的酶　　　酸

机体的胆碱酯酶用于催化乙酰胆碱水解，防止胆碱能堆积使神经过度兴奋。有机磷化合物中毒时，此酶活性受到抑制，胆碱能神经末梢分泌的乙酰胆碱不能及时水解因而蓄积过多，引起迷走神经兴奋而呈现恶心、呕吐、多汗、肌肉震颤、瞳孔缩小、惊厥等一系列中毒症状。临床上常采用解磷定（PAM）治疗有机磷化合物中毒。解磷定与磷酰化羟基酶的磷酰基结合，使羟基酶游离，从而解除有机磷化合物对酶的抑制作用，使酶恢复活性。

某些重金属离子（Hg^{2+}、Ag^+、Pb^{2+}）及As^{3+}可与酶分子的巯基（—SH）进行结合，使酶失去活性。因为这些抑制剂所结合的巯基不只局限于酶活性中心的必需基团，所以此类抑制剂又称为非专一性抑制剂。例如，化学毒剂路易士气是一种含砷的化合物，它能抑制体内的巯基酶而使人畜中毒，可引起神经系统、皮肤、黏膜、毛细血管等病变进而代谢功能紊乱。

$$E\begin{array}{c}SH\\ \\ SH\end{array} + \begin{array}{c}Cl\\ \diagup\\ As-CH=CHCl\\ \diagdown\\ Cl\end{array} \longrightarrow E\begin{array}{c}S\\ \diagdown\\ \diagup\\ S\end{array}As-CH=CHCl + 2HCl$$

巯基酶　　　　路易士气　　　　　　　失活的酶　　　　酸

生物化学

重金属盐引起的巯基酶中毒可用二巯基丙醇(BAL)或二巯基丁二酸钠等含巯基化合物来解毒,两者含有的巯基(—SH)能够用于替代失活酶上的巯基,可与毒剂结合,从而恢复巯基酶的活性。

$$E\begin{matrix}S\\S\end{matrix}As-CH=CHCl + \begin{matrix}CH_2-SH\\CH-SH\\CH_2-OH\end{matrix} \longrightarrow E\begin{matrix}SH\\SH\end{matrix} + \begin{matrix}CH_2-S\\CH-S\\CH_2-OH\end{matrix}As-CH=CHCl$$

失活的酶　　二巯基丙醇　　巯基酶

(二)可逆性抑制

这类抑制剂通常以非共价键与酶可逆性结合,使酶活性降低或丧失。此种抑制采用透析、超滤或稀释等方法将抑制剂去除后,酶的活性可恢复,这种抑制称为可逆性抑制(reversible inhibition)。根据抑制剂与底物的关系以及与酶结合位点的不同,可逆性抑制作用主要分为三种:竞争性抑制作用、非竞争性抑制作用和反竞争性抑制。

1. 竞争性抑制作用　竞争性抑制剂(I)与酶的底物(S)分子结构相似,抑制剂可与底物分子相互竞争酶的活性中心,从而阻碍酶与底物正常结合形成酶-底中间产物,这种抑制作用称为竞争性抑制作用(competitive inhibition)。当抑制剂占据酶活性中心后,底物分子就不能进入,酶活性就被抑制,酶促反应不能进行,产物不能生成;当底物与酶活性中心结合后,抑制剂就不能与酶或酶-底中间复合物结合,酶促反应正常进行,产物能生成。E、S、I及其催化反应的关系表示如下。

$$\begin{matrix} & & \text{增加[I]反应移动方向} \\ E+S & \rightleftharpoons ES \longrightarrow & E+P \\ + & & \\ I & & \text{增加[S]反应移动方向} \\ \updownarrow K_i & & \\ EI & & \end{matrix}$$

因为抑制剂与酶的结合是可逆的,所以竞争性抑制作用的强弱取决于抑制剂与底物浓度的相对比例。当抑制剂浓度不变时,可通过增加底物浓度减弱甚至解除竞争性抑制作用。

丙二酸对琥珀酸脱氢酶的抑制作用是竞争性抑制作用的典型例子。丙二酸与琥珀酸的分子结构相似,两者可竞争结合琥珀酸脱氢酶的活性中心,其中琥珀酸是琥珀酸脱氢酶的底物,丙二酸是其竞争性抑制剂。当丙二酸浓度增大时,抑制作用增强;若琥珀酸浓度增大,抑制作用则减弱。当底物浓度远远大于抑制剂浓度时,几乎所有的酶分子都与底物分子结合,酶促反应速度仍能达到最大速度,但比无抑制剂存在时所需要的底物浓度增大。

$$\begin{matrix} COOH \\ CH_2 \\ CH_2 \\ COOH \end{matrix} \qquad \begin{matrix} COOH \\ CH_2 \\ COOH \end{matrix}$$

琥珀酸　　　　丙二酸

竞争性抑制作用的特点主要有：①I 与 S 结构类似,竞争酶的活性中心；②抑制程度取决于抑制剂与酶的相对亲和力及底物浓度；③动力学特点：V_{max} 不变,表观 K_m 增大。

竞争性抑制作用的原理可用来阐述某些药物的作用机制。人体中对磺胺类药物敏感的细菌在生长繁殖时不能直接利用环境中的叶酸,而是在菌体内二氢叶酸合成酶的作用下,利用对氨基苯甲酸(PABA)、二氢蝶呤及谷氨酸先合成二氢叶酸(FH_2),进一步在二氢叶酸还原酶的作用下还原成四氢叶酸(FH_4),四氢叶酸是细菌合成核酸过程中必需的一碳单位的载体。磺胺类药物与对氨基苯甲酸结构相似,是二氢叶酸合成酶的竞争性抑制剂,可以抑制二氢叶酸的合成；磺胺增效剂(TMP)与二氢叶酸结构相似,是二氢叶酸还原酶的竞争性抑制剂,可以抑制四氢叶酸的合成,从而有效地抑制细菌体内核酸及蛋白质的生物合成。人体能从食物中直接获取叶酸,所以人体四氢叶酸的合成不受磺胺及其增效剂的影响。根据竞争性抑制的特点,服用磺胺类药物时必须使血液中药物浓度的保持足够高,才能发挥其有效的抑菌作用。

许多抗代谢类抗癌药物,如甲氨蝶呤(MTX)、5-氟尿嘧啶(5-FU)、6-巯基嘌呤(6-MP)等,几乎都是酶的竞争性抑制剂,可抑制肿瘤的生长。

2. **非竞争性抑制作用** 非竞争性抑制剂与底物结构不相似,其不与底物竞争酶的活性中心,只与酶活性中心外的调节位点可逆地结合,不影响底物与酶的结合,酶与底物的结合也不影响酶与抑制剂的结合,但抑制剂的存在可使酶-底物-抑制剂复合物(ESI)不能生成和释放产物,这种抑制作用称为非竞争性抑制作用(non-competitive inhibition)。底物和抑制剂之间无竞争关系。非竞争性抑制作用中 E、S、I 的作用和关系如下。

因抑制剂与底物间没有竞争关系,所以非竞争性抑制作用的强弱取决于抑制剂的浓度,不能通过增加底物浓度减弱或解除抑制。例如,亮氨酸对精氨酸酶的抑制和麦芽糖对 α-淀粉酶的抑制都属于非竞争性抑制作用。非竞争性抑制作用的特点：①抑制剂与酶活性中心外的必需基团结合,底物与抑制剂之间无竞争关系；②抑制程度取决于抑制剂的相对浓度大小；③动力学特点动力学特点：V_{max} 降低,表观 K_m 不变。

3. **反竞争性抑制作用** 此类抑制剂也不能与酶的活性中心结合,只与酶活性中心外的调节位点结合,且该抑制剂只与酶-底复合物结合。当没有底物存在,抑制剂并不与游离的酶结合,当底物与酶结合后,酶与抑制剂结合,形成酶-底物-抑制剂复合物,降低了酶-底中间产物的量。这样进一步使酶-底中间产物释放产物的量减少,也使减少游离酶的量和底物的量,这种抑制作用称为反竞争性抑制作用(uncompetitive inhibition)。该抑制作用的特点包括:①抑制剂只与酶-底物复合物结合;②抑制程度取决于抑制剂的浓度及底物的浓度;③动力学特点:V_{max}降低,表现为K_m降低。

七、酶活性测定与酶活力单位

酶是重要的生物催化剂,分布广泛,种类繁多,但酶在组织、细胞、体液中相对含量较低,很难直接提取后测定含量,因而对各种酶活性的测定对研究机体不同酶性质、酶活力学研究及酶制剂水平衡量具有重要的作用。

酶在一定的化学反应中发挥的催化能力称为酶活性。在一定条件下,酶活性的大小可以通过酶促动力学中酶促反应速率来研究和表示。酶活性越高,酶促反应速率越快。反应速率可用单位时间内底物的消耗量或产物的生成量来表示。临床上对酶活性的测定多采用相对测定法,即在一定条件下,测定单位时间内酶促反应体系中底物的消耗量或产物的生成量来表示酶活性。例如,测定淀粉酶活性,可通过淀粉(底物)的消耗量来确定;谷丙转氨酶活性的测定,可通过丙酮酸(产物)的生成量来测定。酶活性测定的方法包括还原法、色原底物法、黏度法、高压液相色谱法、琼脂凝胶扩散法、免疫电泳法和免疫凝胶扩散法等。

酶活性的大小常用酶活力单位(active unit,U)来表示。酶活力单位是指在最适条件下,单位时间内酶促反应过程中底物的减少量或产物的生成量。1976年国际酶学委员会规定酶活力单位为酶的国际单位,即在最适条件下每分钟催化1微摩尔底物($1\mu mol/L$)转化为产物所需的酶量为一个酶活力单位。1979年,国际酶学委员会又提出一个新的酶活力单位,即"催量"(Kat),其表示为在最适条件下,每秒钟催化1摩尔底物($1mol/L$)转化为产物所需的酶量为1催量。催量和国际单位之间的换算关系表示为:$1Kat=6\times10^7 U$;$1U=16.67\times10^{-9} Kat$。

在临床医学中对特定的样品中酶活性的测定能够对一些重要疾病进行诊断和预后判断,其中酶活性测定的样品主要采用血清和血浆。

第五节 酶在医药学上的应用

一、酶与疾病发生的关系

1. **遗传性疾病** 因编码酶的基因缺陷或异常,导致所表达的酶在质和量上先天性缺陷,从而影响正常的代谢途径,由此引起的疾病称为酶遗传性缺陷病。酶遗传性缺陷是先天性疾病的重要病因之一。现已发现140多种先天性代谢缺陷中,大多是因为酶的先天性缺陷所致。例如,酪氨酸酶遗传性缺陷时,细胞不能生成黑色素,引起白化病;6-磷酸葡萄糖脱氢酶遗传性缺陷时使得磷酸戊糖途径受阻,不能生成NAPDH,最终导致蚕豆病。

2. **中毒性疾病** 临床上有些疾病是由于酶活性受到抑制引起的。例如,有机磷农药中毒是因为胆碱酯酶的活性受到抑制；氰化物中毒是由于细胞色素氧化酶的活性受到抑制；重金属盐中毒则是由于巯基酶的活性受到抑制等。

3. 继发性疾病　许多疾病引起酶活性或量的异常，这种异常继而又使病情加重。例如，许多炎症可以使弹性蛋白酶从巨噬细胞或浸润的白细胞中释放，从而对组织产生破坏。急性胰腺炎时，胰蛋白酶原在胰腺中被异常激活，造成胰腺组织自身被胰蛋白酶水解破坏。

4. 代谢障碍性或营养缺乏性疾病　激素代谢障碍或维生素缺乏可引起某些酶的异常。例如，维生素 K 缺乏时，凝血因子Ⅱ、凝血因子Ⅶ、凝血因子Ⅸ、凝血因子Ⅹ的前体不能在肝内进一步羧化生成成熟的凝血因子，患者表现出因这些凝血因子异常所导致的临床征象。

二、酶在疾病诊断上的应用

20 世纪初人类就开始采用测定体液中的酶来诊断疾病。例如，早在 1908 年就测定尿液中淀粉酶以诊断急性胰腺炎；30 年代临床测定碱性磷酸酶用于诊断骨骼疾病；随后发现不少肝胆疾病特别在出现梗阻性黄疸时酶升高明显。

(一)血清(浆)酶测定

不同的酶分布在不同的组织和细胞内，正常情况下人体血清、尿液等体液中酶的量相对恒定且较低。当机体出现组织器官病变受损时，细胞破裂或细胞膜通透性增加，细胞内的酶大量进入血液、尿液等，引起体液中某种或某些酶的活力将会发生相应的变化，因此人们可以根据体液酶活性变化来诊断某些疾病。某些酶活性的测定，可以反映某些组织器官的病变情况，因此临床上常采用测定血清(浆)酶活性来作为辅助诊断、治疗评价和预后判断相应疾病的重要手段。

1. 血清(浆)特异酶的测定　绝大多数血清酶含量极低，一部分酶在细胞内合成后分泌到血液中，在血浆中发挥特异性催化功能，这些酶是血浆蛋白质的固有成分，故称为血浆特异酶。例如，一些与凝血过程有关的酶，如凝血酶原、Ⅹ因子、Ⅻ因子等，还有与纤溶有关的酶如纤溶酶原、纤溶酶原活化因子等，它们一般以失活或酶原状态分泌入血，在一定情况下被活化，引起一系列病理或生理变化。它们在血中浓度往往很高，甚至超过大多数器官细胞内浓度，大都在肝脏合成，并以恒定速度释放入血，肝实质病变时，血中浓度明显下降，常作为肝功能测定的辅助诊断指标。这类对临床有价值的酶还有胆碱酯酶、铜氧化酶、脂蛋白脂酶等。

2. 血清(浆)非特异酶测定　这些酶在血清中浓度很低，可来自全身各组织细胞，在血浆中无实际催化作用，故称为血浆非特异性酶。该类酶进一步分为可分泌酶和代谢酶，一些外分泌器官分泌的酶可有小部分入血，如 α-淀粉酶、脂肪酶、胃蛋白酶原等，它们在血中一般也以失活状态存在，疾病时可以升高，但是如分泌细胞破坏，血中浓度也可下降。碱性磷酸酶和酸性磷酸酶属于该类酶，碱性磷酸酶由骨细胞合成分泌，酸性磷酸酶由前列腺分泌，如成骨肉瘤或佝偻病时，成骨细胞中碱性磷酸酶合成增加，进而使血清中碱性磷酸酶活性升高；前列腺癌的时候血清酸性磷酸酶活性升高。此外，组织细胞通透性变大或细胞损伤时,也使血清相应的酶升高。例如,急性胰腺炎时,血清淀粉酶活性升高;急性肝炎、心肌梗死时,血清谷丙转氨酶和谷草转氨酶活性都升高。

(二)同工酶的测定意义

目前临床上在诊断心脏和肝脏等疾病时多采用测定乳酸脱氢酶、心肌肌酸激酶、谷丙转氨酶和谷草转氨酶等酶测定。例如,急性肝炎患者血清中谷丙转氨酶和谷草转氨酶活性都升高,且谷丙转氨酶活性升高比谷草转氨酶升高幅度要大。如果血清中谷丙转氨酶和谷草转氨酶活性都升高,且谷草转氨酶活性升高比谷丙转氨酶升高幅度要大,那么提示肝脏疾病比较严重。

三、酶在疾病治疗上的应用

酶由于具有突出的催化作用特点,作为药物广泛在临床医学中用于治疗疾病。

1. 酶的消化治疗　胃蛋白酶、胰蛋白酶、胰脂肪酶、淀粉酶和木瓜蛋白酶等都可用于帮助消化。

2. 消炎抗菌治疗　溶菌酶、菠萝蛋白酶、木瓜蛋白酶等可用于外科消炎、消肿、化脓伤口净化及防治胸、腹腔浆膜粘连等。

3. 溶栓治疗　链激酶、尿激酶、纤溶酶等可用于溶解血栓,防止血栓形成,可用于脑血栓、心肌梗死等疾病的治疗。

4. 抗肿瘤治疗　天冬酰胺酶可水解破坏肿瘤细胞生长所需要的天冬酰胺,抑制肿瘤的生长。甲氨蝶呤、5-氟尿嘧啶、6-巯基嘌呤等通过竞争性抑制作用使肿瘤生长中的相关酶失活,阻碍肿瘤增殖,从而达到治疗的目的。

此外,超氧化物歧化酶可用于治疗类风湿关节炎和放射病;青霉素酶可用于治疗青霉素过敏;抗抑郁药物通过抑制单胺氧化酶而减少儿茶酚的灭活,从而治疗抑郁症;洛伐他汀通过竞争性抑制作用抑制 HMG-CoA 还原酶的活性,降低血清胆固醇,治疗高胆固醇血症。

四、酶在医药学上的其他应用

(一)酶偶联测定法中的指示酶或辅助酶

酶具有专一性强、催化效率高等特点。临床检验可以利用酶来测定体液中某些物质的含量从而诊断某些疾病。有些酶促反应的底物或产物含量极低,不能直接测定,此时可与一种或两种以上的酶偶联,组成连锁酶促反应体系,使起始反应产物定量转变为另一种比较容易测定的产物,从而测定初始反应中的底物、产物或初始酶活性,该方法称为酶偶联测定法。若偶联一种酶,这个酶被称为指示酶。若偶联两种酶,这两种酶按偶联先后依次被称为辅助酶和指示酶。例如,利用葡萄糖氧化酶和过氧化氢酶的联合作用检测血液和尿液中葡萄糖的含量,从而作为糖尿病临床诊断依据。

(二)酶标记测定法中的标记酶

酶联免疫吸附测定(enzyme-linked immunosorbent assays,ELISA)利用抗原抗体

反应的专一性,可以进行一些微量痕迹物质的测定,被测定的物质既可以是抗原,也可以是抗体,将标记酶与抗体偶联,对抗原或抗体作出检测的一种方法。常用的标记酶包括辣根过氧化物酶、碱性磷酸酶、葡萄糖氧化酶等。

(三)基因工程常用的工具酶

在基因工程中,多种酶可用于对 DNA 和 RNA 进行修饰和合成。例如,DNA 聚合酶、Ⅱ型限制性内切核酸酶、DNA 连接酶、反转录酶等。

(四)酶在药物生产中的应用

利用酶的催化作用将前体物质转变为药物的技术过程称为药物的酶法生产。酶在药物制造方面的应用日益增多。现已有不少药物包括一些贵重药物都是由酶法生产的。如青霉素酰化酶制造半合成抗生素;β-酪氨酸酶制造多巴;核苷磷酸化酶制造阿糖腺苷;无色杆菌蛋白酶制造人胰岛素;多核苷酸磷酸化酶生产聚肌胞;β-D-葡萄糖腺苷酶制造抗肿瘤人参皂苷等。

本章小结

酶是由活细胞产生的具有高度特异性催化功能的生物大分子,是重要的生物催化剂。根据酶促反应的类型可分为氧化还原酶类、转移酶类、水解酶类、裂解酶类、异构酶类和合成酶类。酶促反应具有高度的催化效率、高度的特异性、高度的不稳定性、可调节性特点。

临床常用检测血清同工酶谱来诊断疾病和预后判定。核酶是具有催化功能的 RNA 分子。酶的分子组成和结构与其活性密切相关。酶蛋白与辅助因子单独存在时均无催化活性,只有两者结合形成全酶时才具有催化活性。

酶原及酶原的激活和同工酶在人体及医学应用上均有重要意义。酶活性和酶含量的调节使体内物质代谢能适应内外环境的变化而有条不紊地进行。酶浓度、底物浓度、pH 值、温度、激活剂和抑制剂等对酶促反应速率有影响。K_m 是酶的特征性常数,竞争性抑制作用的原理可用来阐述某些药物的作用机制。酶与疾病的发生、诊断、治疗都有密切的联系,在医学上的应用也日益广泛。

综合测试题

一、名词解释

1. 酶
2. 同工酶
3. 酶的活性中心
4. 酶原的激活
5. 抑制剂
6. 辅基

生 物 化 学

二、问答题

1. 酶促反应有哪些特点?
2. K_m值的意义有哪些?
3. 磺胺类药物的抑菌机制是什么?
4. 试举例说明不可逆抑制作用。
5. 举例说明酶原激活的意义。

三、单项选择题

1. 关于酶的叙述哪一个是正确的
   A. 酶催化的高效率是因为分子中含有辅酶或辅基
   B. 所有的酶都能使化学反应的平衡常数向加速反应的方向进行
   C. 酶的活性中心中都含有催化基团
   D. 所有的酶都含有两个以上的多肽链
   E. 所有的酶都是调节酶

2. 酶作为一种生物催化剂,具有下列哪种能量效应
   A. 降低反应活化能
   B. 增加反应活化能
   C. 增加产物的能量水平
   D. 降低反应物的能量水平
   E. 降低反应的自由能变化

3. 酶蛋白变性后其活性丧失,这是因为
   A. 酶蛋白被完全降解为氨基酸
   B. 酶蛋白的一级结构受破坏
   C. 酶蛋白的空间结构受到破坏
   D. 酶蛋白不再溶于水
   E. 失去了激活剂

4. 下列哪一项不是酶促反应的特点
   A. 酶有敏感性
   B. 酶的催化效率极高
   C. 酶能加速热力学上不可能进行的反应
   D. 酶活性可调节
   E. 酶具有高度的特异性

5. 酶的辅酶是
   A. 与酶蛋白结合紧密的金属离子
   B. 分子结构中不含维生素的小分子有机化合物
   C. 在催化反应中不与酶的活性中心结合
   D. 在反应中作为底物传递质子、电子或其他基团
   E. 与酶蛋白共价结合成多酶体系

6. 下列酶蛋白与辅助因子的论述不正确的是
   A. 酶蛋白与辅助因子单独存在时无催化活性
   B. 一种酶只能与一种辅助因子结合形成酶
   C. 一种辅助因子只能与一种酶结合成全酶

D. 酶蛋白决定酶促反应的特异性

E. 辅助因子可以作用底物直接参加反应

7. 含有维生素 B 的辅酶是

   A. NAD　　　B. FAD　　　C. TPP　　　D. CoA　　　E. FMN

8. 下列哪种辅酶中不含核苷酸

   A. FAD　　　B. FMN　　　C. FH_4　　　D. NAD　　　E. HSCoA

9. 有关金属离子作为辅助因子的作用,论述错误的是

   A. 作为酶活性中心的催化基团参加反应　　　B. 传递电子

   C. 连接酶与底物的桥梁　　　D. 降低反应中的静电斥力

   E. 与稳定酶的分子构象无关

10. 结合酶在下列哪种情况下才有活性

    A. 酶蛋白单独存在　　　B. 辅酶单独存在

    C. 亚基单独存在　　　D. 全酶形式存在

    E. 有激动剂存在

11. 下列哪种辅酶中不含有维生素

    A. HSCoA　　　B. FAD　　　C. NAD　　　D. CoQ　　　E. FMN

12. 酶保持催化活性,必须

    A. 酶分子完整无缺　　　B. 有酶分子上所有化学基团

    C. 有金属离子参加　　　D. 有辅酶参加

    E. 有活性中心及其必需基团

13. 酶催化作用所必需的基团是指

    A. 维持酶一级结构所必需的基团

    B. 位于活性中心以内或以外的,维持酶活性所必需的基团

    C. 酶的亚基结合所必需的基团

    D. 维持分子构象所必需的基团

    E. 构成全酶分子所有必需的基团

14. 酶分子中使底物转变为产物的基团称为

    A. 结合基团　　　B. 催化基团　　　C. 碱性基团　　　D. 酸性基团　　　E. 疏水基团

15. 酶的特异性是指

    A. 酶与辅酶特异的结合

    B. 酶对其所催化的底物有特异的选择性

    C. 酶在细胞中的定位是特异性的

    D. 酶催化反应的机制各不相同

    E. 在酶的分类中各属不同的类别

16. 酶促反应动力学研究的是

    A. 酶分子的空间构象　　　B. 酶的电泳行为

    C. 酶的活性中心　　　D. 酶的基因来源

E. 影响酶促反应速度的因素

17. 关于酶与底物的关系

    A. 如果酶的浓度不变,则底物浓度改变不影响反应速度

    B. 当底物浓度很高使酶被饱和时,改变酶的浓度将不再改变反应速度

    C. 初速度指酶被底物饱和时的反应速度

    D. 在反应过程中,随着产物生成的增加,反应的平衡常数将左移

    E. 当底物浓度增高将酶饱和时,反应速度不再随底物浓度的增加而改变

18. 关于 K_m 值的意义,不正确的是

    A. K_m 是酶的特性常数

    B. K_m 值与酶的结构有关

    C. K_m 值与酶所催化的底物有关

    D. K_m 等于反应速度为最大速度一半时的酶的浓度

    E. K_m 值等于反应速度为最大速度一半时的底物浓度

19. 酶的 K_m 值大小与

    A. 酶性质有关
    B. 酶浓度有关

    C. 酶作用时间有关
    D. 酶作用温度有关

    E. 酶的最适 pH 有关

20. K_m 值与底物亲和力的关系是

    A. K_m 值越小,亲和力越大

    B. K_m 值越大,亲和力越大

    C. K_m 值越小,亲和力越小

    D. K_m 值大小与亲和力无关

    E. 同一酶对不同底物的 K_m 值是相同的

21. 温度对酶促反应速度的影响是

    A. 温度升高反应速度加快,与一般催化剂完全相同

    B. 低温可使大多数酶发生变性

    C. 最适温度是酶的特性常数,与反应进行的时间无关

    D. 最适温度不是酶的特性常数,延长反应时间,其最适温度降低

    E. 最适温度对于所有的酶均相同

22. pH 对酶促反应速度的影响,下列哪项是对的

    A. pH 对酶促反应速度影响不大

    B. 不同酶有其不同的最适 pH

    C. 酶的最适 pH 都在中性即 pH 7 左右

    D. 酶的活性随 pH 的增高而增大

    E. pH 对酶促反应速度影响主要在于影响该酶的等电点

23. 各种酶都具有最适 pH,其特点是

    A. 最适 pH 一般即为该酶的等电点

B. 最适 pH 时该酶活性中心的可解离基团都处于最适反应状态

C. 最适 pH 时酶分子的活性通常较低

D. 大多数酶活性的最适 pH 曲线为抛物线形

E. 在生理条件下同一细胞酶的最适 pH 均相同

24. 竞争性抑制剂对酶促反应速度影响是

A. K_m 增加,V_{max} 不变　　　　　　B. K_m 降低,V_{max} 不变

C. K_m 不变,V_{max} 增加　　　　　　D. K_m 不变,V_{max} 降低

E. K_m 降低,V_{max} 降低

（张　冬）

第五章 生物氧化

> **学习目标**
>
> 【掌握】生物氧化、呼吸链、氧化磷酸化、P/O 比值的概念,两条线粒体呼吸链的组成、排列顺序、氧化磷酸化的偶联部位,胞液中 NADH 的氧化。
> 【熟悉】氧化磷酸化的影响因素,ATP 的生成和利用。
> 【了解】生物氧化的特点,化学渗透假说,其他氧化体系。

第一节 生物氧化的概述

一、生物氧化的基本概念

生物氧化(biological oxidation)是糖、脂肪、蛋白质等营养物质在生物体内氧化生成 H_2O 和 CO_2,并逐步释放能量的过程。

生物氧化分为三个阶段:第一阶段是糖、脂肪及蛋白质分解为其基本组成单位——葡萄糖、脂肪酸、甘油及氨基酸,此阶段放能较少;第二阶段是葡萄糖、脂肪酸等经一系列反应,中间产物进入线粒体生成乙酰辅酶 A,这一阶段释放出总能量的 1/3;第三阶段是线粒体中乙酰辅酶 A 进入三羧酸循环脱羧生成二氧化碳,脱下的氢经呼吸链传递,氧化生成水,同时释放出大量能量(图 5-1)。糖、脂类等生物氧化的主要过程见糖代谢、脂类代谢。本章主要介绍分解代谢脱下的氢如何生成水并释放大量的能量。

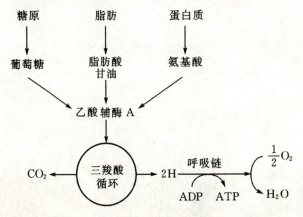

图 5-1 生物氧化的一般过程

二、生物氧化的特点

生物氧化的方式有加氧、脱氢、脱电子,遵循氧化还原反应的一般规律。与物质的体外氧化相比,生物氧化特点如下。①在细胞内温和的环境中(体温、pH 值近中性)进行。②生物氧化经一系列酶促反应,能量逐步释放。释放的能量一部分储存在 ATP 中,直接供给各种生理功能需要。③生物氧化中生成的水由代谢物脱下的氢经电子传递与氧结合产生,二氧化碳由有机酸脱羧产生。线粒体内生物氧化伴有 ATP 的生成,主要表现为细胞内氧的消耗和二氧化碳的释放,故又称为细胞呼吸。线粒体外生物氧化主要在过氧化物酶体、微粒体及胞液中进行,与机体内代谢物、药物及毒物的清除、排泄有关。

第二节 线粒体氧化体系

三大营养素氧化分解释放能量的代谢过程主要发生在线粒体(mitochondrion)内膜上,线粒体的主要功能是氧化供能,线粒体由两层膜包被,由外至内可划分为线粒体外膜、线粒体膜间隙、线粒体内膜和线粒体基质四个功能区。

一、氧化呼吸链

(一)呼吸链的概念

呼吸链(respiratory chain)是由一组定位于线粒体内膜、排列有序的酶或辅酶所构成的氧化还原连锁反应体系,代谢物脱下的成对氢原子(2H)在呼吸链上逐步传递,最终与氧结合生成水。这一过程与细胞呼吸作用有关,所以称为呼吸链。其中传递氢的酶或辅酶称为递氢体(hydrogen carrier),传递电子的则称之为递电子体(electron carrier)。递氢体和递电子体,都起到传递电子的作用,因为氢原子由质子和电子构成 $2H = 2H^+ + 2e^-$,所以呼吸链又称为电子传递链(electron transfer chain)。

(二)呼吸链组成

呼吸链位于线粒体内膜上,主要由四种复合体和游离的泛醌及细胞色素 c 组成(图 5-2),包括四种复合体。

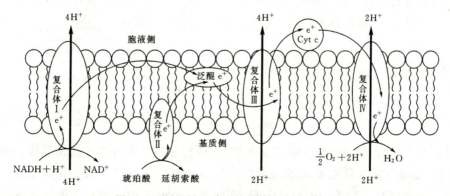

图 5-2 呼吸链组分在线粒体内膜上的定位

生物化学

1. 复合体Ⅰ 复合体Ⅰ又称 NADH-泛醌还原酶,镶嵌于线粒体内膜。复合体Ⅰ主要含有黄素蛋白和铁硫蛋白(Fe-S)。复合体Ⅰ接受基质中 NADH+H^+脱下的2H,并经黄素蛋白、铁硫蛋白等传递到泛醌(又称辅酶Q,CoQ)。每次电子传递过程偶联4个质子从内膜基质侧泵到胞质侧,所以复合体Ⅰ还具有质子泵功能。

尼克酰胺腺嘌呤二核苷酸(NAD^+)是物质代谢中多种脱氢酶的辅酶,在线粒体中能够携带氢进入呼吸链传递。NAD^+是尼克酰胺(维生素PP)在体内的主要活性形式,结构中还含有一分子的腺苷酸—磷酸(AMP)。尼克酰胺中的氮可以在五价和三价之间转变传递氢和电子,NAD^+可接受一个氢原子和一个电子,而留一个质子在介质中,写为 NADH+H^+。当腺苷酸部分中核糖的2′位碳上羟基的氢被磷酸基取代,则为辅酶 NADPH+H^+。NADPH+H^+主要为合成代谢或羟化反应提供氢。

$NAD^+/NADP^+$ NADH+H^+/NADPH+H^+

黄素蛋白多为脱氢酶,因其辅基中含有核黄素(维生素B_2)而得名。其辅基有两种,一种为黄素单核苷酸(FMN),另一种为黄素腺嘌呤二核苷酸(FAD)。辅基分子中异咯嗪部分可以进行可逆的加氢脱氢反应。复合体Ⅰ和复合体Ⅱ分别含有 FMN 和 FAD。

FMN   FMNH $FMNH_2$

铁硫蛋白的铁硫中心多含有等量的铁原子和硫原子,铁与无机硫或与蛋白质肽链上半胱氨酸残基的硫相结合。铁硫中心常见的形式有 Fe_2S_2、Fe_4S_4,其中的铁能可逆地进行氧化还原反应,但每次只有一个铁传递电子,为单电子传递体。

泛醌又称辅酶Q,是脂溶性醌类化合物,是线粒体内膜中可移动的递氢体。侧链很长,由多个异戊二烯单位构成,哺乳动物组织泛醌的侧链由10个异戊二烯单位组成。泛醌接受一个电子和一个质子还原成半醌,再接受一个电子和一个质子则还原成二氢泛醌，后者又可脱去电子和质子而被氧化恢复为泛醌。泛醌将复合体Ⅰ或复合体Ⅱ的电子传递给复合体Ⅲ。

2. 复合体Ⅱ 复合体Ⅱ又称琥珀酸-泛醌还原酶，镶嵌在内膜的内侧。复合体Ⅱ含有以 FAD 为辅基的黄素蛋白、铁硫蛋白和细胞色素（Cyt b_{560}）。复合体Ⅱ将电子从琥珀酸经 FAD、铁硫蛋白等传递给泛醌。复合体Ⅱ没有质子泵的功能。

3. 复合体Ⅲ 复合体Ⅲ又称泛醌-细胞色素 c 还原酶，含有 Cyt b_{562}、Cyt b_{566}、Cyt c_1、铁硫蛋白和其他多种蛋白。这些蛋白质不对称分布在线粒体内膜上。泛醌接受复合体Ⅰ或复合体Ⅱ的 H，生成二氢泛醌，二氢泛醌再将电子通过铁硫蛋白传递给 Cyt c。每次电子传递过程偶联 4 个质子从内膜基质侧泵到胞质侧，所以复合体Ⅲ也具有质子泵功能。

细胞色素种类很多，辅基为铁卟啉，根据其吸收光谱的不同可分为三大类：细胞色素 a、细胞色素 b、细胞色素 c，每类又分为若干种。不同细胞色素的铁卟啉侧链不同或与酶蛋白的连接方式不同。参与呼吸链组成的细胞色素有 a、a3、b、c、c1 等。细胞色素体系各辅基中的铁可以传递电子，为单电子传递体。细胞色素 a、细胞色素 a3 结合紧密，是呼吸链最后将电子传给氧的部分。细胞色素 c 与线粒体内膜结合疏松，可在复合体Ⅲ与复合体Ⅳ间传递电子。

细胞色素 c 辅基

4. 复合体Ⅳ 复合体Ⅳ，即细胞色素氧化酶，镶嵌在线粒体内膜中。电子从 Cyt c 通过复合体Ⅳ传递给氧，使 $\frac{1}{2}O_2$ 还原并与 H^+ 生成 H_2O，同时引起 H^+ 从基质转移至膜间隙。因此复合体Ⅳ也具有质子泵功能。

代谢物脱下的 2H 从复合体Ⅰ或复合体Ⅱ开始，经泛醌到复合体Ⅲ，再经 Cyt c 到复合体Ⅳ，最终转移 2 个电子给 $\frac{1}{2}O_2$，与基质中的 $2H^+$ 结合为水，伴随 H^+ 从基质转移至膜间隙,产生 H^+ 跨膜梯度储存能量,形成跨膜电位,驱动 ATP 的生成。

表 5-1 呼吸链复合体

复合体	名称	生组成(辅基)	功能
复合体Ⅰ	NADH-泛醌还原酶	FMN、Fe-S	将电子从 NADH 传递给泛醌
复合体Ⅱ	琥珀酸泛醌还原酶	FAD、Fe-S	将电子从琥珀酸传递给泛醌
复合体Ⅲ	泛醌-细胞色素 c 还原酶	Fe-S、Cyt b、c_1	将电子从泛醌传递给细胞色素 c
复合体Ⅳ	细胞色素 c 氧化酶	Cyt aa_3、Cu	将电子从细胞色素 c 传递到氧

(三)主要呼吸链的类型

根据呼吸链各传递体的排列顺序,确定线粒体内的主要呼吸链有两条,即 NADH 氧化呼吸链和 $FADH_2$ 氧化呼吸链。

1. NADH 氧化呼吸链 NADH 氧化呼吸链是细胞内分布最广的一条呼吸链(图 5-3)。生物氧化中绝大多数脱氢酶都以 NAD^+ 为辅酶。底物在相应脱氢酶催化下,脱下 $2H(2H^+ + 2e^-)$,NAD^+ 接受氢生成 $NADH + H^+$。接着在 NADH 脱氢酶作用下,泛醌得到氢生成二氢泛醌;二氢泛醌中的 2H 解离为 $2H^+$ 与 $2e^-$,其中 $2e^-$ 沿着 Cyt b→ Cyt c_1→ Cyt c→ Cyt aa_3→O_2 有序传递,使氧还原成 O^{2-},另一方面,$2H^+$ 游离于介质中,与 O^{2-} 结合生成水,在此过程中逐步释放能量,驱动 ADP 磷酸化生成 ATP。每 2 个 H 经过 NADH 呼吸链氧化释放的能量可生成 2.5 分子 ATP。在线粒体内由三大营养物质代谢产生的 $NADH + H^+$ 都是经过 NADH 氧化呼吸链传递氢和电子并合成 ATP。

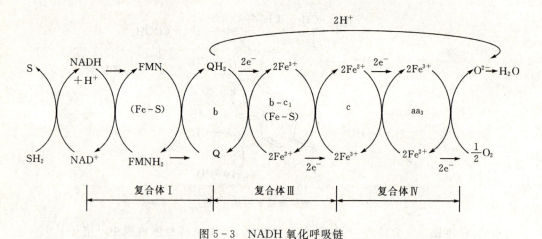

图 5-3 NADH 氧化呼吸链

2. $FADH_2$ 氧化呼吸链 有部分代谢物,如琥珀酸、α-磷酸甘油、脂酰辅酶 A 等,它们相应的脱氢酶以 FAD 为辅基。代谢物脱下的 2H 交给 FAD 生成 $FADH_2$,氢传给泛醌,生成二氢泛醌。之后传递氢和电子的过程与 NADH 氧化呼吸链相同。每 2 个 H 经过 $FADH_2$ 呼吸链可生成 1.5 分子 ATP(图 5-4)。

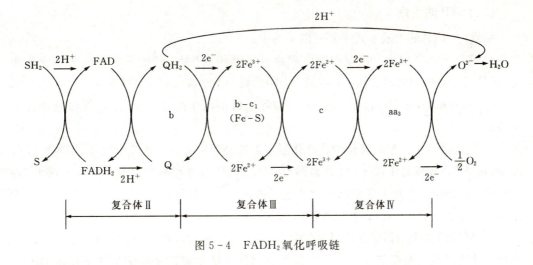

图 5-4 FADH$_2$氧化呼吸链

二、ATP 的生成、利用与储存

ATP 是体内主要高能化合物,在能量代谢中起关键作用。生物氧化过程释放的能量,约有 40% 以化学能的形式储存在高能化合物,用于呼吸、运动、神经传导等各种生命活动,约 60% 的能量以热能形式散发,维持体温恒定。

(一)高能化合物和高能磷酸化合物

生物氧化时释放出来的一部分能量,以化学能的形式储存于某些特殊的有机磷酸酯或硫酯类化合物中。水解时释放能量大于 25kJ/mol,一般称为高能键,常用"~P"符号表示。含有高能磷酸键或高能硫酯键的化合物称之为高能化合物。高能化合物分为高能磷酸化合物与高能硫酯化合物。常见的高能化合物见表 5-2。

表 5-2 几种常见的高能化合物

通式	高能化合物	在 pH 7.0,25℃条件下释放能量 kJ/mol(kcal/mol)
R—C(NH$_2$)—NH~PO$_3$H$_2$	磷酸肌酸	-43.9(-10.5)
R—C(=CH$_2$)—O~PO$_3$H$_2$	磷酸烯醇式丙酮酸	-61.9(-14.8)
R—C(=O)—O~PO$_3$H$_2$	乙酰磷酸	-41.8(-10.1)
—P(=O)(OH)—O~PO$_3$H$_2$	ATP、GTP、UTP、CTP	-30.5(-7.3)
R—C(=O)~SCoA	乙酰辅酶 A	-31.4(-7.5)

(二)ATP 的生成

细胞内 ATP 的生成方式主要有以下两种。

1. 底物水平磷酸化　代谢过程中底物分子结构发生改变,能量重新分布形成高能键,并将高能磷酸基团转移给 ADP(或 GDP)形成 ATP(或 GTP)的过程称为底物水平磷酸化(substrate level phosphorylation)。与呼吸链的电子传递无关,反应可参见糖代谢章节。

2. 氧化磷酸化　生物氧化中代谢物脱下的氢经呼吸链传递最终生成水,同时释放出能量,在 ATP 合酶的作用下 ADP 磷酸化生成 ATP 的过程称为氧化磷酸化(oxidative phosphorylation),也称为偶联磷酸化或电子传递水平磷酸化,氧化磷酸化是细胞内 ATP 生成的主要方式,约占 ATP 生成总数的 80%。

(1)氧化磷酸化的偶联部位:根据测定不同作用物经呼吸链氧化的 P/O 比值,可以推导出氧化磷酸化的偶联部位。P/O 比值指每消耗 1 摩尔氧原子所消耗的无机磷的摩尔数,即合成 ATP 的摩尔数,也可以看作是当一对电子通过呼吸链传至 O_2 时所产生的 ATP 分子数。在离体线粒体实验体系中,加入不同底物测定 P/O 比值,能大致推导出氧化磷酸化的偶联部位。β-羟丁酸经 NADH 呼吸链氧化,测得 P/O 比值约 2.5,即可能生成 2.5 分子 ATP。琥珀酸氧化时 P/O 值约为 1.5,生成 1.5 分子 ATP。琥珀酸氧化直接经 FAD 进入泛醌,表明在 NADH~CoQ 之间存在偶联部位。维生素 C 氧化时 P/O≈1,与还原型 Cyt c 氧化时 P/O 比值接近,但维生素 C 通过 Cyt c 进入呼吸链,而还原型 Cyt c 则经过 Cyt aa_3 被氧化,表明在 Cyt aa_3~O_2 之间也存在偶联部位。从 β-羟丁酸、琥珀酸和还原型 Cyt c 氧化时 P/O 比值的比较表明,在 CoQ~Cyt c 之间存在另外一个偶联部位(表5-3)。因此,NADH 氧化呼吸链存在三个偶联部位,琥珀酸氧化呼吸链存在两个偶联部位。

表 5-3　不同底物的线粒体离体实验测得的 P/O 比值

底物	呼吸链的组成	P/O 比值	生成 ATP 数
β-羟丁酸	NAD→FMN→CoQ→Cyt→O_2	2.4~2.8	2.5
琥珀酸	FAD→CoQ→Cyt→O_2	1.7	1.5
抗坏血酸	Cyt c→Cyt aa_3→O_2	0.88	1
Cyt c(Fe^{2+})	Cyt aa_3→O_2	0.61~0.68	1

(2)自由能变化:呼吸链中有三个阶段(即 NAD^+→CoQ,CoQ→Cyt c,Cyt aa_3→$\frac{1}{2}O_2$)存在较大的氧化还原电位差,三个阶段分别为 0.36V、0.21V、0.53V。三个阶段自由能变化分别约为 52.1kJ/mol、40.5kJ/mol、102.3kJ/mol,而生成每摩尔 ATP 约需能 30.5kJ/mol,可见以上三处所释放的能量均足够合成一分子 ATP,是 ATP 的偶联部位。

由以上实验数据推断:NADH 氧化呼吸链有三个偶联生成 ATP 的部位,而琥珀酸氧化呼吸链因电子不经过 NAD~FMN 的传递,故只有两个偶联生成 ATP 的部位。呼吸链中形成 ATP 的偶联部位如图 5-5 所示。

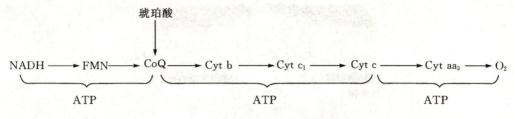

图 5-5　呼吸链形成 ATP 的偶联部位

3. 氧化磷酸化的偶联机制　叙述如下。

(1)化学渗透假说：化学渗透假说(chemiosmotic hypothesis)在 1961 年由英国学者 P. Mitchell 提出，1978 年获诺贝尔化学奖，越来越多的证据支持此假说。基本要点是电子经呼吸链传递释放的能量，可将 H^+ 从线粒体内膜的基质侧泵到膜间隙，线粒体内膜不允许质子自由回流，因此产生质子电化学梯度贮存能量。当质子顺电化学梯度回流时，释放的能量使 ADP 和 Pi 生成 ATP(图 5-6)。

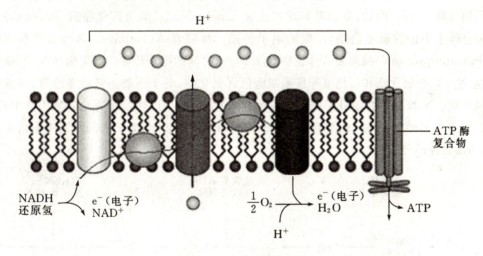

图 5-6　氧化磷酸化机制

(2)ATP 合酶：ATP 合酶(ATP synthase)位于线粒体内膜的基质侧，形成许多颗粒状突起。该酶主要由 F_0(疏水部分)和 F_1(亲水部分)组成(图 5-7)。F_1 主要由 $\alpha_3\beta_3\gamma\delta\varepsilon$ 亚基等组成，突出于线粒体基质侧，其功能是催化生成 ATP，催化部位在 β 亚基上。F_0 由 $a_1b_2c_{9-12}$ 亚基组成，位于线粒体内膜上，形成质子回流通道。此外 ATP 合酶尚有一亚基为寡霉素敏感蛋白。当 H^+ 顺浓度梯度经 F_0 回流时，F_1 催化 ADP 和 Pi 生成并释放 ATP。生成一分子 ATP 约需要回流三个 H^+。

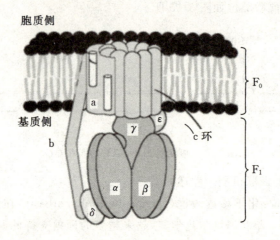

图 5-7 ATP 合酶示意图

4. 影响氧化磷酸化的因素 影响氧化磷酸化的主要因素有以下几种。

(1) 呼吸链抑制剂：此类抑制剂通过阻断呼吸链中某些部位氢与电子的传递从而发挥作用(图 5-8)。例如，麻醉药异戊巴比妥(amobarbital)、杀虫药鱼藤酮(rotenone)等与复合体 I 中的铁硫蛋白结合，阻断电子传递。抗霉素 A(antimycin A)、二巯基丙醇(dimercaptopropanol)抑制复合体 III 中 Cyt b 与 c_1 之间的电子传递。氰化物(CN^-)、叠氮化物(N_3^-)、一氧化碳和硫化氢等抑制细胞色素氧化酶，电子不能正常传递给氧，导致呼吸链中断。N 和 C 经高温可形成 HCN，因此火灾中，除了因燃烧不完全造成 CO 中毒，CN^- 也是致命因素之一。此类抑制剂可使细胞内呼吸停止，与此相关的细胞生命活动停止，引起机体迅速死亡。

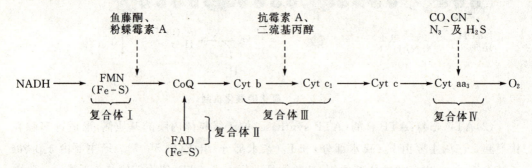

图 5-8 呼吸链抑制剂的作用点

(2) 解偶联剂：解偶联剂使氧化与磷酸化过程分离。其作用机制是使呼吸链传递电子过程中泵出的 H^+ 不经 ATP 合酶的 F_0 质子通道回流，而通过其他途径返回线粒体基质，破坏了内膜两侧的电化学梯度，电化学梯度储存的能量只能以热能形式释放，ATP 的生成受到抑制。二硝基苯酚为脂溶性物质，在线粒体内膜中可自由移动，进入基质侧释出 H^+，返回胞液侧结合 H^+，从而破坏电化学梯度。哺乳动物棕色脂肪组织线粒体内膜中存在丰富的解偶联蛋白，在内膜上形成质子通道，H^+ 可经此通道返回线粒体基质中，同时释放大量热能，因此棕色脂肪组织是产热御寒组织。新生儿如缺乏棕色脂肪组织，不能维持正常体温而使皮下脂肪凝固,可导致新生儿硬肿症。甘草中的甘草次酸也是氧化磷酸化的解偶联剂。

(3)氧化磷酸化抑制剂:这类抑制剂对电子传递及 ATP 的合成均有抑制作用。例如,寡霉素(oligomycin)可阻止质子从 ATP 合酶质子通道回流,抑制 ATP 生成。此时由于线粒体内膜两侧电化学梯度增高影响呼吸链质子泵的功能,间接抑制电子传递。

(4)ADP/ATP 比值:在生理状态下,ADP 或 ADP/ATP 比值是调节氧化磷酸化的主要因素。当 ATP 消耗增加,ADP 浓度升高,转运入线粒体后加快氧化磷酸化速度。当 ADP 浓度下降时,氧化磷酸化速度减慢。这种调节作用使得 ATP 生成速度能更好地适应机体生理需求。

(5)甲状腺激素:甲状腺激素能诱导细胞膜 Na^+-K^+-ATP 酶的表达,使 ATP 加速分解为 ADP 和无机磷,ADP 增多则促进氧化磷酸化。三碘甲状腺原氨酸(triiodothyronine,T_3)还能增强解偶联蛋白基因表达。因此甲状腺激素促使物质氧化分解,增加机体耗氧量和产热量。甲状腺功能亢进患者常出现基础代谢率增高,如怕热、心率加速、易出汗等症状。

(6)线粒体 DNA 突变:线粒体是直接利用氧气产生能量的部位,不断受到氧毒性(如活性氧自由基)的伤害。线粒体 DNA 易受本身氧化磷酸化过程中产生的氧自由基的损伤而发生突变,因此其突变将在很大程度上影响氧化磷酸化功能,ATP 生成减少,导致线粒体 DNA 病,常见的有耳聋、失明、痴呆、肌无力、糖尿病等。

(三)ATP 的转运

线粒体外膜中存在线粒体孔蛋白,大多数小分子或离子可以自由通过进入膜间隙,但内膜对物质的通过有严格选择性,以保证生物氧化的正常进行。ATP、ADP、Pi 等都不能自由通过线粒体内膜,需要载体转移。其中,位于线粒体内膜的腺苷酸转运蛋白(adenine nucleotide transporter)作为反向转运载体,能介导胞质 ADP 和线粒体 ATP 相互交换。胞质中的 $H_2PO_4^-$ 则在磷酸盐转运蛋白作用下与质子同向转运到线粒体内。转运效率受胞质及线粒体内 ADP、ATP 浓度调节。当胞质内游离 ADP 水平升高时,ADP 进入线粒体内,ATP 转运至胞质,导致基质内 ADP/ATP 比值升高,推动氧化磷酸化。

(四)ATP 的储存和利用

机体所需能量主要来自糖、脂类等物质的分解代谢,但主要以 ATP 的形式进行利用,ATP 是机体所需能量的直接提供者。

1. ATP 的储存　当生物体内能量供过于求时,在肌酸激酶(creatine kinase,CK)的催化下,肌酸从 ATP 处获得一分子~P 生成磷酸肌酸,作为肌肉和脑组织中能量的储存形式。当机体消耗 ATP 过多时,磷酸肌酸经线粒体外膜的孔蛋白进入胞质,将~P 转移给 ADP 生成 ATP,以供机体需要。因此磷酸肌酸是肌肉和脑组织中能量的储存形式之一。

2. ATP 的利用　生物体内能量的释放、储存和利用都以 ATP 为中心(图 5-9)。ATP 的作用还体现在参与糖原、磷脂、蛋白质合成。ATP 几乎是细胞能够直接利用的唯一能源物质。其水解时释放的能量可直接供给各种生命活动,如肌肉收缩、物质主动转运、合成代谢、神经传导、维持体温等。人体内 ATP 含量虽然不多,但每日经 ATP/ADP 相互转变的量相当可观。

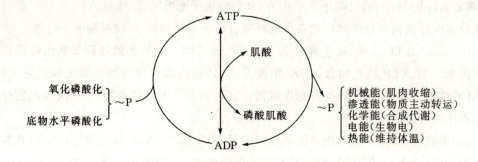

图 5-9　ATP 的生成和利用

三、胞液中 NADH 的氧化

线粒体内生成的 NADH 或 $FADH_2$ 可直接参加氧化磷酸化过程,但在胞质中生成的 NADH 不能自由透过线粒体内膜,故线粒体外 NADH 所携带的氢必须通过某种转运机制才能进入线粒体,再经呼吸链进行氧化磷酸化过程。这种转运机制有 α-磷酸甘油穿梭(glycerophosphate shuttle)和苹果酸-天冬氨酸穿梭(malate-asperate shuttle)。

1. α-磷酸甘油穿梭　α-磷酸甘油穿梭作用主要存在于脑和骨骼肌中(图 5-10)。胞质中的 NADH 在磷酸甘油脱氢酶催化下,使磷酸二羟丙酮还原成 α-磷酸甘油,后者通过线粒体外膜,再经位于线粒体内膜近胞质侧的磷酸甘油脱氢酶催化下氧化生成磷酸二羟丙酮和 $FADH_2$。磷酸二羟丙酮可穿出线粒体外膜至胞质,继续进行穿梭,而 $FADH_2$ 则进入琥珀酸氧化呼吸链,生成 1.5 分子 ATP。

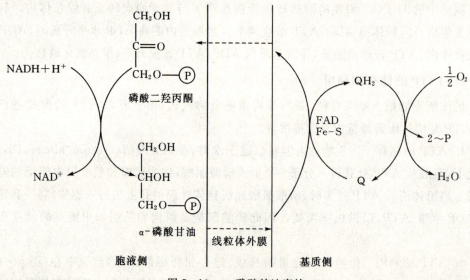

图 5-10　α-磷酸甘油穿梭

2. 苹果酸-天冬氨酸穿梭　苹果酸-天冬氨酸穿梭作用主要存在于肝和心肌中(图5-11)。胞质中的 NADH 在苹果酸脱氢酶的作用下,使草酰乙酸还原成苹果酸,后者通过线粒体内膜上的 α-酮戊二酸载体进入线粒体,又在线粒体内苹果酸脱氢酶的作用下重新生成草酰乙酸和 NADH。NADH 进入 NADH 氧化呼吸链,生成 2.5 分子 ATP。线粒体内生成的草酰乙酸经天冬氨酸氨基转移酶的作用生成天冬氨酸,后者经酸性氨基酸载体转运出线粒体再转变成草酰乙酸,继续进行穿梭。

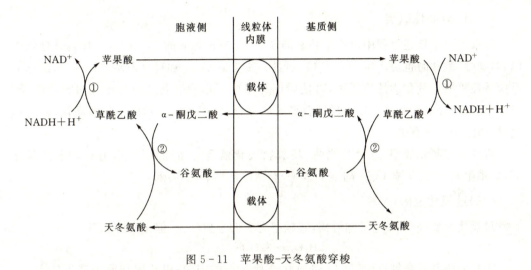

图 5-11　苹果酸-天冬氨酸穿梭

第三节　非线粒体氧化体系

在微粒体、过氧化物酶体及胞液中存在有不同于线粒体的生物氧化酶类,有过氧化氢酶、过氧化物酶、超氧化物歧化酶、加单氧酶、加双氧酶等,参与多种物质的氧化反应,其特点是氧化过程中不伴有 ATP 生成。

一、微粒体中的氧化酶类

(一)单加氧酶

单加氧酶(monooxygenase)催化一个氧原子加到底物分子上(羟化),另一个氧原子被氢(来自 $NADPH+H^+$)还原成水,故又称混合功能氧化酶(mixed-function oxidase)或羟化酶(hydroxylase)。

$$RH+NADPH+H^+ +O_2 \longrightarrow ROH+NADP^+ +H_2O$$

上述反应需要细胞色素 P450(Cyt P450)参与,Cyt P450 属于 Cyt b 类,因与 CO 结合后在波长 450nm 处出现最大吸收峰而被命名。细胞色素 P450 在生物中广泛分布,对被羟化的底物各有其特异性。此酶在肝和肾上腺的微粒体中含量最多,参与类固醇激素,胆汁酸及胆色素等的生成,以及药物、毒物的生物转化过程。

(二)双加氧酶

双加氧酶也称为转氧酶,能催化两个氧原子到底物的特定双键上,使该底物分解为两部分。如色氨酸吡咯酶能催化 L-色氨酸分子中的吲哚核发生开裂,转化为甲酰犬尿酸原,β-胡萝卜素在双加氧酶作用下,其双键断裂形成两分子视黄醇。

二、过氧化物酶体中的氧化酶类

(一)反应活性氧类

呼吸链电子传递过程中可产生超氧离子($\cdot O_2^-$)(占耗氧的 1%~4%),体内其他物质(如黄嘌呤)氧化时也可产生 $\cdot O_2^-$。$\cdot O_2^-$ 可进一步生成 H_2O_2 和羟自由基($\cdot OH^-$),统称为反应活性氧族。其化学性质活泼,可使磷脂分子中不饱和脂肪酸氧化生成过氧化脂质,损伤生物膜;过氧化脂质与蛋白质结合形成的复合物,积累成棕褐色的色素颗粒,称为脂褐素,与组织老化有关。

机体有过氧化氢酶、过氧化物酶、超氧物歧化酶等可清除活性氧,另有许多抗氧化剂,如维生素 E、维生素 C、β-胡萝卜素等,有清除活性氧的作用。

(二)过氧化氢酶

过氧化氢酶(catalase)又称触酶,其辅基含有四个血红素,催化反应如下。

$$2H_2O_2 \longrightarrow 2H_2O + O_2$$

在粒细胞和吞噬细胞中,H_2O_2 可氧化杀死入侵的细菌;甲状腺细胞中产生的 H_2O_2 可使 $2I^-$ 氧化为 I_2,进而使酪氨酸碘化生成甲状腺激素。

(三)过氧化物酶

过氧化物酶(peroxidase)也以血红素为辅基,催化 H_2O_2 直接氧化酚类或胺类化合物,既可消除 H_2O_2,又能使机体有害物质易于排除。其反应如下。

$$R + H_2O_2 \longrightarrow RO + H_2O \text{ 或 } RH_2 + H_2O_2 \longrightarrow R + 2H_2O$$

在临床上判断粪便中有无隐血时,就是利用白细胞中含有过氧化物酶的活性,将联苯胺氧化成蓝色化合物。

(三)谷胱甘肽过氧化物酶

含硒的谷胱甘肽过氧化物酶能利用还原型谷胱甘肽(GSH)使 H_2O_2 或其他过氧化物(ROOH)还原为 H_2O 或醇类(ROH),从而保护生物膜及血红蛋白等免受氧化。生成的氧化型谷胱甘肽(GSSG)又在谷胱甘肽还原酶作用下,由 NADPH 供氢重新还原成 GSH。此类酶具有保护生物膜及血红蛋白免遭损伤的作用。

三、超氧化物歧化酶

超氧化物歧化酶(superoxide dismutase,SOD)是人体防御内、外环境中超氧离子损伤的重要酶,可催化一分子 $\cdot O_2^-$ 氧化生成 O_2,另一分子 $\cdot O_2^-$ 还原生成 H_2O_2,生成的 H_2O_2 再被活性极强的过氧化氢酶分解。当超氧化物歧化酶活性下降或含量减少时,$\cdot O_2^-$ 堆积,从而引发多种疾病。

$$2 \cdot O_2^- + 2H^+ \xrightarrow{SOD} H_2O_2 + O_2$$

哺乳动物细胞有三种超氧化物歧化酶同工酶,胞液中含有 Cu^{2+}、Zn^{2+} 为辅基的 Cu/Zn-SOD,线粒体中含有 Mn^{2+} 为辅基的 Mn-SOD。

本章小结

生物氧化指糖、脂、蛋白质等营养物质在细胞内进行氧化分解,生成 CO_2 和 H_2O,并逐步释放能量的过程。

线粒体内膜中分布有四大复合体(复合体Ⅰ、复合体Ⅱ、复合体Ⅲ、复合体Ⅳ),主要功能是递氢或递电子,其组分有 NADH、黄素蛋白酶类、铁硫蛋白、泛醌、细胞色素等,在线粒体内膜中有序排列,形成呼吸链。体内主要的呼吸链为 NADH 氧化呼吸链和琥珀酸氧化呼吸链。

线粒体外生成的 NADH 主要通过 α-磷酸甘油穿梭或苹果酸-天冬氨酸穿梭系统将 2H 带入线粒体进行氧化生成 ATP。

生物体生成 ATP 的方式有两种。一种为底物水平磷酸化,代谢物分子氧化过程中生成高能磷酸直接转移给 ADP 生成 ATP。另一种为氧化磷酸化,呼吸链电子传递过程中逐步释放能量,约有 40% 促使 ADP 磷酸化生成 ATP。

生理状态下,ADP/ATP 比值是调节氧化磷酸化的主要因素。呼吸链抑制剂能阻断呼吸链中某一部位的电子传递。解偶联剂能解除氧化与磷酸化正常偶联。氧化磷酸化抑制剂对电子传递和磷酸化均有抑制作用。甲状腺激素诱导细胞膜 Na^+-K^+-ATP 酶的表达,促进氧化磷酸化。线粒体 DNA 易受氧自由基的损伤而发生突变,ATP 生成减少,导致线粒体 DNA 病。

生物体内,在微粒体、过氧化物酶体及其他部位还存在其他氧化体系,主要与体内代谢物、药物和毒物的生物转化有关。

综合测试题

一、名词解释

1. 生物氧化
2. 呼吸链
3. P/O 比值
4. 氧化磷酸化
5. 底物磷酸化
6. 生物氧化

二、问答题

1. 呼吸链的组成成分有哪些?
2. 呼吸链中各传递体的排列顺序怎么样?
3. 影响氧化磷酸化的因素有哪些?

4. 生物氧化的特点有哪些?

5. 简要叙述化学渗透假说的要点。

6. 常见的呼吸链电子传递抑制剂有哪些?

7. 在体内,ATP 有哪些生理作用?

三、单项选择题

1. 下列哪一种物质最不可能通过线粒体内膜
   A. Pi　　　　B. 苹果酸　　　　C. 柠檬酸　　　　D. 丙酮酸　　　　E. NADH

2. 真核细胞的电子传递链定位于
   A. 胞液　　　B. 质膜　　　C. 线粒体内膜　　　D. 线粒体基质　　　E. 细胞核

3. 线粒体外 NADH 经磷酸甘油穿梭进入线粒体,其氧化磷酸化的 P/O 比值是
   A. 0　　　　B. 1.5　　　　C. 2.5　　　　D. 3　　　　E. 4

4. 在离体的完整的线粒体中,在有可氧化的底物的存在下,加入哪一种物质可提高电子传递和氧气摄入量
   A. 更多的 TCA 循环的酶　　　B. ADP　　　C. $FADH_2$
   D. NADH　　　E. 氰化物

5. 下列物质中,不属于高能化合物的是
   A. CTP　　　B. AMP　　　C. 磷酸肌酸　　　D. 乙酰辅酶 A　　　E. ATP

6. 下列反应中哪一步伴随着底物水平磷酸化反应
   A. 葡萄糖→葡萄糖-6-磷酸　　　B. 甘油酸-1,3-二磷酸→甘油酸-3-磷酸
   C. 柠檬酸→α-酮戊二酸　　　D. 琥珀酸→延胡索酸
   E. 苹果酸→草酰乙酸

7. 肌肉组织中肌肉收缩所需要的大部分能量以哪种形式贮存
   A. ADP　　　B. 磷酸烯醇式丙酮酸
   C. ATP　　　D. cAMP
   E. 磷酸肌酸

8. 下列化合物中哪一个不是呼吸链的成员
   A. CoQ　　　B. 细胞色素 c　　　C. 辅酶Ⅰ　　　D. FAD　　　E. 肉毒碱

9. 下列不是催化底物水平磷酸化反应的酶是
   A. 磷酸甘油酸激酶　　　B. 磷酸果糖激酶　　　C. 丙酮酸激酶
   D. 琥珀酸硫激酶　　　E. 葡萄糖-6-磷酸酶

10. 下列关于 NADH 的叙述中,不正确的是
    A. 可在胞液中生成　　　B. 可在线粒体中生成
    C. 可在胞液中氧化生成 ATP　　　D. 可在线粒体中氧化并产生 ATP
    E. 可以传递 2H

(石鹏亮　李存能)

第六章 糖 代 谢

学习目标

【掌握】糖酵解、有氧氧化(包括三羧酸循环)的关键步骤、关键酶,ATP的生成和生理意义,糖异生的概念、关键酶及生理意义,磷酸戊糖途径的生理意义,血糖的来源和去路。

【熟悉】糖原合成与分解限速酶及生理意义,糖代谢各条途径的反应部位及调节机制,磷酸戊糖途径的限速酶,机体对血糖水平的调节。

【了解】糖的消化吸收,糖的主要生理功能,血糖水平异常与糖代谢障碍。

糖(carbohydrate)是自然界存在的一大类有机化合物,其化学本质是由多羟基醛或多羟基酮以及它们的衍生物或多聚物组成的一类有机化合物。在糖代谢中,糖的运输、贮存、分解供能与转变均以葡萄糖为中心。人体内的糖主要是葡萄糖和糖原。葡萄糖是糖在体内的运输和利用形式;糖原是葡萄糖的多聚体,是糖在体内的储存形式。本章主要介绍葡萄糖在体内的代谢。

第一节 糖代谢的概述

一、糖的生理功能

糖在体内有多种重要的生理功能。其主要生理功能是为生命活动提供能源和碳源。虽然脂肪、蛋白质也能供能,但人体优先利用糖供能,人体每日所需的能量50%~70%是由糖氧化分解供给的。其次,糖也是机体重要的碳源,糖分解代谢的中间产物可在体内转变成其他非糖含碳物质,如营养非必需氨基酸、脂肪酸和核苷酸等。同时糖也是构成人体组织结构的重要成分,如糖与蛋白质结合形成的糖蛋白或蛋白聚糖是构成结缔组织的成分;与脂类结合形成的糖脂是构成神经组织和细胞膜的成分;核糖、脱氧核糖则分别是核糖核酸(RNA)和脱氧核糖核酸(DNA)的组成成分。另外,糖还参与构成体内一些重要生理活性物质,如某些激素、酶、免疫球蛋白、血浆蛋白等中都含有糖。

二、糖的消化吸收

(一)糖的消化

人体摄入的糖类主要有植物淀粉、动物糖原、少量的二糖(蔗糖、麦芽糖和乳糖)和单糖(葡萄糖、果糖和半乳糖等)。食物中的糖以淀粉为主。淀粉分为直链淀粉与支链淀粉两类。糖的消化主要在小肠中进行。食物中的单糖可以直接被吸收,多糖必须经过消化道中各种酶的作用,水解成葡萄糖等单糖后才能被吸收入体内,这个水解过程称为消化。人体内无β-糖苷酶,故不能消化食物中的纤维素,但它可促进肠蠕动,起通便作用。

淀粉的消化从口腔开始。唾液中含有α-淀粉酶(α-amylase),催化淀粉分子中的α-1,4-糖苷键水解,将淀粉水解为麦芽糖、麦芽三糖及含分支的异麦芽糖和α-临界糊精。然后在小肠中进一步消化,在肠腔中有胰腺分泌的胰α-淀粉酶,小肠黏膜上皮细胞刷状缘含有α-临界糊精酶、异麦芽糖酶、α-葡萄糖苷酶及各种双糖酶(乳糖酶、蔗糖酶和麦芽糖酶),α-临界糊精酶、异麦芽糖酶可水解α-1,4-糖苷键和α-1,6-糖苷键,这些酶能使相应的糖水解为葡萄糖、果糖和半乳糖。有些人由于缺乏乳糖酶,在食用牛奶后发生乳糖消化障碍,可引起腹胀、腹泻等症状,成为乳糖不耐症。此时停止食用牛奶,或改食用酸奶,可防止其发生。

(二)糖的吸收

糖被消化成单糖后才能在小肠被吸收,再经门静脉入肝。虽然各种单糖均可被吸收,但其吸收速度不同。小肠黏膜细胞依赖特定载体摄入葡萄糖,这类葡萄糖载体称为Na^+依赖型葡萄糖转运体(Na^+-dependent glucose transporter,GLUT),主要存在于小肠黏膜和肾小管上皮细胞。葡萄糖被小肠黏膜细胞吸收,同时伴有Na^+的转运,是主动耗能的过程。人体中现已发现12种葡萄糖转运体,分别在不同的组织细胞中起作用,其中GLUT-1~GLUT-5功能较为明确。这些GLUT成员的组织分布不同,生物功能不同,决定了各组织中葡萄糖的代谢各有特色。

葡萄糖被小肠黏膜细胞吸收后经门静脉入肝,供身体各组织利用。肝脏对于维持血糖的恒定发挥重要作用,当血糖浓度较高时,肝脏经过糖原合成、分解葡萄糖降低血糖;当血糖浓度较低时,肝脏通过糖原分解和糖异生来补充血糖。糖尿病患者要严格控制主食,尤其是葡萄糖的摄入量,并少摄入动物性脂肪,多进食蔬菜和豆制品,以防止血糖浓度过度升高。

三、糖代谢概况

糖代谢主要指葡萄糖在体内的一系列复杂的化学变化,体内其他的单糖如果糖、半乳糖等所占比例很小,且主要转变为葡萄糖代谢的中间产物进行代谢。在不同的生理条件下,葡萄糖在组织细胞内代谢的途径也不同。当供氧充足时,葡萄糖能彻底氧化生成CO_2、H_2O并释放能量;当无氧或氧供应不足时,葡萄糖无氧分解生成乳酸;在一些代谢旺盛的组织,葡萄糖可通过磷酸戊糖途径代谢生成磷酸核糖和NADPH。体内血糖充足时,肝、肌肉等组织可以把葡萄糖合成糖原储存;反之则进行糖原分解。长期饥饿时,有些非糖物质如乳酸、丙酮酸、生糖氨基酸、甘油等能经糖异生作用转变成葡萄糖或糖原;葡萄糖也可转变成其他非糖物质。这些葡萄糖的分解、储存和合成代谢途径在机体调控下相互协调、相互制约,维持血糖水平恒定。糖代谢的概况见图6-1。

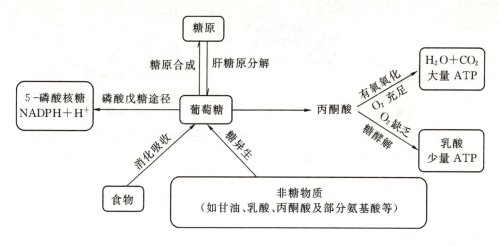

图 6-1 糖代谢概况

第二节 糖的分解代谢

糖的分解代谢是指生物体将糖主要是葡萄糖分解生成小分子物质的过程。体内糖的氧化分解代谢途径根据不同类型细胞的代谢特点和供氧状况,主要分为无氧分解、有氧氧化和磷酸戊糖途径三种方式。

一、糖的无氧分解

糖的无氧分解(anaerobic oxidation)是指在无氧或氧供应不足条件下,葡萄糖或糖原分解生成乳酸和少量 ATP 的过程。因这一过程与酵母菌使糖发酵相似,故又称为糖酵解(glycolysis)。糖酵解在全身各组织细胞的胞质中均可进行,尤以红细胞和肌肉组织中最为活跃。

(一)糖酵解的反应过程

糖酵解的反应过程可分为两个阶段:第一阶段是一分子葡萄糖分解生成两分子丙酮酸,是葡萄糖无氧氧化和有氧氧化的共同起始途径,称为糖酵解途径;第二阶段是丙酮酸还原生成乳酸。

1. 葡萄糖经糖酵解途径分解为丙酮酸　其具体反应过程如下。

(1)葡萄糖磷酸化生成 6-磷酸葡萄糖:葡萄糖在己糖激酶(在肝细胞内是葡萄糖激酶)催化下,需 Mg^{2+} 作为激活剂,消耗 ATP,发生磷酸化反应生成 6-磷酸葡萄糖,这是糖酵解途径中的第一次磷酸化反应,此反应不可逆。己糖激酶(肝细胞内为葡萄糖激酶)为糖酵解反应中的第一个关键酶,哺乳动物体内已发现四种己糖激酶同工酶,分别称为Ⅰ型至Ⅳ型。肝细胞中存在的葡萄糖激酶是Ⅳ型。

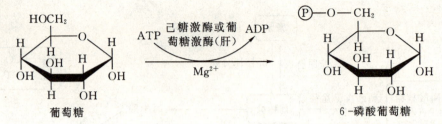

当糖原进行糖酵解时,非还原端的葡萄糖单位先进行磷酸解生成1-磷酸葡萄糖,再经变位酶催化转变为6-磷酸葡萄糖,反应不消耗ATP。

(2) 6-磷酸葡萄糖异构为6-磷酸果糖:由磷酸己糖异构酶催化,需Mg^{2+}参与,反应可逆。

(3) 6-磷酸果糖磷酸化生成1,6-二磷酸果糖:此反应不可逆,是第二个磷酸化反应,消耗ATP。6-磷酸果糖激酶-1为糖酵解反应中第二个关键酶,因其在糖酵解反应中催化效率最低,故为糖酵解代谢途径的限速酶。

(4) 1,6-二磷酸果糖裂解生成2分子的磷酸丙糖:在醛缩酶催化下,1分子1,6-二磷酸果糖裂解为1分子3-磷酸甘油醛和1分子磷酸二羟丙酮,反应是可逆的。

(5) 3-磷酸甘油醛和磷酸二羟丙酮互变:3-磷酸甘油醛与磷酸二羟丙酮是同分异构体,在磷酸丙糖异构酶的催化下可相互转变。当3-磷酸甘油醛在下一步反应中被消耗时,磷酸二羟丙酮迅速转变成3-磷酸甘油醛,继续进行反应,故1分子六碳的1,6-二磷酸果糖相当于裂解为2分子的3-磷酸甘油醛。

$$\underset{\text{磷酸二羟丙酮}}{\begin{matrix} CH_2OPO_3^{2-} \\ | \\ C=O \\ | \\ CH_2OH \end{matrix}} \underset{}{\overset{\text{磷酸丙糖异构酶}}{\rightleftharpoons}} \underset{\text{3-磷酸甘油醛}}{\begin{matrix} CHO \\ | \\ CH-OH \\ | \\ CH_2OPO_3^{2-} \end{matrix}}$$

上述的五步反应为糖酵解途径的耗能阶段,1分子葡萄糖经过两次磷酸化反应消耗了2分子ATP,产生了2分子3-磷酸甘油醛。

(6) 3-磷酸甘油醛氧化脱氢生成1,3-二磷酸甘油酸:在3-磷酸甘油醛脱氢酶的催化下,3-磷酸甘油醛脱氢并磷酸化生成含有高能磷酸键的1,3-二磷酸甘油酸,反应脱下的氢传递辅酶NAD^+,生成$NADH+H^+$。此步反应可逆,是糖酵解反应过程中唯一的一次脱氢反应,1,3-二磷酸甘油酸为混合酸酐,是一种高能化合物,其磷酸酯键水解时可将能量转移至ADP生成ATP。

$$\underset{\text{3-磷酸甘油醛}}{2\times \begin{matrix} CHO \\ | \\ CH-OH \\ | \\ CH_2-O-\textcircled{P} \end{matrix}} \overset{2NAD^+ \quad \text{3-磷酸甘油} \quad 2NADH+2H^+}{\underset{2Pi}{\rightleftharpoons}} \underset{\text{1,3-二磷酸甘油酸}}{2\times \begin{matrix} O=C-O\sim P \\ | \\ CH-OH \\ | \\ CH_2-O-\textcircled{P} \end{matrix}}$$

(7) 1,3-二磷酸甘油酸转变为3-磷酸甘油酸:1,3-二磷酸甘油酸的高能磷酸键在磷酸甘油酸激酶催化下,转移给ADP生成ATP,自身转变为3-磷酸甘油酸。此种由底物分子中的高能磷酸键直接转移给ADP而生成ATP的方式,称为底物水平磷酸化(substrate-level phosphorylation),这是糖酵解途径中第一次底物水平磷酸化。

$$\underset{\text{1,3-二磷酸甘油酸}}{2\times \begin{matrix} O=C-O\sim P \\ | \\ CH-OH \\ | \\ CH_2-O-\textcircled{P} \end{matrix}} \overset{2ADP \quad \text{磷酸甘油} \quad 2ATP}{\underset{Mg^{2+}}{\xrightarrow{\text{酸激酶}}}} \underset{\text{3-磷酸甘油酸}}{2\times \begin{matrix} COO^- \\ | \\ CH-OH \\ | \\ CH_2-O-\textcircled{P} \end{matrix}}$$

(8) 3-磷酸甘油酸转变为2-磷酸甘油酸:这步反应由磷酸甘油酸变位酶催化磷酸基在甘油酸C_2和C_3上的可逆转移,Mg^{2+}是必需的离子。

$$\underset{\text{3-磷酸甘油酸}}{2\times \begin{matrix} COO^- \\ | \\ CH-OH \\ | \\ CH_2-\textcircled{P} \end{matrix}} \overset{\text{磷酸甘油酸变位酶}}{\rightleftharpoons} \underset{\text{2-磷酸甘油酸}}{2\times \begin{matrix} COO^- \\ | \\ CH-O-\textcircled{P} \\ | \\ CH_2-OH \end{matrix}}$$

(9) 2-磷酸甘油酸脱水生成磷酸烯醇式丙酮酸:2-磷酸甘油酸经烯醇化酶催化进行脱水的同时,分子内部的能量重新分配,生成含有高能磷酸键的磷酸烯醇式丙酮酸。

$$2\times \begin{array}{c}COO^-\\|\\CH-O-\text{\textcircled{P}}\\|\\CH_2-OH\end{array} \underset{}{\overset{\text{烯醇化酶}}{\rightleftharpoons}} 2\times \begin{array}{c}COO^-\\|\\CH-O\sim\text{\textcircled{P}}\\||\\CH_2\end{array} +2H_2O$$

2-磷酸甘油酸　　　　　　　　磷酸烯醇式丙酮酸

(10)丙酮酸的生成：在丙酮酸激酶催化下，磷酸烯醇式丙酮酸上的高能磷酸键传递给 ADP 生成 ATP，自身则生成丙酮酸。这是糖酵解途径中的第二次底物水平磷酸化。此反应不可逆，丙酮酸激酶为糖酵解反应中的第三个关键酶。

$$2\times \begin{array}{c}COO^-\\|\\CH-O\sim\text{\textcircled{P}}\\||\\CH_2\end{array} \underset{K^+、Mg^{2+}}{\overset{\substack{2ADP\quad 2ATP\\\text{丙酮酸激酶}}}{\rightleftharpoons}} 2\times \begin{array}{c}COO^-\\|\\C=O\\|\\CH_3\end{array}$$

磷酸烯醇式丙酮酸　　　　　　　　丙酮酸

上述的五步反应为糖酵解途径的产能阶段，2 分子磷酸丙糖分别经两次底物水平磷酸化转变成 2 分子丙酮酸，共产生 4 分子 ATP。

2. 丙酮酸被还原为乳酸　机体在无氧或氧供应不足时，丙酮酸在乳酸脱氢酶(lactate dehydrogenase,LDH)催化下还原生成乳酸。由 3-磷酸甘油醛脱氢反应生成的 $NADH+H^+$ 作为供氢体，将 $NADH+H^+$ 重新转变成 NAD^+，糖酵解才能重复进行。

$$2\times \begin{array}{c}COO^-\\|\\C=O\\|\\CH_3\end{array} \overset{\substack{2NADH+2H^+\quad 2NAD^+\\\text{乳酸脱氢酶}}}{\rightleftharpoons} 2\times \begin{array}{c}COO^-\\|\\CHOH\\|\\CH_3\end{array}$$

丙酮酸　　　　　　　　乳酸

糖的无氧分解总反应见图 6-2。

(二)糖酵解的调节

糖酵解的大多数反应是可逆的，但有三步反应是不可逆的，对代谢途径中催化不可逆反应的关键酶的调节，在细胞内起着控制代谢通路的阀门作用。糖酵解中三个关键酶分别是己糖激酶、6-磷酸果糖激酶-1、丙酮酸激酶。它们的活性受别构效应剂和激素的调节，影响糖酵解代谢途径的速度与方向。

1. 己糖激酶　其活性受 6-磷酸葡萄糖的负反馈调节。肝脏内葡萄糖激酶因没有结合 6-磷酸葡萄糖的别构位点，故不受 6-磷酸葡萄糖浓度的调节。当 6-磷酸葡萄糖浓度很高时，肝细胞内的葡萄糖激酶未被抑制，从而保证葡萄糖在肝内将 6-磷酸葡萄糖转变为糖原贮存或合成其他非糖物质，以降低血糖浓度，具有生理意义。胰岛素可诱导葡萄糖激酶基因的转录，促进酶的合成。

2. 6-磷酸果糖激酶-1　6-磷酸果糖激酶-1 为糖酵解途径中最重要的调节酶。ATP 和柠檬酸等是该酶的别构抑制剂，而 AMP、ADP、1,6-二磷酸果糖和 2,6-二磷酸果糖等则是别构激活剂。1,6-二磷酸果糖是该酶的反应产物,是少见的产物正反馈调节,有利于糖的分解。2,6-二磷酸果糖是6-磷酸果糖激酶-1最强的别构激活剂。

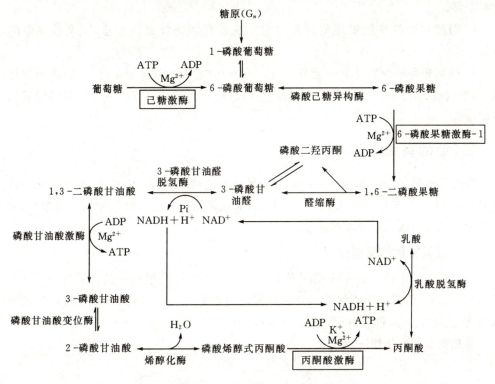

图6-2 糖酵解的总反应

3. 丙酮酸激酶 1,6-二磷酸果糖是其别构激活剂,而ATP、丙氨酸、乙酰辅酶A和长链脂肪酸是其别构抑制剂。胰高血糖素可通过cAMP抑制该酶活性。

(三)糖酵解的生理意义

1分子葡萄糖经糖酵解净生成2分子ATP(表6-1);若从糖原开始,每个葡萄糖单位净生成3分子ATP。糖酵解虽然产生的能量不多,但生理意义特殊。

表6-1 糖酵解过程中ATP的生成

反应	生成ATP数
葡萄糖→6-磷酸葡萄糖	-1
6-磷酸果糖→1,6-二磷酸果糖	-1
2×1,3-二磷酸甘油酸→2×3-磷酸甘油酸	2×1
2×磷酸烯醇式丙酮酸→2×烯醇式丙酮酸	2×1
净生成	2

1. 缺氧时的主要供能方式 如在剧烈运动时,肌肉局部血流不足相对缺氧,必须通过糖酵解供能。在应急时即使不缺氧,葡萄糖进行有氧氧化的过程比糖酵解长得多,不

能及时满足生理需要,肌肉通过糖酵解可迅速获得能量。某些病理情况,如严重贫血、大量失血、呼吸障碍、循环衰竭等,因长时间供氧不足依靠糖酵解供能,可导致乳酸堆积,引起酸中毒。

2. 糖酵解是红细胞供能的主要方式　成熟红细胞没有线粒体,完全依靠糖酵解供能。

3. 供氧充足时少数组织的能量来源　有些组织即便供氧充足,仍然依赖糖酵解供能,如视网膜、肾髓质、皮肤、睾丸、白细胞等代谢极为活跃的组织细胞常由糖酵解提供部分能量。

二、糖的有氧氧化

糖的有氧氧化(aerobic oxidation)是指葡萄糖或糖原在有氧条件下,彻底氧化分解生成 CO_2 和 H_2O 并产生大量 ATP 的过程。有氧氧化是糖氧化分解供能的主要方式,绝大多数细胞都通过这一途径获得能量。

(一)有氧氧化的反应过程

糖的有氧氧化分三个阶段:第一阶段是葡萄糖或糖原在胞质中循糖酵解途径分解生成丙酮酸;第二阶段是丙酮酸进入线粒体氧化脱羧生成乙酰辅酶 A;第三阶段是乙酰辅酶 A 经三羧酸循环,彻底氧化生成 CO_2、H_2O 和 ATP。

葡萄糖有氧氧化概况如图 6-3。

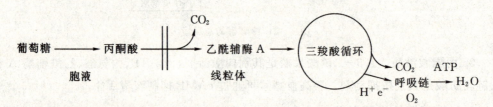

图 6-3　葡萄糖有氧氧化概况

1. 丙酮酸的生成　此过程与糖酵解途径相同,反应在胞质中进行。

2. 丙酮酸氧化脱羧生成乙酰辅酶 A　丙酮酸由胞质进入线粒体,在丙酮酸脱氢酶复合体的催化下,进行脱氢和脱羧,并与辅酶 A 结合生成乙酰辅酶 A。整个反应是不可逆的。

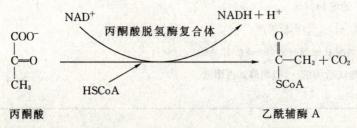

丙酮酸脱氢酶复合体是关键酶,存在于线粒体中,由丙酮酸脱氢酶、二氢硫辛酰胺转乙酰酶、二氢硫辛酰胺脱氢酶三种酶组成;该酶复合体需要多种含 B 族维生素的辅助因

子,如 TPP(含维生素 B_1)、二氢硫辛酸(含硫辛酸)、HSCoA(含泛酸)、FAD(含维生素 B_2)、NAD^+(含维生素 PP)等。

3. 乙酰辅酶 A 进入三羧酸循环 此过程的反应在线粒体进行,以乙酰辅酶 A 与草酰乙酸缩合生成含有三个羧基的柠檬酸开始,经过一系列代谢反应,又生成草酰乙酸,故称三羧酸循环(tricarboxylic acid cycle,TAC 或称为 TCA 循环)或柠檬酸循环。由于最早由 A. Krebs 提出,也称 Krebs 循环。

(1)柠檬酸的生成:乙酰辅酶 A 与草酰乙酸在柠檬酸合酶催化下缩合生成柠檬酸。此反应不可逆,柠檬酸合酶为 TCA 循环的第一个关键酶,缩合反应所需的能量来自乙酰辅酶 A 的高能硫酯键的水解。

(2)柠檬酸异构生成异柠檬酸:在顺乌头酸酶的催化下,柠檬酸先脱水生成顺乌头酸,再加水异构成异柠檬酸,反应可逆。

(3)异柠檬酸氧化脱羧生成 α-酮戊二酸:在异柠檬酸脱氢酶催化下,异柠檬酸氧化脱羧生成 α-酮戊二酸和 CO_2,脱下的氢传递给辅酶 NAD^+ 生成 $NADH+H^+$。此反应不可逆,异柠檬酸脱氢酶是 TCA 循环过程中的第二个关键酶,也是 TCA 循环过程中的限速酶。这是 TCA 循环反应中的第一次氧化脱羧。

(4)α-酮戊二酸氧化脱羧生成琥珀酰辅酶 A:在 α-酮戊二酸脱氢酶复合体催化下,α-酮戊二酸氧化脱羧生成琥珀酰辅酶 A 和 CO_2,脱下的 2H 由 NAD^+ 接受成为 $NADH+H^+$,氧化产生的能量一部分储存于琥珀酰辅酶 A 的高能硫酯键中,所以琥珀酰辅酶 A 为高能化合物。此反应不可逆,该酶复合体是 TCA 循环的第三个关键酶,催化的反应不可逆。这是 TCA 循环反应中的第二次氧化脱羧。

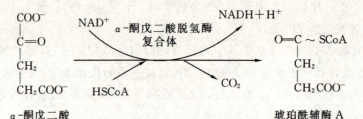

(5) 琥珀酰辅酶 A 转变为琥珀酸：琥珀酰辅酶 A 受琥珀酰辅酶 A 合成酶（又称琥珀酸硫激酶）催化，将高能键转移给 GDP 生成 GTP，自身转变成琥珀酸，反应可逆。这是三羧酸循环中唯一的底物水平磷酸化步骤，GTP 又可将能量转移给 ADP 生成 ATP。

$$\text{琥珀酰辅酶 A} \xrightarrow[\text{HSCoA}]{\text{GDP+Pi} \quad \text{琥珀酰辅酶 A 合成酶（或琥珀酸硫激酶）} \quad \text{GTP}} \text{琥珀酸}$$

$$GTP + ADP \xrightleftharpoons{\text{核苷二磷酸激酶}} ATP + GDP$$

(6) 琥珀酸脱氢生成延胡索酸：在琥珀酸脱氢酶催化下，琥珀酸脱氢生成延胡索酸。FAD 是琥珀酸脱氢酶的辅酶，接受脱下的 2H 生成 $FADH_2$。

$$\text{琥珀酸} \xrightleftharpoons[]{\text{FAD} \quad \text{琥珀酸脱氢酶} \quad FADH_2} \text{延胡索酸}$$

(7) 延胡索酸加水生成苹果酸：在延胡索酸酶催化下，延胡索酸加水生成苹果酸。

$$\text{延胡索酸} + H_2O \xrightleftharpoons{\text{延胡索酸酶}} \text{苹果酸}$$

(8) 苹果酸脱氢生成草酰乙酸：在苹果酸脱氢酶作用下，苹果酸脱氢生成草酰乙酸完成一次循环。NAD^+ 是苹果酸脱氢酶的辅酶，接受氢生成 $NADH+H^+$。

$$\text{苹果酸} \xrightleftharpoons[]{NAD^+ \quad \text{苹果酸脱氢酶} \quad NADH+H^+} \text{草酰乙酸}$$

三羧酸循环是乙酰辅酶 A 彻底氧化的过程，1 分子乙酰辅酶 A 经过两次脱羧，生成 2 分子 CO_2，这是体内 CO_2 的主要来源；共发生四次脱氢反应，其中三次脱氢由 NAD^+ 接受,生成 3 分子 NADH+H$^+$,一次由 FAD 接受生成 1 分子 FADH$_2$,每分子 NADH+H$^+$经氧化磷酸化可产生 2.5 分子 ATP,每分子 FADH$_2$经氧化磷酸化可产生 1.5 分子 ATP;每循环一周进行一次底物水平磷酸化,生成 1 分子 GTP。

故 1 分子乙酰辅酶 A 经三羧酸循环彻底氧化共生成 10 分子 ATP($3\times2.5+1\times1.5+1=10$)。

三羧酸循环是糖、脂肪和蛋白质三大营养物质分解代谢共同通路,也是三大物质代谢联系的枢纽。三羧酸循环中有三个关键酶——柠檬酸合酶、异柠檬酸脱氢酶、α-酮戊二酸脱氢酶复合体。它们所催化的反应在生理条件下是不可逆的,所以整个循环是不可逆的。三羧酸循环的中间物质可转变成其他物质,需要不断补充。

三羧酸循环反应过程见图 6-4。

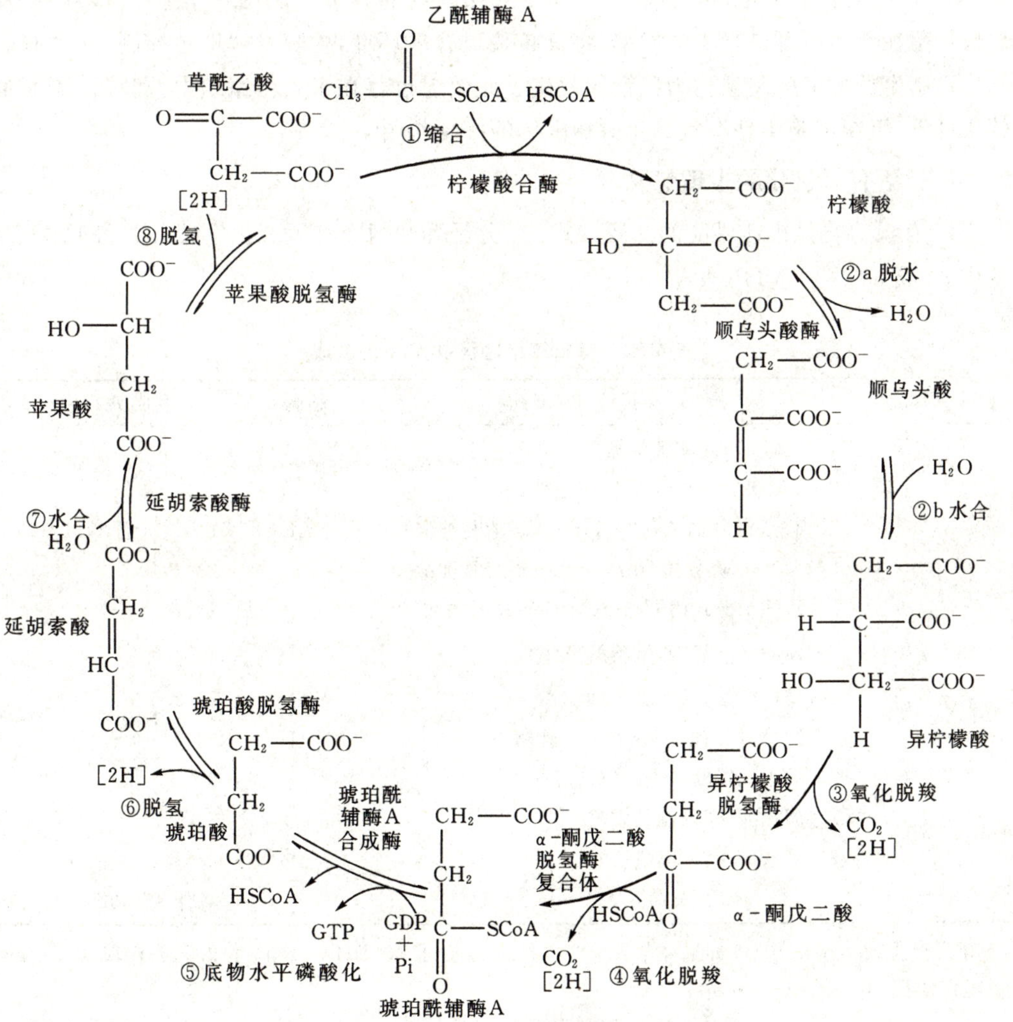

图 6-4 三羧酸循环

(二)糖有氧氧化的调节

糖有氧氧化是机体获得能量的主要方式,机体对能量的需求变动很大,因此有氧氧化的速度和方向必须受到严格的调控。有氧氧化的几个阶段中,糖酵解途径的调节已如前述,这里主要叙述丙酮酸脱氢酶复合体的调节和三羧酸循环的调节。

1. 丙酮酸脱氢酶复合体的调节　丙酮酸脱氢酶复合体可通过别构调节和共价修饰两种方式进行快速调节。丙酮酸脱氢酶复合体的反应产物乙酰辅酶A、NADH+H^+、ATP及长链脂肪酸是其别构抑制剂,而HSCoA、NAD^+、ADP是其别构激活剂。另外胰岛素和Ca^{2+}可促进丙酮酸脱氢酶的去磷酸化加速丙酮酸氧化。

2. 三羧酸循环的调节　三羧酸循环的速率和流量受多种因素调控。关键酶催化的反应产物如柠檬酸、NADH+H^+、ATP、琥珀酰辅酶A或脂肪分解产物长链脂酰辅酶A是其别构抑制剂,底物如ADP和Ca^{2+}是其别构激活剂。另外氧化磷酸化的速率对三羧酸循环的运转也起非常重要的作用。

3. 糖有氧氧化和糖酵解途径之间存在互相制约的调节　法国科学家L. Pasteur发现酵母菌在无氧时可进行生醇发酵,将其转移至有氧环境,生醇发酵即被抑制,这种有氧氧化抑制生醇发酵的现象称为巴斯德效应。此效应也存在于人体组织中,即在供氧充足的条件下,组织细胞中糖有氧氧化对糖酵解的抑制作用。

(三)糖有氧氧化的生理意义

1. 有氧氧化是机体供能的主要方式　1分子葡萄糖经有氧氧化生成CO_2和H_2O,净生成30或32分子ATP(表6-2)。

表6-2　有氧氧化过程中ATP的生成

反应阶段	反应	辅酶	生成ATP数
第一阶段	葡萄糖→6-磷酸葡萄糖		-1
	6-磷酸果糖→1,6-二磷酸果糖		-1
	2×3-磷酸甘油醛→2×1,3-二磷酸甘油酸	NAD^+	2×2.5(或2×1.5)*
	2×1,3-二磷酸甘油酸→2×3-磷酸甘油酸		2×1
	2×磷酸烯醇式丙酮酸→2×烯醇式丙酮酸		2×1
第二阶段	2×丙酮酸→2×乙酰辅酶A	NAD^+	2×2.5
第三阶段	2×异柠檬酸→2×α-酮戊二酸	NAD^+	2×2.5
	2×α-酮戊二酸→2×琥珀酰辅酶A	NAD^+	2×2.5
	2×琥珀酰辅酶A→2×琥珀酸		2×1
	2×琥珀酸→2×延胡索酸	FAD	2×1.5
	2×苹果酸→2×草酰乙酸	NAD^+	2×2.5
			总计 32(30)

*糖酵解产生的NADH+H^+如果经苹果酸穿梭作用,1分子NADH+H^+产生2.5分子ATP,若经磷酸甘油穿梭作用,则产生1.5分子ATP。

2. 三羧酸循环是体内糖、脂肪、蛋白质彻底氧化的共同途径　糖、脂肪、蛋白质经代谢后都能生成乙酰辅酶A,进入三羧酸循环彻底氧化,最终产物都是CO_2、H_2O和ATP。

3. 三羧酸循环是糖、脂肪、蛋白质代谢联系的枢纽　糖分解代谢产生的丙酮酸、α-

酮戊二酸、草酰乙酸等均可通过联合脱氨基作用逆行分别转变成丙氨酸、谷氨酸和天冬氨酸;同样这些生糖氨基酸也可脱氨基转变成相应的α-酮酸进入三羧酸循环彻底氧化或经草酰乙酸转变为糖;脂肪分解产生甘油和脂肪酸,前者在甘油磷酸激酶催化下,生成α-磷酸甘油,进而脱氢氧化为磷酸二羟丙酮,后者可降解为乙酰辅酶A,进入三羧酸循环彻底氧化,故三羧酸循环是糖、脂肪、氨基酸代谢联系的枢纽。

三、磷酸戊糖途径

磷酸戊糖途径(pentose phosphate pathway)是指从糖酵解途径的中间产物6-磷酸葡萄糖开始形成旁路,通过氧化、基团转移生成6-磷酸果糖和3-磷酸甘油醛,返回糖酵解的代谢途径,亦称为磷酸戊糖旁路,此途径不能产生ATP,其生理意义是生成磷酸戊糖和$NADPH+H^+$。磷酸戊糖途径主要发生在肝脏、脂肪组织、哺乳期的乳腺、肾上腺皮质、性腺、骨髓和红细胞等部位。

(一)反应过程

磷酸戊糖途径在胞质中进行。全过程可分为两个阶段:第一阶段是氧化反应阶段,生成磷酸戊糖、CO_2 和 $NADPH+H^+$;第二阶段是一系列的基团转移反应,最终生成6-磷酸果糖和3-磷酸甘油醛。

1. **磷酸戊糖的生成** 6-磷酸葡萄糖经两次脱氢,生成2分子$NADPH+H^+$,一次脱羧反应生成1分子CO_2,自身则转变成5-磷酸核糖。6-磷酸葡萄糖脱氢酶是此途径的关键酶。如有些人先天缺乏6-磷酸葡萄糖脱氢酶,在食用蚕豆或某些药物后易诱发急性溶血性贫血(蚕豆病)。

2. 基团转移反应　第一阶段生成的5-磷酸核糖是合成核苷酸的原料,部分磷酸核糖通过一系列基团转移反应,产生含3碳、4碳、5碳、6碳及7碳的多种糖的中间产物,最终都转变为6-磷酸果糖和3-磷酸甘油醛。它们可转变为6-磷酸葡萄糖继续进行磷酸戊糖途径,也可以进入糖的有氧氧化或糖酵解继续氧化分解。

基本反应过程见图6-5。

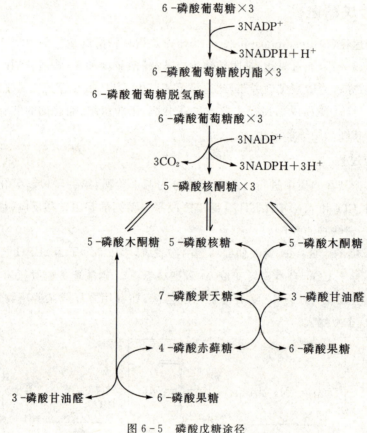

图6-5　磷酸戊糖途径

(二)生理意义

1. 提供5-磷酸核糖　5-磷酸核糖是体内嘌呤核苷酸和嘧啶核苷酸的合成原料,核苷酸是核酸的基本组成单位,参与DNA、RNA的生物合成。体内的5-磷酸核糖主要由磷酸戊糖途径提供。

2. 提供$NADPH+H^+$　$NADPH+H^+$与$NADH+H^+$不同,它所携带的氢并不通过呼吸链氧化磷酸化生成ATP,而是参与许多代谢反应,发挥不同的作用。

(1)是体内供氢体:为体内多种重要物质的生物合成的提供氢,如脂肪酸、胆固醇和类固醇激素的生物合成。

(2)是谷胱甘肽还原酶的辅酶:对维持还原型谷胱甘肽的正常含量有很重要的作用。还原型谷胱甘肽是体内重要的抗氧化剂,能保护一些含巯基的蛋白质和酶类免受氧化剂的破坏。在红细胞中还原型谷胱甘肽可以保护红细胞膜蛋白的完整性,当还原型谷胱甘肽转化为氧化型谷胱甘肽时,则失去抗氧化作用。

(3) 参与肝脏生物转化反应:与激素、药物、毒物等的生物转化作用有关。

第三节 糖原的合成与分解

糖原(glycogen)是动物体内糖的储存形式,是以葡萄糖为基本单位聚合而成的带分支的大分子多糖。分子中葡萄糖主要以 α-1,4-糖苷键相连形成直链,其中分支处以 α-1,6-糖苷键形成支链,组成高度分支的大分子葡萄糖聚合物。糖原分支结构不仅增加了糖原的溶解度,也增加了非还原端数目,从而增加了糖原合成与分解时的作用点。糖原的结构见图 6-6。

体内肝脏和肌肉中糖原含量高,同时还有少量肾糖原。

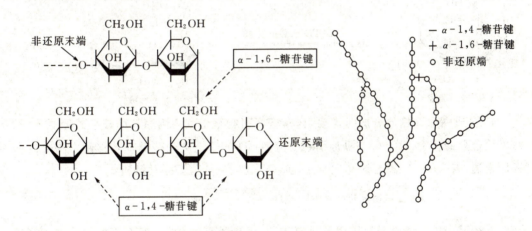

图 6-6 糖原的结构

一、糖原的合成

糖原合成(glycogenesis)主要是指由葡萄糖合成糖原的过程。反应主要在肝脏、肌肉组织等细胞的胞质中进行,糖原合酶为这一反应过程的限速酶,需要消耗 ATP 和 UTP,糖原合成时葡萄糖先活化,再连接形成直链和支链。

1. 葡萄糖磷酸化生成 6-磷酸葡萄糖　此反应与糖酵解的第一步反应相同。

2. 6-磷酸葡萄糖转变为 1-磷酸葡萄糖　此反应在磷酸葡萄糖变位酶的作用下进行。

3. 1-磷酸葡萄糖生成二磷酸尿苷葡萄糖（UDPG）　在 UDPG 焦磷酸化酶的催化下，1-磷酸葡萄糖与三磷酸尿苷（UTP）反应生成 UDPG 和焦磷酸（PPi）。UDPG 是葡萄糖的活性形式，可看成是"活性葡萄糖"，在体内作为葡萄糖供体。

4. 合成糖原　糖原合成时需要引物，糖原引物是指细胞内原有的较小的糖原分子。在糖原合酶催化下，UDPG 与糖原引物反应，将 UDPG 上的葡萄糖基转移到引物上的非还原末端，以 α-1,4-糖苷键相连。此反应不可逆，糖原合酶是关键酶。

$$\text{尿苷二磷酸葡萄糖}+\text{糖原"引物"} \xrightarrow{\text{糖原合酶}} \text{二磷酸尿苷}+ \text{糖原}$$
$$（\text{UDPG}）\qquad (G_n) \qquad\qquad\qquad (\text{UDP}) \quad (G_{n+1})$$

上述反应可在糖原合酶作用下反复进行，不断地延长糖链，但不能形成分支。当链长增至 12~18 个葡萄糖残基时，分支酶就将长 6~7 个葡萄糖残基的寡糖链转移至另一段糖链上，以 α-1,6-糖苷键相连形成糖原分子的分支，分支不仅可提高糖原的水溶性，还可增加非还原端数目，以便磷酸化酶迅速分解糖原。

糖原合成是机体储存葡萄糖的方式，也是储存能量的一种方式。同时对维持血糖浓度的恒定有重要意义，如进食后机体将摄入的糖合成糖原储存起来，以免血糖浓度过度升高。

二、糖原的分解

糖原分解（glycogenolysis）指由肝糖原分解为葡萄糖的过程。肌糖原不能直接分解为葡萄糖，只能酵解生成乳酸，再经糖异生途径转变为葡萄糖。

1. 糖原磷酸解为 1-磷酸葡萄糖　磷酸化酶是糖原分解的关键酶，催化糖原非还原端的葡萄糖基磷酸化，生成 1-磷酸葡萄糖。

$$\text{糖原}(G_{n+1})+\text{Pi} \xrightarrow{\text{磷酸化酶}} \text{糖原}(G_n)+1\text{-磷酸葡萄糖}$$

2. 1-磷酸葡萄糖转变为6-磷酸葡萄糖　此反应在磷酸葡萄糖变位酶的作用下进行。

3. 6-磷酸葡萄糖水解为葡萄糖　肝脏及肾脏中存在葡萄糖-6-磷酸酶,能水解6-磷酸葡萄糖生成葡萄糖。肌肉中缺乏此酶,因此只有肝(肾)糖原能直接分解为葡萄糖以补充血糖,肌糖原分解生成的6-磷酸葡萄糖只能进入糖酵解或有氧氧化。

肝糖原分解能提供葡萄糖,既可在不进食期间维持血糖浓度的恒定,又可持续满足对脑组织等的能量供应。肌糖原分解则为肌肉自身收缩提供能量。

三、糖原合成与分解的调节

糖原的合成与分解不是简单的可逆反应,而是分别通过两条不同的途径进行,以便于进行精细的调节。

糖原合成与分解的调节见图6-7。

糖原合成和分解代谢的关键酶分别是糖原合酶和糖原磷酸化酶。这两种酶都存在有活性和无活性两种形式。机体通过激素介导的蛋白激酶A使两种酶都磷酸化,但活性表现不同,即磷酸化的糖原合酶处于无活性状态,而磷酸化的糖原磷酸化酶处于活性状态,从而调节糖原合成和分解的速率,以适应机体的需要。糖原合酶和糖原磷酸化酶活性调节均有共价修饰和别构调节两种快速调节方式,但以共价修饰调节为主。

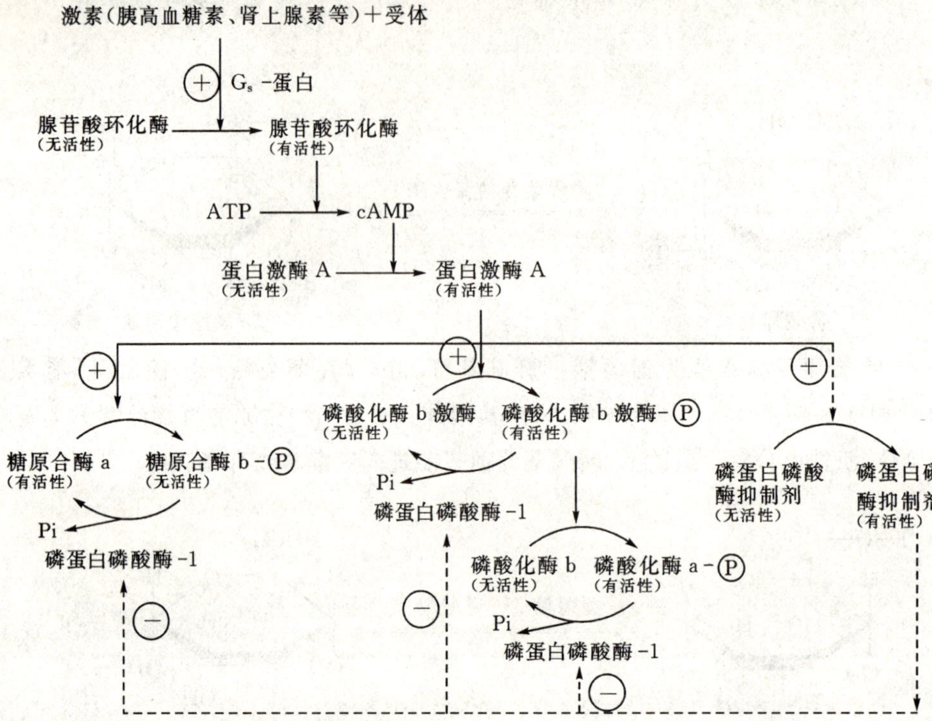

图 6-7 糖原合成与分解的调节

第四节 糖 异 生

糖异生(gluconeogenesis)是指由非糖物质转变成葡萄糖或糖原的过程。可转变为糖的非糖物质主要有乳酸、丙酮酸、生糖氨基酸和甘油等。因体内糖原的储备有限,十几个小时肝糖原即被耗尽,所以机体通过糖异生途径补充血糖维持血糖浓度的恒定。生理条件下糖异生主要场所在肝细胞的胞质和线粒体中,长期饥饿时,肾脏糖异生作用加强。

一、糖异生途径

糖异生途径是指丙酮酸逆着糖酵解反应生成葡萄糖的具体过程。其他非糖物质可先转变为丙酮酸或糖异生的中间代谢物,再进行糖异生。糖异生途径基本上是糖酵解途径的逆过程,但是糖酵解途径中有三步反应是不可逆的(称为"能障"),所以糖异生途径必须通过另外的酶催化,才能绕过"能障"逆向生成葡萄糖或糖原。

糖酵解途径与糖异生途径比较见图 6-8。

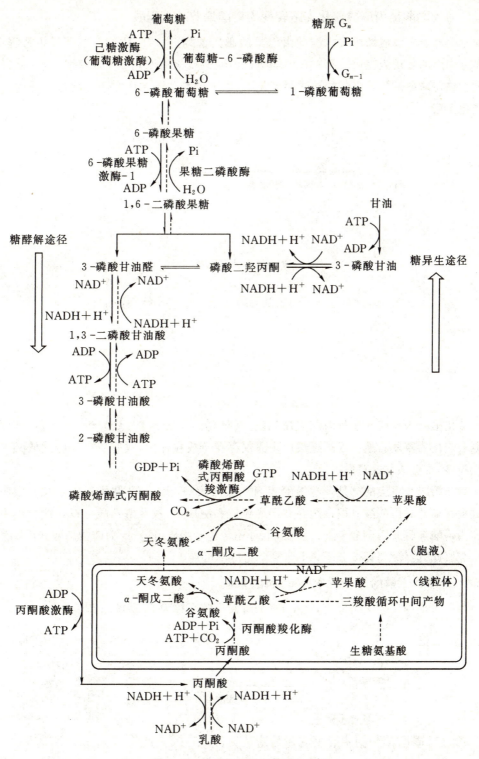

图 6-8 糖酵解途径与糖异生途径

(一)丙酮酸经丙酮酸羧化支路转变为磷酸烯醇式丙酮酸

在糖酵解中磷酸烯醇式丙酮酸由丙酮酸激酶催化,生成丙酮酸。在糖异生过程中,其逆过程由两步反应完成。第一步丙酮酸在丙酮酸羧化酶催化下生成草酰乙酸,第二步草酰乙酸在磷酸烯醇式丙酮酸羧激酶催化下,生成磷酸烯醇式丙酮酸。此过程称为丙酮酸羧化支路。

催化第一步反应的酶是丙酮酸羧化酶,其辅酶是生物素,在 CO_2 和 ATP 存在时,使丙酮酸羧化为草酰乙酸。因丙酮酸羧化酶仅存在于线粒体内,故胞质中的丙酮酸必须进入线粒体,才能羧化成草酰乙酸。

参与第二步反应的酶是磷酸烯醇式丙酮酸羧激酶,由 GTP 供能催化草酰乙酸脱羧生成磷酸烯醇式丙酮酸。因该酶存在于线粒体和胞质中,故草酰乙酸可以在线粒体中先转变为磷酸烯醇式丙酮酸再进入胞质,也可先转运至胞质,再转变为磷酸烯醇式丙酮酸。

克服此"能障"消耗 2 分子 ATP,整个反应不可逆。

(二)1,6-二磷酸果糖转变为6-磷酸果糖

反应由果糖二磷酸酶催化,将 1,6-二磷酸果糖水解为 6-磷酸果糖。

(三)6-磷酸葡萄糖水解生成葡萄糖

反应由葡萄糖-6-磷酸酶催化,与肝糖原分解的第三步反应相同。

第六章 糖代谢

[图：6-磷酸葡萄糖 经葡萄糖-6-磷酸酶水解生成葡萄糖]

其他非糖物质如乳酸可脱氢生成丙酮酸,再循糖异生途径生糖;甘油先磷酸化为 α-磷酸甘油,再脱氢生成磷酸二羟丙酮,从而进入糖异生途径;生糖氨基酸能转变为三羧酸循环的中间产物,再循糖异生途径转变为糖。

二、乳酸循环

当肌肉在缺氧或剧烈运动时,肌糖原经酵解产生大量乳酸(1mol 葡萄糖经糖酵解仅产生 2mol ATP),因为肌肉组织内无葡萄糖-6-磷酸酶,不能进行糖异生作用,所以乳酸经细胞膜弥散入血液后再入肝,在肝脏内异生为葡萄糖。葡萄糖释放入血液后又可被肌肉摄取,这就构成了一个循环,称为乳酸循环(lactic acid cycle),也称为 Cori 循环(图 6-9)。

乳酸循环的形成是由于肝脏和肌肉组织中酶的特点所致。乳酸循环的生理意义是防止和改善乳酸堆积引起的酸中毒及乳酸的再利用。乳酸循环是耗能的过程。

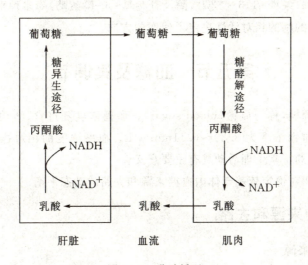

图 6-9 乳酸循环

三、糖异生的生理意义

(一)维持空腹和饥饿时血糖的相对恒定

人体储备糖原能力有限,在饥饿时,靠肝糖原分解葡萄糖仅能维持血糖浓度 8~12 小时,此后,机体基本依靠糖异生作用来维持血糖浓度恒定,这是糖异生作用最主要的生理功能。饥饿时糖异生作用的原料主要为生糖氨基酸和甘油,经糖异生作用转变为葡萄糖,维持血糖水平恒定,保证脑等重要组织器官的能量供应。

(二)有利于乳酸的利用

在剧烈运动时,肌肉糖酵解生成大量乳酸,后者经血液运到肝脏,在肝脏内经糖异生作用合成葡萄糖;肝脏将葡萄糖释放入血,葡萄糖又可被肌肉摄取利用,这样就构成了乳酸循环。循环将不能直接分解为葡萄糖的肌糖原间接变为血糖,对于回收乳酸分子中的能量,更新肌糖原,防止乳酸引起的代谢性酸中毒均有重要作用。

(三)有利于维持酸碱平衡

在长期饥饿的情况下,肾脏的糖异生作用加强,可促进肾小管细胞的泌氨作用,NH_3与原尿中 H^+ 结合成 NH_4^+,随尿排出体外,降低原尿中 H^+ 的浓度,加速排 H^+ 保 Na^+ 作用,有利于维持酸碱平衡,对防止酸中毒有重要意义。

四、糖异生的调节

糖异生的途径与糖酵解的途径是方向相反的两条代谢途径,其中三个限速步骤分别由不同的酶催化底物互变,称为底物循环。1,6-二磷酸果糖和 6-磷酸果糖之间的互变,磷酸烯醇式丙酮酸与丙酮酸之间的互变,分别构成第一个和第二个底物循环,糖异生的调节是通过对两个底物循环的调节和糖酵解调节进行的。糖酵解中的三个关键酶(己糖激酶、6-磷酸果糖激酶-1、丙酮酸激酶)及糖异生的四个关键酶(丙酮酸羧化酶、磷酸烯醇式丙酮酸羧激酶、果糖-1,6-二磷酸酶及葡萄糖-6-磷酸酶)受多种别构剂及激素的调节,参与底物循环的酶的相对活性决定了代谢的方向。

第五节 血糖及其调节

血液中的葡萄糖,称为血糖(blood sugar)。血糖浓度随进食、活动等变化而有所波动。正常人空腹血糖浓度为 3.89~6.11mmol/L。血糖浓度的相对稳定对保证组织器官,特别是脑组织的正常生理活动具有重要意义。

血糖浓度的相对恒定依赖于体内血糖来源和去路的动态平衡。

一、血糖的来源和去路

(一)血糖的来源

血糖的来源包括:①食物中的糖类物质在肠道消化吸收入血,这是血糖的主要来源。②肝糖原分解的葡萄糖,为空腹时血糖的直接来源。③非糖物质经糖异生作用转变的葡萄糖,是饥饿时血糖的来源。

(二)血糖的去路

血糖的去路包括:①在组织细胞中氧化分解供能,这是血糖的主要去路。②在肝脏、肌肉等组织合成糖原贮存。③转变成其他糖类。④转变为脂肪、氨基酸等。血糖浓度若高于肾糖阈(8.89~10.00mmol/L)时,尿中可出现葡萄糖称为尿糖(为非正常去路)。

血糖的来源与去路见图 6-10。

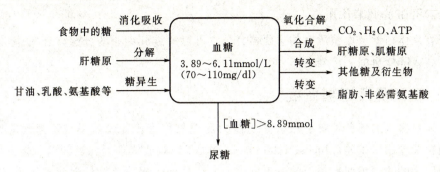

图 6-10 血糖的来源和去路

二、血糖水平的调节

在正常情况下,血糖浓度的相对恒定依赖于血糖来源与去路的平衡,这种平衡需要体内多种因素的协同调节,主要有神经、激素、组织器官等层次的调节。

(一)激素的调节作用

调节血糖浓度的激素有两大类:一类是降低血糖浓度的激素——胰岛素;另一类是升高血糖浓度的激素——胰高血糖素、肾上腺素、糖皮质激素等。两类激素的作用相互对立、互相制约,它们通过调节糖原的合成和分解、糖的氧化分解、糖异生等途径的关键酶或限速酶的活性或含量来调节血糖,保持血糖来源与去路的动态平衡。各激素的作用机制见表 6-3。

表 6-3 激素对血糖水平的调节

激素	作用机制
降低血糖的激素	
胰岛素	①促进组织细胞摄取葡萄糖
	②促进糖的有氧氧化
	③促进糖原合成,抑制糖原分解
	④抑制糖异生
	⑤抑制激素敏感脂肪酶,减缓脂肪动员
升高血糖的激素	
胰高血糖素	①促进肝糖原分解
	②促进糖异生
	③激活激素敏感脂肪酶,加速脂肪动员
糖皮质激素	①抑制组织细胞摄取葡萄糖
	②促进糖异生
	③协助促进脂肪动员
肾上腺素	①促进肝糖原分解
	②促进肌糖原酵解
	③促进糖异生

(二)肝脏的调节作用

肝脏是体内调节血糖浓度的主要器官。它可以通过肝糖原的分解与合成、糖异生作用来升高或降低血糖。

三、糖耐量及耐糖曲线

人体对摄入的葡萄糖具有很大耐受能力的现象称为葡萄糖耐量或耐糖现象。临床上常用葡萄糖耐量试验(glucose tolerance test,GTT)检查人体对血糖的调节能力及作为诊断糖尿病的一项重要检查。临床上常用的方法分为口服或静脉注射两种糖耐量试验。口服葡萄糖耐量试验常用方法是先测定受试者清晨空腹血糖浓度,然后一次进食75g葡萄糖(或按每千克体重1.5~1.75g葡萄糖)。进食后隔0.5小时、1小时、2小时和3小时再分别测血糖一次。以时间为横坐标,血糖浓度为纵坐标绘成的曲线称为糖耐量曲线(图6-11)。

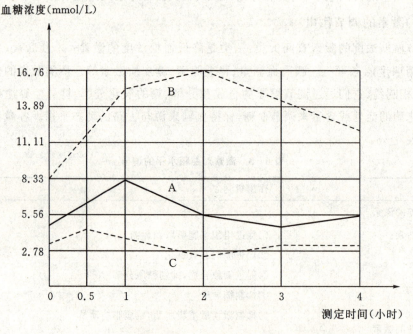

A.正常人 B.糖尿病患者 C.肾上腺皮质功能低下患者

图6-11 糖耐量曲线

正常人的糖耐量曲线特点:空腹血糖浓度正常;食糖后血糖浓度升高,1小时内达高峰,但不超过肾糖阈;此后血糖浓度迅速降低,在2小时之内降至正常水平。

糖尿病患者的糖耐量曲线表现:空腹血糖浓度较正常值高;进食糖后血糖迅速升高,并可超过肾糖阈;在2小时内不能恢复至正常空腹血糖水平。

肾上腺皮质功能不全患者(addison病)的糖耐量曲线表现:空腹血糖浓度低于正常值;进食糖后血糖浓度升高不明显;短时间即恢复原有水平。

四、糖代谢紊乱

(一)低血糖

空腹血糖浓度低于 2.80mmol/L 时称为低血糖。当血糖水平过低时,就会影响脑细胞的功能,从而出现头晕、倦怠、无力、心悸等,严重时出现昏迷,称为低血糖休克。如不能及时给患者静脉点滴葡萄糖,可导致死亡。

(二)高血糖

空腹血糖浓度持续超过 7.10mmol/L 时称为高血糖。如果血糖值超过肾糖阈 8.89~10.00mmol/L,超过了肾小管重吸收葡萄糖的能力,尿中就可出现葡萄糖,称为糖尿或尿糖。

引起高血糖和糖尿的原因有生理性和病理性两种。如摄入过多或输入大量葡萄糖、精神紧张,使血糖升高超过肾糖阈,出现糖尿,为生理性糖尿;病理性高血糖和糖尿多见于糖尿病等疾病。有些肾小管重吸收能力降低的人,肾糖阈比正常人低,即使血糖在正常范围,也可出现糖尿,称肾性糖尿,但患者血糖及糖耐量均正常。

糖尿病是最常见的糖代谢紊乱疾病,常伴有多种并发症(如糖尿病视网膜病变、糖尿病性周围神经病变、糖尿病周围血管病变、糖尿病肾病等)。这些并发症的严重程度与血糖水平、病史长短有相关性。

本章小结

糖类是人体主要的能量来源,也是构成机体结构物质的重要组成成分。食物中可被消化的糖主要是淀粉。它经过消化道中一系列酶的消化作用,最终水解为葡萄糖,在小肠被吸收后经门静脉入血。葡萄糖的吸收是依赖特定载体转运的、主动的耗能过程。

葡萄糖的分解代谢途径主要有糖的无氧氧化、有氧氧化和磷酸戊糖途径。

糖的无氧氧化是指葡萄糖或糖原在无氧或缺氧情况下分解生成乳酸和 ATP 的过程,也称为糖酵解。反应在胞质中进行,其代谢反应分为两个阶段:第一阶段,由葡萄糖分解为丙酮酸,称为糖酵解途径;第二阶段,丙酮酸还原为乳酸。己糖激酶(肝脏中为葡萄糖激酶)、6-磷酸果糖激酶-1、丙酮酸激酶为调节糖酵解的关键酶。葡萄糖以外的己糖,如果糖和半乳糖等,均可转变为磷酸化衍生物而进入糖酵解途径。糖酵解最主要的生理意义是缺氧或无氧时迅速提供能量,成熟红细胞因没有线粒体依赖糖酵解提供能量。1 分子葡萄糖经糖酵解可净生成 2 分子 ATP。

糖的有氧氧化是指葡萄糖或糖原在有氧条件下,彻底氧化生成 CO_2、H_2O,并产生大量 ATP 的过程。它是体内糖氧化供能的主要方式,在胞质和线粒体中进行。糖的有氧氧化包括三个阶段:第一阶段为葡萄糖经糖酵解途径分解为丙酮酸,这在胞质中进行;第二阶段为丙酮酸进入线粒体氧化脱羧生成乙酰辅酶 A;第三阶段是乙酰辅酶 A 进入三羧酸循环彻底氧化和氧化磷酸化。1 分子乙酰辅酶 A 经三羧酸循环运转一次,经两次脱羧、四次脱氢,消耗 1 个乙酰基,产生 10 分子 ATP。三羧酸循环的生理意义在于它是糖、

生 物 化 学

脂肪和蛋白质彻底氧化的共同途径,又是三者相互转变、相互联系的枢纽。1分子葡萄糖经有氧氧化可产生30或32分子ATP。关键酶除了与糖酵解相同的三个酶外,还有丙酮酸脱氢酶复合体、柠檬酸合酶、异柠檬酸脱氢酶和α-酮戊二酸脱氢酶复合体,其中异柠檬酸脱氢酶催化三羧酸循环中的限速步骤。

磷酸戊糖途径在胞质中进行,关键酶是6-磷酸葡萄糖脱氢酶。其生理意义是提供$NADPH+H^+$和磷酸核糖。

肝糖原和肌糖原是体内糖的储存形式。肝糖原在饥饿时分解为葡萄糖补充血糖,因肌肉中缺乏葡萄糖-6-磷酸酶,故肌糖原不能直接分解为葡萄糖。糖原生成与分解的关键酶分别为糖原合酶和糖原磷酸化酶,二者通过共价修饰和别构效应调节酶活性。

糖异生指由非糖物质(乳酸、甘油、生糖氨基酸等)转变为葡萄糖或糖原的过程。肝脏是糖异生的主要场所,其次是肾脏。糖异生的途径与糖酵解的途径是方向相反的两条代谢途径,糖异生的四个关键酶是丙酮酸羧化酶、磷酸烯醇式丙酮酸羧激酶、果糖-1,6-二磷酸酶和葡萄糖-6-磷酸酶。糖异生最主要的生理意义是在饥饿时维持血糖浓度的相对恒定,其次是回收乳酸能量、补充肝糖原和参与酸碱平衡调节。

血糖指血液中的葡萄糖,正常成人空腹血糖浓度为3.89~6.11mmol/L,是血糖的来源和去路相对平衡的结果。机体在神经、激素、器官和底物水平四个层次上调节血糖浓度相对恒定。胰岛素是唯一的降血糖激素,而胰高血糖素、肾上腺素、糖皮质激素和生长素是升血糖激素。糖代谢紊乱可导致高血糖或低血糖,糖尿病是最常见的糖代谢紊乱疾病。

综合测试题

一、名词解释

1. 糖酵解
2. 磷酸戊糖途径
3. 糖异生
4. 三羧酸循环

二、问答题

1. 试从以下几方面列表比较糖酵解和有氧氧化的异同。
   (1)代谢部位;(2)反应条件;(3)生成ATP的方式;(4)产生ATP的数量;(5)终产物;(6)生理意义。
2. 简述糖异生的原料、反应部位、关键酶及生理意义。
3. 试述血糖的来源和去路。
4. 简述糖异生的生理意义。
5. 简述糖酵解的生理意义。
6. 简述三羧酸循环的要点。
7. 简述三羧酸循环的生理意义。

三、单项选择题

1. 缺氧条件下，葡萄糖分解的产物是
   A. 丙酮酸　　　　　　　B. 乳酸　　　　　　　C. 磷酸二羟丙酮
   D. 苹果酸　　　　　　　E. CO_2 和 H_2O

2. 三羧酸循环的第一个产物是
   A. 苹果酸　　　　　　　B. 草酰乙酸　　　　　C. 异柠檬酸
   D. 柠檬酸　　　　　　　E. 延胡索酸

3. FAD 是下列哪种酶的辅酶
   A. 琥珀酸脱氢酶　　　　　　B. α-酮戊二酸脱氢酶复合体
   C. 苹果酸脱氢酶　　　　　　D. 异柠檬酸脱氢酶
   E. 延胡索酸酶

4. NAD^+ 是下列哪种酶的辅酶
   A. 异柠檬酸脱氢酶　　　　　B. 琥珀酸脱氢酶
   C. 柠檬酸合酶　　　　　　　D. 延胡索酸酶
   E. 葡萄糖-6-磷酸脱氢酶

5. 肌糖原不能直接补充血糖的原因是肌肉中缺乏
   A. 己糖激酶　　　　　　　　B. 葡萄糖-6-磷酸酶
   C. 葡萄糖-6-磷酸脱氢酶　　 D. 6-磷酸果糖激酶-1
   E. 果糖二磷酸酶

6. 1分子葡萄糖进入糖酵解途径净生成多少 ATP
   A. 1 分子　　B. 2 分子　　C. 3 分子　　D. 4 分子　　E. 5 分子

7. 糖原合成的关键酶是
   A. 糖原合酶　　　　　　B. 分支酶　　　　　　C. 磷酸葡萄糖变位酶
   D. UDPG 焦磷酸化酶　　 E. 糖原磷酸化酶

8. 唯一能降低血糖浓度的激素是
   A. 胰高血糖素　　　　　B. 肾上腺素　　　　　C. 胰岛素
   D. 糖皮质激素　　　　　E. 生长素

9. 下列哪个化合物是糖原分解时，从非还原端分解下来的
   A. 葡萄糖　　　　　　　B. 1-磷酸葡萄糖　　　C. 6-磷酸葡萄糖
   D. UDPG　　　　　　　　E. 6-磷酸果糖

10. 1分子葡萄糖彻底氧化成 CO_2 和 H_2O，可生成多少分子的 ATP
    A. 2　　　B. 24　　　C. 28　　　D. 32　　　E. 12

11. 正常情况下血糖最主要的来源为
    A. 肝糖原分解　　　　　　B. 肌糖原酵解后经糖异生补充血糖
    C. 糖异生作用　　　　　　D. 食物消化吸收而来
    E. 脂肪转变而来

12. 三羧酸循环中进行底物水平磷酸化最终产生 ATP 的反应为

A. 1,3-二磷酸甘油酸→3-磷酸甘油酸

B. 磷酸烯醇式丙酮酸→丙酮酸

C. 丙酮酸→乳酸

D. 琥珀酰辅酶A→琥珀酸

E. 琥珀酸→延胡索酸

13. 丙酮酸不参与下列哪种反应

A. 进入线粒体氧化供能　　　　　　B. 经糖异生作用转变为葡萄糖

C. 经联合脱氨基作用转变为丙氨酸　　D. 转变为丙酮

E. 还原为乳酸

14. 糖尿病患者不出现下列哪项紊乱现象

A. 糖原合成减少,分解加速　　　　　B. 糖异生增强

C. 6-磷酸葡萄糖转化为葡萄糖减弱　　D. 糖酵解及有氧氧化减弱

E. 肌肉、脂肪细胞摄取葡萄糖的速度减慢

15. 糖酵解、糖异生、磷酸戊糖途径、糖原合成和糖原分解等代谢途径交汇点上共同的化合物是

A. 1-磷酸葡萄糖　　B. 6-磷酸葡萄糖　　C. 6-磷酸果糖

D. 3-磷酸甘油醛　　E. 1,6-二磷酸果糖

16. 磷酸戊糖途径产生的重要化合物是

A. 5-磷酸核糖　　B. 果糖　　C. $NADH+H^+$

D. $FADH_2$　　　E. 葡萄糖

17. 糖酵解的关键酶是

A. 琥珀酸脱氢酶　　B. 丙酮酸羧化酶　　C. 丙酮酸激酶

D. 丙酮酸脱氢酶　　E. 3-磷酸甘油醛脱氢酶

18. 三羧酸循环的关键酶是

A. 丙酮酸羧化酶　　B. 异柠檬酸脱氢酶　　C. 苹果酸脱氢酶

D. 丙酮酸脱氢酶　　E. 琥珀酸脱氢酶

19. 下列哪种不是糖异生作用的主要原料

A. 丙酮酸　　B. 甘油　　C. 乙酰辅酶A　　D. 乳酸　　E. 生糖氨基酸

20. 降低血糖浓度的激素有

A. 胰高血糖素　　B. 肾上腺素　　C. 胰岛素

D. 糖皮质激素　　E. 甲状腺激素

(张丽娟)

第七章 脂类代谢

> **学习目标**
>
> 【掌握】脂肪动员、脂肪酸的β-氧化,酮体的生成、利用及生理意义,胆固醇的合成过程及去路,血浆脂蛋白的分类、组成及在脂类代谢中的作用。
>
> 【熟悉】脂肪酸合成的关键酶。
>
> 【了解】脂肪酸及常见脂类的分子组成与结构,磷脂的代谢。

第一节 脂类代谢的概述

一、脂类的概念、分布和功能

(一)脂类的概念

脂类(lipids)是脂肪和类脂的总称,由脂肪酸和醇作用生成的酯及其衍生物的统称。脂肪由一分子甘油和三分子脂肪酸组成,故脂肪又称为三脂酰甘油或甘油三酯(TG)。类脂主要包括磷脂(PL)、糖脂(GL)、胆固醇(Ch)及胆固醇酯(CE)。脂类广泛存在于自然界。脂类均不溶于水而易溶于乙醚、氯仿、丙酮等有机溶剂。

(二)脂类在体内的分布

脂肪主要是指甘油三酯,在细胞内主要以油滴状的微粒存在于胞质中。体内的脂肪主要分布在脂肪组织,如皮下、大网膜、肠系膜、肾周围等处,这些部位脂肪称为储存脂,脂肪组织则称为脂库。脂肪是人体内含量最多的脂类,正常成人体内含量占体重的10%~20%,女子稍高。人体内脂肪的含量常受营养状况、能量消耗、疾病等多种因素的影响而变动,故又称为"可变脂"。

类脂则包括磷脂(甘油磷脂和鞘磷脂)、糖脂(脑苷脂和神经节苷脂)、胆固醇及胆固醇酯。类脂分布于各组织中,以神经组织中较多,它是构成生物膜的基本成分。约占体重的5%,其成分虽在不断更新,但含量相对恒定,不易受营养状况、能量消耗等因素的影响而变动,故有"固定脂"或"基本脂"之称。

(三)脂类的生理功能

1. 脂肪的生理功能　脂肪生理功能主要包括以下几方面。

(1)储能和供能:人体活动所需的能量20%~30%由脂肪所提供。1g脂肪完全氧化分解可释放能量 38.9kJ(9.3kcal)热量,比同等重量的糖或蛋白质约多 1 倍。脂肪属疏水性物质,在体内储存时几乎不结合水,所占体积小,储存 1g 脂肪占 1.2ml 体积,为储存 1g 糖原所占体积的 1/4,相同体积的脂肪彻底氧化所释放的能量是糖原的 6 倍,因此,脂肪是体内能量最有效的储存形式。

(2)维持体温和保护内脏:脂肪不易导热,机体皮下脂肪组织可防止热量过多散失而保持体温。脏器周围的脂肪组织能缓冲外界的机械性撞击,对内脏有保护作用。

(3)提供必需脂肪酸:脂类中的亚油酸、亚麻酸、花生四烯酸(二十碳四烯酸)等不饱和脂肪酸,是人体不能自身合成的,必须由食物供给,称为营养必需脂肪酸(essential fatty acid, EFA)。这些脂肪酸是维持生长发育和皮肤正常代谢所必需的,若机体缺乏营养必需脂肪酸,可以出现生长缓慢、上皮功能异常,发生皮炎、毛发稀疏等症状。此外,它们还有降低血中胆固醇及抗动脉粥样硬化的作用。花生四烯酸是合成前列腺素、血栓素和白三烯等生理活性物质的原料。另外,食物中脂肪在肠道内能协助脂溶性维生素的吸收。

2. 类脂的生理功能 类脂特别是磷脂和胆固醇是构成所有生物膜如细胞膜、线粒体膜、核膜及内质网膜等的重要组分,构成了生物膜脂质双分子层结构的基本骨架,不仅构成了镶嵌膜蛋白的基质,也为细胞提供了通透性屏障,从而维持细胞正常结构与功能。

磷脂酰肌醇-4,5-二磷酸(PIP_2)可水解生成三磷酸肌醇(IP_3)和甘油二酯(DAG),均可作为激素的第二信使传递信息,从而参与物质代谢的调节。胆固醇可转变成胆汁酸、类固醇激素、维生素 D_3 等。

二、脂类的消化与吸收

(一)脂类的消化

正常人一般每日从食物中摄取的脂类主要是甘油三酯,除此以外还有少量的磷脂、胆固醇及其酯和一些游离脂肪酸。食物中的脂类在成人口腔和胃中不能被消化,这是由于口腔中没有消化脂类的酶,胃中虽有少量脂肪酶,但此酶只有在中性 pH 值时才有活性,在正常胃液中此酶几乎没有活性(但是婴儿时期,胃酸浓度低,胃中 pH 值接近中性,部分乳脂可被消化)。脂类的消化及吸收主要在小肠中进行,首先在小肠上段,小肠通过蠕动,将胆汁与食物中的脂类乳化,然后在胰液消化酶(包括胰脂肪酶、辅脂酶、胆固醇酯酶和磷脂酶)的作用下,脂肪被水解生成甘油一酯和脂肪酸;磷脂被水解得到溶血磷脂和脂肪酸;胆固醇酯被胆固醇酯酶水解,生成胆固醇及脂肪酸。最后这些产物继续与胆汁乳化成混合微团(mixed micelles)被肠黏膜细胞吸收。

(二)脂类的吸收

脂类的吸收主要在十二指肠下段和盲肠。甘油及中短链脂肪酸(小于 C_{10})直接吸收进入小肠黏膜细胞,在细胞内脂酶作用下经门静脉与清蛋白结合进入血液。长链脂肪酸及其他脂类消化产物随微团吸收进入小肠黏膜细胞后,生成的甘油三酯、磷脂、胆固醇酯及少量胆固醇,与细胞内合成的载脂蛋白构成乳糜微粒,通过淋巴最终进入血液,被其他组织细胞所利用。

因此食物中脂类主要被肝外组织利用,肝脏利用外源的脂类是很少的。

食物脂肪,经过上述消化过程,通常可以完全吸收。但是,胆固醇的吸收率较低,一般只有 30%~40%,这是由于有多种因素可以影响胆固醇的吸收。例如,植物中的豆固醇、谷固醇能抑制胆固醇的吸收,食物中的纤维素、果胶、琼脂等与胆盐形成不溶性复合物而减少对胆固醇的吸收。因此,对于冠心病患者,提倡多吃些豆类、蔬菜类食物对降低胆固醇的吸收有益处。

第二节 甘油三酯的代谢

一、甘油三酯的分解代谢

(一)脂肪动员

储存在脂肪组织中的甘油三酯在脂肪酶催化下逐步水解为游离脂肪酸(FFA)和甘油,并释放入血以供其他组织摄取利用的过程,称为脂肪的动员。

脂肪组织中含有的脂肪酶包括甘油三酯脂肪酶、二酰甘油脂肪酶、单酰甘油脂肪酶。其中甘油三酯脂肪酶是脂肪水解的限速酶。该酶受多种激素的调控,又称为"激素敏感性脂肪酶"。肾上腺素、去甲肾上腺素、胰高血糖素、肾上腺皮质激素等能使甘油三酯脂肪酶的活性增强从而促进脂肪水解,这些激素称为脂解激素;胰岛素能使甘油三酯脂肪酶的活性降低从而抑制脂肪的水解,称为抗脂解激素。这两类激素相互协调,使脂肪水解的速度得到有效的调节,从而适应机体的需要(图 7-1)。

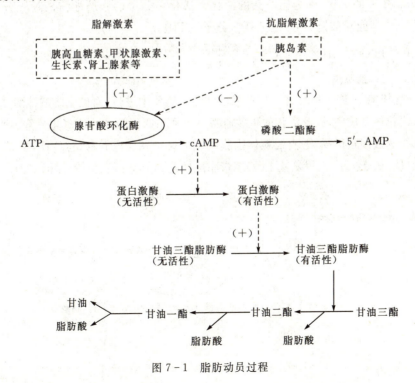

图 7-1 脂肪动员过程

脂肪动员的结果是生成3分子的自由脂肪酸(free fatty acid,FFA)和1分子的甘油；生成的甘油可在血液循环中自由转运,主要转运至肝脏再磷酸化为3-磷酸甘油后进行代谢；而脂肪酸进入血液循环后须与清蛋白结合成为复合体再转运。

(二)甘油的氧化

脂肪动员产生的甘油释放入血,随血液循环运至肝、肾等组织被摄取利用。甘油主要在细胞内甘油激酶催化下与ATP作用生成α-磷酸甘油,再经α-磷酸甘油脱氢酶催化脱氢形成磷酸二羟丙酮。磷酸二羟丙酮是糖酵解的中间产物,可沿糖酵解途径继续氧化分解并释放能量,也可沿糖异生途径转变为葡萄糖或糖原。

$$\begin{array}{c}CH_2OH\\|\\CHOH\\|\\CH_2OH\end{array}\xrightarrow[\text{甘油激酶}]{ATP\quad ADP}\begin{array}{c}CH_2OH\\|\\CHOH\\|\\CH_2O-\textcircled{P}\end{array}\xrightarrow[\text{脱氢酶}]{NAD^+\quad NADH+H^+}_{\alpha-\text{磷酸甘油}}\begin{array}{c}CH_2OH\\|\\C=O\\|\\CH_2O-\textcircled{P}\end{array}\rightarrow\begin{array}{l}\text{葡萄糖}\\\text{氧化分解}\end{array}$$

(三)脂肪酸的β-氧化

在供氧充足的条件下,脂肪酸在体内可彻底分解成CO_2和H_2O并释放大量能量。除脑组织和成熟的红细胞外,大多数组织均能氧化脂肪酸,但以肝脏及肌肉组织最活跃。脂肪酸氧化的主要部位在细胞线粒体。脂肪酸的氧化过程大致分为脂肪酸的活化、脂酰辅酶A进入线粒体、脂酰辅酶A的β-氧化过程及乙酰辅酶A进入三羧酸循环彻底氧化四个阶段。

1. 脂肪酸的活化 在细胞液中,脂肪酸在脂酰辅酶A合成酶催化下与HSCoA作用生成脂酰辅酶A的过程,称为脂肪酸的活化。活化1分子的脂肪酸需消耗1分子ATP分子中的两个高能磷酸键(相当于消耗2分子ATP)。

$$\underset{\text{脂肪酸}}{RCOOH}+HSCoA+ATP\xrightarrow[Mg^{2+}]{\text{脂酰辅酶A合成酶}}\underset{\text{脂酰辅酶A}}{RCO\sim SCoA}+AMP+PPi$$

2. 脂酰辅酶A进入线粒体 脂肪酸的活化在胞质中进行,而催化脂酰辅酶A氧化分解的酶在线粒体基质中,因此活化的脂酰辅酶A必须进入线粒体才能氧化分解。脂酰辅酶A不能直接透过线粒体膜,需由线粒体内膜两侧的肉毒碱脂酰转移酶(CAT)的催化作用,由肉毒碱($L-\beta$-羟-γ-三甲氨基丁酸)携带脂酰辅酶A转入线粒体内（图7-2）。

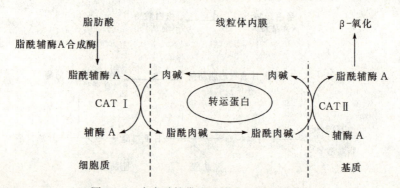

图7-2 肉毒碱携带脂酰辅酶A转入线粒体

3. 脂酰辅酶 A 的 β-氧化　脂酰辅酶 A 进入线粒体后，在脂肪酸 β-氧化多酶复合体的催化下，由脂酰基的 β 碳原子开始通过脱氢、加水、再脱氢、硫解四步连续的化学反应，产生 1 分子乙酰辅酶 A 和 1 分子比原来少两个碳原子的脂酰辅酶 A，此氧化过程称为脂肪酸的 β-氧化（图 7-3）。

(1) 脱氢：脂酰辅酶 A 在脂酰辅酶 A 脱氢酶的催化下，α、β 碳原子上各脱去一个氢原子，生成 α,β-烯脂酰辅酶 A，脱下的 2 个氢由该酶的辅基 FAD 接受形成 $FADH_2$，经呼吸链氧化形成 H_2O，同时产生 1.5 分子 ATP。

(2) 加水：α,β-烯脂酰辅酶 A 在 α,β-烯脂酰辅酶 A 水化酶的作用下，加上 1 分子水形成 β-羟脂酰辅酶 A。

(3) 再脱氢：β-羟脂酰辅酶 A 在 β-羟脂酰辅酶 A 脱氢酶的催化下，β-碳原子上脱去 2H 形成 β-酮脂酰辅酶 A，脱下的 2H 使 NAD^+ 还原形成 $NADH+H^+$，并经呼吸链氧化形成 H_2O，同时产生 2.5 分子 ATP。

(4) 硫解：β-酮脂酰辅酶 A 在 β-酮脂酰辅酶 A 硫解酶的催化下，与 1 分子 HSCoA 作用，生成 1 分子乙酰辅酶 A 和 1 分子比原来的脂酰辅酶 A 少 2 个碳原子的脂酰辅酶 A。后者可再进行下一次的 β-氧化，如此循环，直至长链的脂酰辅酶 A 完全分解成乙酰辅酶 A。

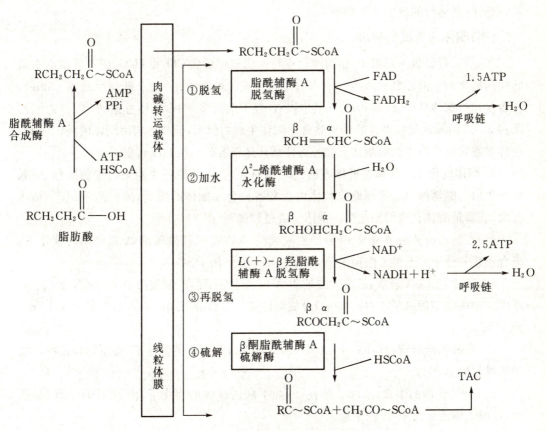

图 7-3　脂肪酸的 β-氧化

脂肪酸 β-氧化的特点：①β-氧化过程在线粒体基质内进行；②β-氧化为一循环反应过程，由脂肪酸氧化酶系催化，反应不可逆；③需要 FAD、NAD$^+$、辅酶 A 为辅助因子；④每循环一次，生成 1 分子 FADH$_2$，1 分子 NADH，1 分子乙酰辅酶 A 和 1 分子减少两个碳原子的脂酰辅酶 A。

4. 乙酰辅酶 A 的彻底氧化　脂肪酸 β-氧化产生的乙酰辅酶 A，一部分通过三羧酸循环被彻底氧化生成 CO$_2$ 和 H$_2$O，并释放能量；另一部分也可转变为其他代谢之间产物，如在肝细胞线粒体可缩合生成酮体。

5. 脂肪酸氧化的能量生成　脂肪酸在体内氧化分解伴随大量能量的释放，是体内能量的重要来源。其能量一部分以热能的形式散发，其余以化学能的形式储存在 ATP 中。以软脂酸（16∶0）为例，总反应式如下。

$$CH_3(CH_2)_{14}CO\sim SCoA + 7HSCoA + 7FAD + 7NAD^+ + 7H_2O \longrightarrow 8CH_3CO\sim CoA + 7FADH_2 + 7NADH + H^+$$

软脂酸是 16 个碳原子的饱和脂肪酸，需经七次 β-氧化，产生 7 分子 FADH$_2$、7 分子 NADH+H$^+$ 及 8 分子乙酰辅酶 A，每分子 FADH$_2$ 通过呼吸链可产生 1.5 分子 ATP，每分子 NADH+H$^+$ 通过呼吸链可产生 2.5 分子 ATP，每分子乙酰辅酶 A 通过一次三羧酸循环产生 10 分子 ATP，因此，1 分子软脂酸彻底氧化共生成 $7\times1.5+7\times2.5+8\times10=108$ 分子 ATP，减去脂肪酸活化时消耗的 2 分子 ATP，净生成 106 分子 ATP。由此可见，脂肪酸是体内的重要能源物质。

(四)酮体的生成与利用

在心肌、骨骼肌等组织中，脂肪酸能进行彻底氧化形成 CO$_2$ 和 H$_2$O，但在肝细胞中脂肪酸的氧化产生的乙酰辅酶 A 则大部分缩合生成乙酰乙酸、β-羟丁酸和丙酮(acetone)，三者统称为酮体(ketone bodies)。其中以 β-羟丁酸最多，约占酮体总量的 70%，乙酰乙酸占 30%，丙酮的量极微。肝脏虽然富含酮体生成的酶系，但缺乏利用酮体的酶。因此，在肝细胞线粒体内生成的酮体只能经血液循环运至肝外组织加以利用。

1. 酮体的生成　酮体在肝细胞的线粒体内合成，合成原料主要来自于脂肪酸 β-氧化产生的乙酰辅酶 A。肝细胞线粒体内含有各种合成酮体的酶类，特别是 HMG-CoA 合酶，该酶是酮体合成的限速酶。酮体合成过程如下（图 7-4）。

(1)乙酰乙酰辅酶 A 生成：2 分子乙酰辅酶 A 在乙酰乙酰辅酶 A 硫解酶的催化下，缩合形成一分子的乙酰乙酰辅酶 A，并释放出 1 分子的 HSCoA。

(2)HMG-CoA 合成：乙酰乙酰辅酶 A 再与 1 分子的乙酰辅酶 A 在 β-羟基-β-甲基戊二酸单酰辅酶 A（HMG-CoA）合成酶的催化下合成 HMG-CoA，并释放出 1 分子的 HSCoA。

(3)乙酰乙酸合成：HMG-CoA 在 HMG-CoA 裂解酶的催化下，裂解形成乙酰乙酸和乙酰辅酶 A。

(4)β-羟丁酸的生成：乙酰乙酸在 β-羟丁酸还原酶的催化下，由 NADH+H$^+$ 提供氢，乙酰乙酸还原生成 β-羟丁酸。

(5)丙酮的生成：丙酮可由乙酰乙酸缓慢自发脱去 CO$_2$ 生成。

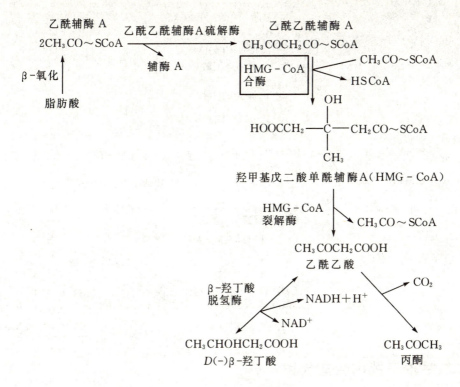

图 7-4 酮体的合成过程

2. 酮体的利用 肝脏外组织,特别是心肌、骨骼肌及脑和肾脏等组织是利用酮体最主要的组织器官。酮体生成后很快透过肝细胞膜进入血液循环,经血液运输至肝外组织利用(图 7-5)。酮体的利用过程有两条途径:①在乙酰乙酸硫激酶的催化下,乙酰乙酸和 HSCoA 反应生成乙酰乙酰辅酶 A;②在琥珀酰辅酶 A 转硫酶的催化下,琥珀酰辅酶 A 将 CoA 转给乙酰乙酸生成乙酰乙酰辅酶 A。乙酰乙酰辅酶 A 再由硫解酶催化,加上 1 分子 HSCoA 生成 2 分子乙酰辅酶 A,乙酰辅酶 A 通过三羧酸循环彻底氧化形成 CO_2 和 H_2O,并释放能量。β-羟丁酸在 β-羟丁酸脱氢酶催化下脱氢生成乙酰乙酸,乙酰乙酸再循以上途径代谢。丙酮水溶性强,易挥发可随呼吸道及尿道排除,因此不被人体利用。

3. 酮体代谢的生理意义 肝脏内生成,肝脏外用,是酮体代谢的特点。酮体是机体代谢的正常代谢产物,是肝脏输出脂类能源的一种形式。酮体分子小,易溶于水,便于血液运输,容易透过血-脑屏障和毛细血管壁而被人体各组织摄取利用,是心肌、脑和骨骼肌等组织的重要能源。在饥饿及糖供应不足时,酮体将代替葡萄糖成为脑组织的主要能源。

在正常情况下,肝脏产生的酮体能迅速被肝外组织利用,血中酮体的含量仅为 0.03～0.5mmol/L。但在长期饥饿、低糖高脂膳食、严重糖尿病时,由于脂肪动员和分解氧化增强,肝内生成酮体的量超过肝外组织利用酮体的能力,导致血中酮体升高,称为酮血症(ketonemia)。尿中酮体增多,称为酮尿症(ketonuria)。丙酮含量增多时,由于丙酮具有挥发性,可随人体呼吸过程从肺中呼出,甚至可闻到患者呼出气中有烂苹果味。由于酮体中的乙酰乙酸、β-羟丁酸具有较强的有机酸,当血中浓度过高可导致酮症酸中毒。

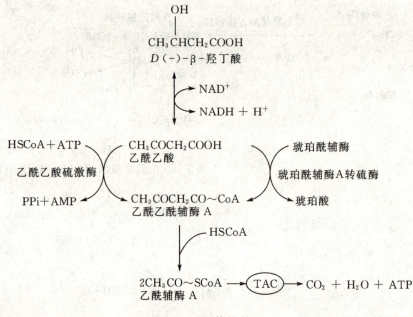

图 7-5 酮体的利用

二、甘油三酯的合成代谢

人体几乎所有组织都能合成甘油三酯,但肝脏和脂肪组织是合成甘油三酯的主要场所,其次是小肠黏膜。肝脏及小肠合成的脂肪很快以脂蛋白的形式运出细胞,而脂肪组织中甘油三酯合成后被储存。

甘油三酯的合成是在细胞液中进行的,其合成所需的脂肪酸和甘油,二者可以来自食物的消化吸收,但大部分是用消化吸收的其他营养物质(特别是葡萄糖)合成的,脂肪酸和甘油的活化形式即脂酰辅酶 A 和 α-磷酸甘油是甘油三酯合成的直接原料。

(一)α-磷酸甘油的生物合成

糖分解代谢中的中间产物磷酸二羟丙酮,在 α-磷酸甘油脱氢酶的催化下还原生成 α-磷酸甘油。此反应存在于人体内各组织中,是 α-磷酸甘油的主要来源。此外,甘油在甘油激酶的催化下,由 ATP 提供能量,也可生成 α-磷酸甘油。

(二)脂肪酸的生物合成

1. 合成部位及原料　脂肪酸的合成部位及合成原料介绍如下。

(1)合成部位:脂肪酸合成酶系主要存在于肝脏、肾脏、脑、乳腺及脂肪组织等胞液中,但肝脏是合成脂肪酸的主要场所。

(2) 合成原料：脂肪酸是以乙酰辅酶 A 为主要原料合成的，需要胞液中脂肪酸合成酶系的催化，合成过程中需由 NADPH 提供氢和 ATP 供能。因此，糖是脂肪酸合成的主要原料。

乙酰辅酶 A 主要来自糖的有氧氧化。某些氨基酸分解也可提供部分乙酰辅酶 A。乙酰辅酶 A 都是在线粒体内生成的，而脂肪酸的合成则在细胞液，线粒体中生成的乙酰辅酶 A 不能自由透过线粒体内膜，但可通过柠檬酸-丙酮酸循环机制进入胞液（图7-6）。线粒体中乙酰辅酶 A 首先与草酰乙酸合成柠檬酸，柠檬酸通过线粒体内膜上的柠檬酸载体转运至胞液，在胞液柠檬酸裂解酶作用下裂解生成乙酰辅酶 A 及草酰乙酸。生成的乙酰辅酶 A 可用于合成脂肪酸，而草酰乙酸则在苹果酸脱氢酶的作用下还原生成苹果酸，苹果酸经胞液苹果酸酶催化，氧化脱羧生成丙酮酸。脱下的氢由 NADP$^+$ 接受生成 NADPH+H$^+$，丙酮酸通过载体转运至线粒体内可再形成草酰乙酸或乙酰辅酶 A，再生成柠檬酸参加转运乙酰辅酶 A。此循环既可提供脂肪酸合成的原料乙酰辅酶 A，又补充了脂肪酸合成所需的 NADPH，这是除磷酸戊糖途径之外，提供 NADPH 的另一来源。

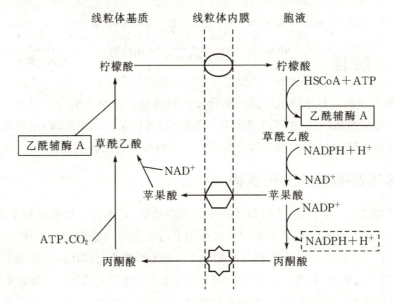

图7-6 柠檬酸-丙酮酸循环

2. 合成过程 脂肪酸的合成过程包括以下几个方面。

(1) 丙二酸单酰辅酶 A 的合成：脂肪酸合成的第一步反应是乙酰辅酶 A 羧化成丙二酸单酰辅酶 A，由乙酰辅酶 A 羧化酶催化，辅酶为生物素，由碳酸氢盐提供 CO_2，ATP 提供能量。

$$CH_3CO\sim SCoA + HCO_3^- + ATP \xrightarrow[\text{生物素、}Mg^{2+}]{\text{乙酰辅酶 A 羧化酶}} HOOCCH_2CO\sim SCoA + HCO_3^- + ADP + Pi$$

乙酰辅酶 A 羧化酶是脂肪酸合成的限速酶，此酶受体内一些代谢物质及膳食成分的调节和影响。例如，柠檬酸和异柠檬酸为此酶的别构激活剂，而软脂酰辅酶 A 为此酶的别构抑制剂，高糖低脂饮食可促进此酶的合成，通过丙二酸单酰辅酶 A 的合成而促进脂肪酸的合成。

(2) 软脂酸的合成及加工改造：1分子乙酰辅酶A与7分子的丙二酸单酰辅酶A在脂肪酸合成酶系的催化下，由NADPH+H$^+$提供氢合成软脂酸。总反应式为：

$$CH_3CO\sim SCoA + 7HOOCCH_2CO\sim SCoA + 14NADPH + 14H^+ \xrightarrow{\text{脂肪酸合成酶系}} CH_3(CH_2)_{14}COOH + 14NADP^+ + 8HSCoA + 6H_2O$$

胞液中合成的脂肪酸主要是16C的软脂酸，更长或较短的脂肪酸必须对软脂酸进行加工改造而完成。碳链的缩短在线粒体通过β-氧化进行，而碳链延长则由线粒体或内质网内特殊酶体系催化完成。

3. 甘油三酯的生物合成　小肠黏膜上皮细胞主要利用消化吸收的甘油一酯为起始物，再加上2分子脂酰辅酶A，合成甘油三酯，称为甘油一酯途径。

肝细胞和脂肪细胞主要是利用α-磷酸甘油在细胞内质网中由α-磷酸甘油脂酰辅酶A转移酶催化，依次加上2分子酯酰辅酶A生成磷脂酸。磷脂酸在磷脂酸磷酸酶的作用下，水解脱去磷酸生成1,2-甘油二酯，然后在脂酰辅酶A转移酶作用下，再加上一分子酯酰辅酶A即生成甘油三酯。此途径称为甘油二酯途径，反应如下。

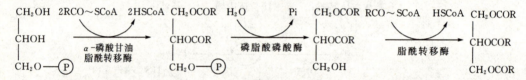

α-磷酸甘油脂酰转移酶是甘油三酯合成的限速酶。甘油三酯分子中所含的三个脂酰基可以是相同的脂肪酸，也可以是不同的脂肪酸，可以是饱和脂肪酸，也可以是不饱和脂肪酸。甘油三酯中C_2位的脂肪酸多为不饱和脂肪酸或必需脂肪酸。

三、多不饱和脂肪酸衍生物

花生四烯酸是一类有20个碳原子的不饱和脂肪酸，是多种生物活性物质的前体，在人体内由油酸转化而来。在体内相关酶的作用下可转变为一些重要的生理活性物质，如前列腺素(PG)，血栓噁烷(TXA)和白三烯(LT)，花生四烯酸及其代谢衍生物具有重要的生理功能：第二信使作用，参与造血和免疫调节，能引起血管舒张，具有促进血小板聚集和诱发血栓的形成，参与肝、胆生理功能的调节，在炎症中的作用，参与调节多种激素和神经肽的合成，以及促细胞分裂等。

第三节　类脂的代谢

磷脂是一类含有磷酸的类脂，广泛分布于机体各组织细胞，不仅是生物膜的重要组分，而且对脂类的吸收及转运等起重要作用。磷脂按其化学组成不同分为甘油磷脂和鞘磷脂。前者以甘油为基本骨架，主要有卵磷脂(磷脂酰胆碱)和脑磷脂(磷脂酰乙醇胺)。甘油磷脂分布广，是体内含量最多的磷脂。后者以鞘氨醇为基本骨架，主要分布于大脑和神经髓鞘中。磷脂是脂类中极性最大的一类化合物，在水和非极性溶剂中都有很大的溶解度，是构成生物膜、血浆脂蛋白的重要成分。

一、磷脂的代谢

(一)甘油磷脂的组成、结构及分类

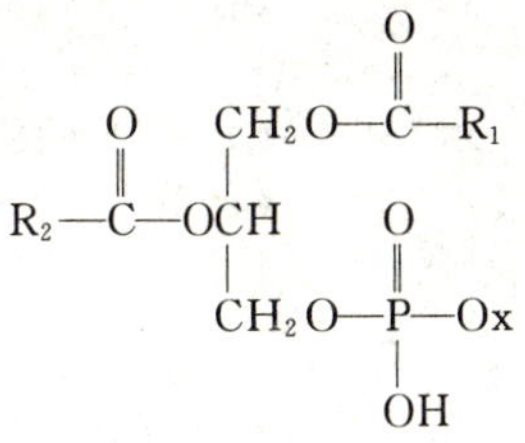

甘油磷脂由甘油、脂肪酸、磷酸及含氮化合物等组成,其基本结构见右图。

甘油的 1 位和 2 位羟基各结合 1 分子脂肪酸,3 位羟基结合 1 分子磷酸,即为磷脂酸,然后其磷酸基团的羟基可与不同的取代基团连接,就形成不同的甘油磷脂(表 7-1),而每一磷脂可因组成的脂肪酸不同而有若干种。体内含量最多的是磷脂酰胆碱(卵磷脂)和磷脂酰乙醇胺(脑磷脂),约占总磷脂的 75%。

表 7-1 体内几种重要的甘油磷脂

X—OH	X 取代基	名称
水	—H	磷脂酸
胆碱	—$CH_2CH_2N^+(CH_3)_3$	磷脂酰胆碱(卵磷脂)
乙醇胺	—$CH_2CH_2NH_3^+$	磷脂酰乙醇胺(脑磷脂)
丝氨酸	—CH_2CHNH_2COOH	磷脂酰丝氨酸
甘油	—$CH_2CHOHCH_2OH$	磷脂酰甘油
磷脂酰甘油	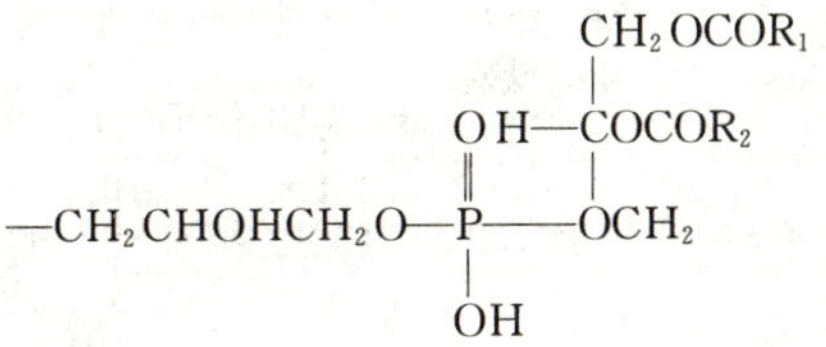 —$CH_2CHOHCH_2OPO(OH)OCH_2$—$CHOCOR_2$—CH_2OCOR_1	二磷脂酰甘油(心磷脂)
肌醇	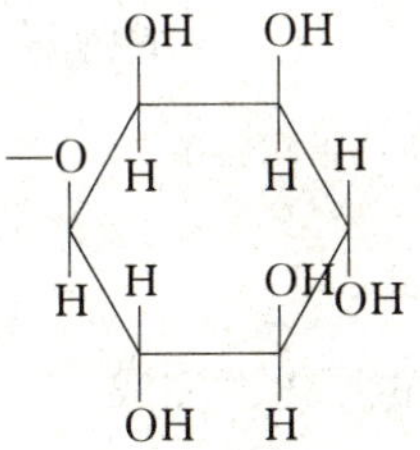 (环己六醇结构)	磷脂酰肌醇

(二)甘油磷脂的合成

1. **合成部位** 全身各组织细胞的内质网中都含有合成甘油磷脂的酶,均能合成磷脂,尤其以肝脏、肾脏、小肠最活跃。

2. **合成原料** 甘油磷脂的合成原料主要有甘油、脂肪酸、磷酸盐、胆碱、乙醇胺、丝氨酸及肌醇等物质。甘油和脂肪酸主要来自糖代谢,胆碱及乙醇胺均可从食物中获得。胆碱也可在体内由乙醇胺接受 S-腺苷甲硫氨酸(SAM)提供的甲基而生成,而乙醇胺则可由丝氨酸在体内转变而来,丝氨酸和肌醇主要来自于食物。

3. **合成过程** 甘油磷脂的合成过程比较复杂,在体内一系列酶的作用下,乙醇胺和胆碱通过活化生成胞苷二磷酸乙醇胺(CDP-乙醇胺)和胞苷二磷酸胆碱(CDP-胆碱),然后 CDP-乙醇胺和 CDP-胆碱与甘油二酯生成磷脂酰乙醇胺和磷脂酰胆碱,磷脂酰乙醇胺也可通过甲基化而生成磷脂酰胆碱,体内磷脂也可以相互转变(图 7-7)。

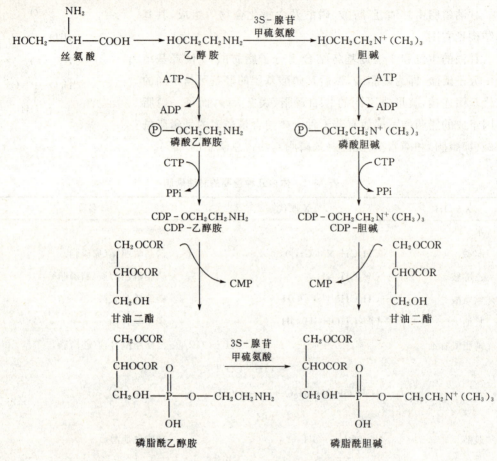

图 7-7 磷脂酰乙醇胺和磷脂酰胆碱

(三)甘油磷脂的分解

甘油磷脂的分解主要是在机体内多种磷脂酶的催化下完成。人体内含有磷脂酶 A_1、磷脂酶 A_2、磷脂酶 B、磷脂酶 C 和磷脂酶 D,它们分别作用于甘油磷脂的不同酯键,使甘油磷脂逐步水解生成甘油、脂肪酸、磷酸及各种含氮化合物(如胆碱、乙醇胺和丝氨酸等)。此水解产物可被再利用或被氧化分解。

甘油磷脂在磷脂酶 A_2 的作用下生成溶血磷脂,溶血磷脂是一种较强的表面活性物质,能使红细胞膜或其他细胞膜破坏引起溶血或细胞坏死。临床上急性胰腺炎的发病,就是某种原因使磷脂酶 A_2 激活,导致胰腺细胞膜受损。某些毒蛇唾液中含有磷脂酶 A_1,人被毒蛇咬伤后产生大量溶血磷脂,而引起溶血。

(四)甘油磷脂与脂肪肝

正常人肝中脂类含量约占肝重的 5%,其中磷脂约占 3%,脂肪约占 2%。脂肪肝是指各种原因引起的肝细胞内脂肪堆积过多的病变。脂肪肝患者其肝内脂类超过肝脏湿重的 10%，主要的脂类为脂肪。

形成脂肪肝常见的原因：①由于高脂肪、高糖饮食，高脂血症以及外周脂肪组织分解增加导致游离脂肪酸输送入肝细胞增多。②肝细胞内脑磷脂和卵磷脂的合成原料如胆碱、乙醇胺或甲硫氨酸等活泼甲基供体前身物质缺乏时，脂蛋白合成减少，肝内极低密度脂蛋白合成障碍，导致肝内脂肪运出受阻。③肝功能障碍，影响极低密度脂蛋白的合成与释放。上述这些原因都可导致肝细胞内脂肪堆积形成脂肪肝，影响肝的正常功能，若治疗或调理不当会进一步导致肝硬化。故临床可用甘油磷脂及其合成原料（丝氨酸、甲硫氨酸、胆碱、乙醇胺等），以及有关的辅助因子（叶酸、维生素 B_{12} 等）来防治脂肪肝。

二、鞘磷脂的代谢

（一）鞘磷脂的组成及结构

鞘磷脂是含鞘氨醇或二氢鞘氨醇的磷脂，其分子不含甘油，是一分子脂肪酸以酰胺键与鞘氨醇的氨基相连。鞘氨醇或二氢鞘氨醇是具有脂肪族长链的氨基二元醇。鞘氨醇或二氢鞘氨醇有长链脂肪烃基构成的疏水尾和两个羟基及一个氨基构成的极性头。

鞘磷脂含磷酸，其末端烃基取代基团为磷酸胆碱酰乙醇胺。人体含量最多的鞘磷脂是神经鞘磷脂，由鞘氨醇、脂肪酸及磷酸胆碱构成。神经鞘磷脂是构成生物膜的重要磷脂，它常与卵磷脂并存于细胞膜外侧。

（二）神经鞘磷脂的合成

体内的组织均可合成鞘磷脂，以脑组织最为活跃，合成主要在细胞内质网上进行。以脂酰辅酶 A 和丝氨酸为原料，并需磷酸吡哆醛、NADPH 及 FAD 等辅助因子参与生成二氢鞘氨醇，进而经脂肪酰转移酶作用生成神经酰胺，后者由 CDP-胆碱供给磷酸胆碱即生成神经鞘磷脂。

（三）神经鞘磷脂的分解

鞘磷脂经神经鞘磷脂酶（sphingomyelinase）作用，水解产生磷酸胆碱和神经酰胺。此酶存在于脑、肝脏、脾脏、肾脏等细胞溶酶体中。如缺乏此酶可引起肝大、脾大及神经障碍如痴呆等鞘磷脂沉积症。

第四节　胆固醇的代谢

胆固醇（cholesterol）是人体重要的脂类物质之一，是最早在动物胆石中分离出来的一类固醇类化合物。所有的固醇（包括胆固醇）都具有环戊烷多氢菲的基本结构，环戊烷多氢菲由 3 个己烷环及 1 个环戊烷稠合而成。胆固醇既是细胞膜及血浆脂蛋白的重要成分，又是类固醇激素、胆汁酸及维生素 D_3 等的前体。胆固醇的第 3 位碳原子上含有自由羟基，能与脂肪酸结合形成胆固醇酯，因此，人体内的胆固醇以游离胆固醇及胆固醇酯的形式存在，它们的结构如下：

生物化学

胆固醇　　　　　　　　　　胆固醇脂

胆固醇广泛存在于全身各组织,正常成人体内约含胆固醇140g,平均含量约为2g/kg,其中约25%分布在脑及神经组织中,胆固醇约占脑组织重量的2%。肝脏、肾脏、肠等内脏,以及皮肤、脂肪组织亦含有较多的胆固醇,占组织重量的0.2%～0.5%,其中以肝脏含量最多。在肾上腺、卵巢等合成类固醇激素的内分泌腺中,胆固醇的含量可达1%～5%,肌组织中胆固醇的含量较低,占组织重量的0.1%～0.2%。

体内胆固醇有内源性胆固醇和外源性胆固醇两个来源。外源性胆固醇由膳食摄入,正常人每日膳食中含胆固醇300～500mg,主要是来自于动物性食物,如肝、脑、肉类以及蛋黄、奶油等。植物性食品不含胆固醇,而含植物固醇如谷固醇、麦角固醇等,它们不易被人体吸收,摄入过多还可抑制胆固醇的吸收。内源性胆固醇由机体自身合成,正常人50%以上的胆固醇来自于机体合成。

一、胆固醇的生物合成

1. 合成部位　　成人除脑组织及红细胞外,几乎全身各组织均能合成胆固醇,每日可合成1～1.5g,肝脏的合成能力最强,占合成总量的70%～80%,其次是小肠,约占总量的10%。胆固醇合成酶系在胞液及内质网上,因此,胆固醇的合成主要在胞液及内质网上进行。

2. 合成原料　　合成胆固醇的主要原料为乙酰辅酶A,由NADPH供氢,ATP供能。乙酰辅酶A和ATP主要来自糖的有氧氧化,NADPH来自糖的磷酸戊糖途径,因此,糖是胆固醇合成原料的主要来源。

3. 合成过程　　胆固醇合成过程较为复杂,有近30步化学反应,全过程大致分为三个阶段:

(1)甲基二羟戊酸的合成:在胞液中,由乙酰辅酶A缩合成乙酰乙酰辅酶A,然后与一分子乙酰辅酶A缩合,生成HMG-CoA。此反应过程与酮体合成相类似,但在线粒体中HMG-CoA裂解生成酮体;而胞液中的HMG-CoA被NADPH还原,生成甲基二羟戊酸(MVA),反应由HMG-CoA还原酶催化,该酶是胆固醇合成的限速酶。

(2)鲨烯的生成:甲基二羟戊酸先经磷酸化反应,成为活泼的焦磷酸化合物,再相互缩合,增长碳链,成为30碳的多烯烃化合物——鲨烯。

(3)胆固醇的合成:鲨烯通过载体蛋白携带从胞液进入滑面内质网,在滑面内质网中环化成羊毛固醇,最后再转变成27碳的胆固醇(图7-8)。

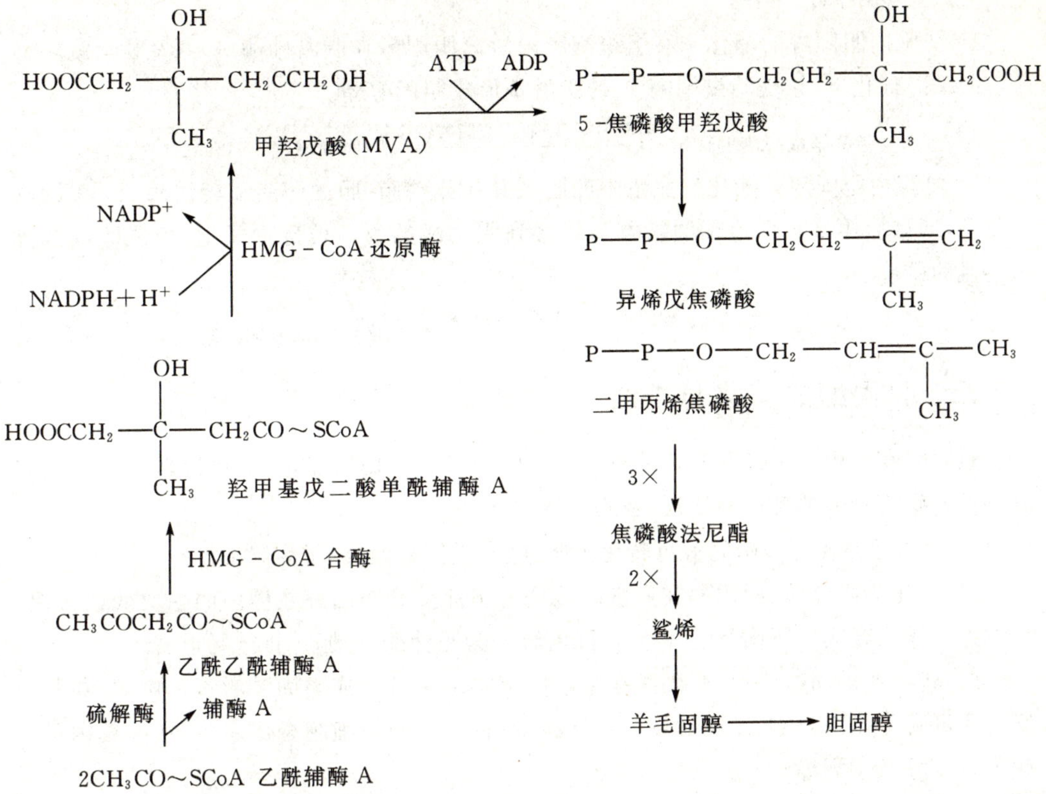

图 7-8 胆固醇的生物合成

4. 胆固醇合成的调节　HMG-CoA 还原酶是胆固醇合成的限速酶,各种因素对胆固醇合成的调节,主要是通过对 HMG-CoA 还原酶的活性及合成量的影响来实现的。如:①饥饿与禁食可使 HMG-CoA 还原酶活性降低,饥饿时乙酰辅酶 A、ATP、NADPH+H^+ 也相对不足,故可抑制胆固醇的合成,若摄入高糖、高饱和脂肪膳食后,此酶活性则增高,胆固醇的合成增加。②食物胆固醇可反馈阻遏 HMG-CoA 还原酶合成,使胆固醇合成减少;反之,降低食物胆固醇含量,则酶合成的阻遏作用被解除,胆固醇合成增多。但小肠黏膜细胞合成胆固醇不受这种反馈调节,因此大量食入高胆固醇食物后仍可使血浆胆固醇增高。③胰高血糖素、糖皮质激素能抑制肝细胞 HMG-CoA 还原酶的活性,使胆固醇合成减少。胰岛素、甲状腺激素能诱导该酶的合成,从而增加胆固醇的合成。甲状腺激素还可以促进胆固醇转化为胆汁酸,且转化作用大于其促进合成作用,因此,甲状腺功能亢进患者,血清胆固醇含量反而降低。④某些药物如洛伐他汀、辛伐他汀等,能竞争性抑制 HMG-CoA 还原酶的活性,使胆固醇合成减少;阴离子交换树脂通过干扰肠道重吸收胆汁酸,促进胆固醇的转变及排泄,降低血胆固醇浓度;游离脂肪酸可以诱导 HMG-CoA 还原酶的合成,运动可使血浆游离脂肪酸含量减少,从而使胆固醇的合成减慢。

二、胆固醇的酯化

细胞内及血浆中的游离胆固醇都可以酯化成胆固醇酯,但不同的部位催化胆固醇酯化的反应过程不同。

1. 细胞内胆固醇的酯化　在组织细胞内游离胆固醇在脂酰辅酶A胆固醇脂酰转移酶（ACAT）催化下，接受脂酰辅酶A的脂酰基形成胆固醇酯。

$$\text{脂酰辅酶A+胆固醇} \xrightarrow{\text{脂酰辅酶A-胆固醇脂酰转移酶}} \text{胆固醇酯+HSCoA}$$

2. 血浆内胆固醇的酯化　血浆中的胆固醇在卵磷脂-胆固醇脂酰转移酶（LCAT）的催化下，卵磷脂第2位碳原子的脂酰基转移到胆固醇的第3位碳原子上，生成胆固醇酯及溶血卵磷脂。

$$\text{卵磷脂+胆固醇} \xrightarrow{\text{卵磷脂-胆固醇脂酰转移酶}} \text{胆固醇酯+溶血卵磷脂}$$

三、胆固醇的转化与排泄

胆固醇在体内不能彻底氧化分解生成 CO_2 和 H_2O，提供能量，但可以转化生成某些具有重要生理功能的类固醇物质，或直接排出体外。

1. 胆固醇的转化　胆固醇可转化为胆汁酸、类固醇激素、维生素 D_3。

（1）转化为胆汁酸：胆固醇在肝脏内转化为胆汁酸是胆固醇在体内的主要代谢去路。正常人在体内合成的胆固醇有40%在肝内转变为胆汁酸，随胆汁排入肠道。

（2）转化成类固醇激素：胆固醇在某些内分泌腺中转化成类固醇激素。例如，在肾上腺皮质可转化成醛固酮、皮质醇及少量性激素；在睾丸间质细胞合成睾酮，在卵巢内可转化成雌二醇及孕酮等。

（3）转化成维生素 D_3：人体皮肤细胞内的胆固醇经酶促反应脱氢生成7-脱氢胆固醇，7-脱氢胆固醇经紫外线照射后转变成维生素 D_3。维生素 D_3 活化为 $1,25-(OH)_2-D_3$ 后，具有调节钙磷代谢的作用。

2. 胆固醇的排泄　体内一部分胆固醇可随胆汁排泄进入肠道。其中，一部分随肠、肝循环被重吸收，另一部分受肠道细菌的作用还原成粪固醇，随粪便排出体外。

第五节　血浆脂蛋白的代谢

一、血脂

(一)血脂的组成与含量

血浆中所含的脂类称为血脂。血脂主要包括甘油三酯、磷脂、胆固醇、胆固醇酯及游离的脂肪酸。正常人血脂组成及含量见表7-2。

血浆脂类含量只占全身脂类总量的极少一部分，但无论外源性还是内源性脂类物质都需经过血液运转于各组织之间，因此，血脂含量可以反映体内脂类代谢的情况。

表 7-2　正常成人空腹血脂的组成及含量

脂类物质	血浆含量	
	mmol/L	mg/dl
总脂	400～700	
甘油三酯	10～150	0.11～1.69
总胆固醇	100～250	2.59～6.47
胆固醇酯	70～200	1.81～5.17
游离胆固醇	40～70	1.03～1.81
总磷脂	150～250	48.44～80.73
卵磷脂	50～200	16.1～64.6
神经磷脂	50～130	16.1～42.0
脑磷脂	15～35	4.8～13.0
游离脂肪酸	5～20	

(二) 血脂的来源和去路

正常人血脂的来源既可从脂类食物经消化吸收入血,又可由肝脏、脂肪组织等合成后释放入血。血脂的去路是不断被组织摄取氧化供能、脂库内储存、构成生物膜或转变成其他物质等。在正常情况下,血脂的来源与去路处于动态平衡之中,但可受膳食、年龄、性别、职业及代谢的影响,变动幅度较大。血脂的来源与去路概括见图 7-9。

图 7-9　血脂的来源和去路

二、血浆脂蛋白

血浆中的脂类与载脂蛋白结合组成的复合体,称为血浆脂蛋白。由于脂类物质不溶于水,必须与水溶性很强的蛋白质结合形成脂蛋白(lipoprotein,LP),才能实现脂类在血浆中的运输,因此,血浆脂蛋白是脂类在血中的主要转运形式。血浆脂蛋白的微团结构一般为球状,疏水的甘油三酯、胆固醇酯等位于颗粒的核心,而具有亲水及疏水基团的载脂蛋白、磷脂、胆固醇等组成表面极性单层结构,它们的疏水基团与核心相连,亲水基团朝向外面,使脂蛋白具有较强的水溶性,能稳定地分散在血浆中(图 7-10)。

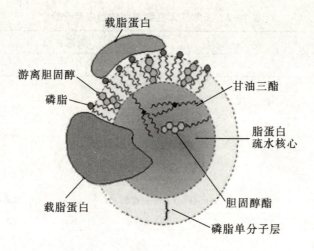

图 7-10 血浆脂蛋白结构示意图

(一)血浆脂蛋白的分类

血浆脂蛋白依据其所含脂类及载脂蛋白的种类、数量的不同,通常用密度分离法和电泳分离法可将其分成四种。

1. **密度分离法(超速离心法)** 不同脂蛋白中,其蛋白质和脂类所占的比例不同,其密度不同。脂类含量少,蛋白质含量多,脂蛋白密度就高;反之,脂蛋白密度就低。将血浆在一定密度的介质中进行超速离心时,脂蛋白会因密度不同而漂浮或沉降,从而得以分离。血浆脂蛋白按密度由小到大依次分为四大类:乳糜微粒(chylomicron,CM)、极低密度脂蛋白(very low density lipoprotein,VLDL)、低密度脂蛋白(low density lipoprotein,LDL)和高密度脂蛋白(high density lipoprotein,HDL)。依次对应电泳分类法中的CM、前β-脂蛋白、β-脂蛋白和α-脂蛋白。

除上述四类脂蛋白外,还有中间密度脂蛋白(IDL),它是 VLDI 在脂肪组织毛细血管内的代谢物,其组成及密度介于 VLDL 与 LDL 之间。

2. **电泳分离法** 电泳分离法是分离血浆脂蛋白最常用的一种方法。由于组成各种脂蛋白的载脂蛋白的种类不同,其表面电荷不同,在电场中具有不同的电泳迁移率,按其电泳迁移率的快慢,可将血浆脂蛋白分为 α-脂蛋白(α-LP),前-β 脂蛋白(pre β-LP)、β-脂蛋白(β-LP)和乳糜微粒(CM)四种。α-脂蛋白泳动速度最快,相当于 $α_1$-球蛋白的位置;前-β 脂蛋白位于 β-脂蛋白之前,相当于 $α_2$-球蛋白的位置;β-脂蛋白相当于 β-球蛋白的位置;乳糜微粒则停留在原点不动(图 7-11)。

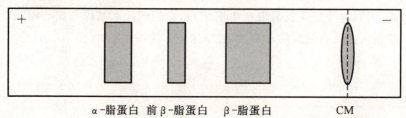

图 7-11 血清脂蛋白电泳(脂质染色)

(二)血浆脂蛋白的组成

血浆脂蛋白主要由蛋白质、甘油三酯、磷脂、胆固醇及胆固醇酯组成。但各类脂蛋白中所含蛋白质和脂类的比例不同,如 CM 颗粒最大,含甘油三酯最多,达 80%~95%,蛋白质最少,约 1%,故密度最小,<0.95,血浆静置即可漂浮;VLDL 含甘油三酯也多,达 50%~70%,而磷脂、胆固醇及蛋白质均高于 CM;LDL 含胆固醇及胆固醇酯最多,占 40%~50%,其蛋白质含量为 20%~25%;HDL 含蛋白质最多,约 50%,含甘油三酯最少,故颗粒最小,密度最大。血浆脂蛋白的性质、组成及功能见表 7-3。

表 7-3 血浆脂蛋白的分类、组成及功能

	分类	CM	VLDL(前 β-LP)	LDL(β-LP)	HDL(α-LP)
	密度	<0.95	0.95~1.006	1.006~1.063	1.063~1.210
	颗粒直径(nm)	80~500	25~80	20~25	7.5~10
	蛋白质	0.5~2	5~10	20~25	50
	脂类	98~99	90~95	75~80	50
组成(%)	甘油三酯	80~95	50~70	10	5
	胆固醇及其酯	4~5	15~19	48~50	20~22
	磷脂	5~7	15	20	25
	载脂蛋白	AⅠ,AⅡ,B48,CⅠ,CⅡ,CⅢ	B100,E,CⅠ,CⅡ,CⅢ	B100	AⅠ,AⅡ,D,E,CⅠ,CⅡ,CⅢ
	合成部位	小肠黏膜细胞	肝细胞及小肠黏膜细胞	血浆中由 VLDL 转化	肝细胞及小肠黏膜细胞
	功能	转运外源性甘油三酯	转运内源性甘油三酯	转运胆固醇到肝外组织	转运肝外胆固醇至肝内代谢

(三)载脂蛋白

脂蛋白当中的蛋白质成分称为载脂蛋白(apo)。目前已发现十几种载脂蛋白,主要有 A、B、C、D、E 五类,其中某些 apo 由于氨基酸组成的差异,又可分为若干亚类。如 apoA 分为 apoAⅠ和 apoAⅡ;apoB 分为 apoB48 和 apoB100;apoC 分为 apoCⅠ、apoCⅡ和 apoCⅢ。

载脂蛋白的主要功能是参与脂类物质的转运及稳定脂蛋白的结构。此外,某些载脂蛋白还有其特殊的功能,例如,apoAⅠ能激活卵磷脂胆固醇脂酰转移酶,促进胆固醇的酯化;apoCⅡ能激活脂蛋白脂肪酶(LPL),促进 CM 和 VLDL 中的甘油三酯降解;apoB100 和 apoE 参与 LDL 受体的识别,促进 LDL 的代谢。

三、血浆脂蛋白代谢

(一)乳糜微粒

脂肪消化吸收时,小肠黏膜细胞利用重新酯化的甘油三酯、被吸收的磷脂、胆固醇及胆固醇酯与载脂蛋白等形成新生的 CM。新生的 CM 经淋巴管进入血液循环，与 HDL 进行载脂蛋白交换后形成成熟的 CM。成熟的 CM 经毛细血管内皮细胞表面的脂蛋白脂肪酶(LPL)反复作用，其分子中的甘油三酯水解为甘油和脂肪酸，被组织摄取利用，CM 颗粒逐渐变小，最后成为乳糜微粒残余颗粒被肝细胞摄取利用。因此，CM 的功能是运输外源性甘油三酯。因乳糜微粒颗粒大，能使光线散射而呈乳浊样外观，故饭后血浆是混浊的。正常人 CM 在血浆中代谢迅速，半衰期仅为 5~15 分钟，因此，空腹 12~14 小时后血浆中不含 CM。

(二)极低密度脂蛋白

VLDL 主要由肝细胞合成和分泌，小肠黏膜细胞也能少量合成。肝脏利用自身合成的甘油三酯、磷脂、胆固醇及其酯、载脂蛋白等合成 VLDL，进入血液循环后，跟 CM 一样，从 HDL 处获得 apoC 及 E，形成成熟的 VLDL。经 LPL 的作用，VLDL 的甘油三酯水解，VLDL 颗粒逐渐变小，其组成成分也不断改变，形成中间密度脂蛋白(IDL)，最后成为富含胆固醇的 LDL。因此，VLDL 的功能是运输内源性甘油三酯。VLDL 在血浆中的半衰期为 6~12 小时。

(三)低密度脂蛋白

LDL 是由血浆中的 VLDL 转变而来，正常人空腹血浆脂蛋白主要是 LDL，约占血浆脂蛋白总量的 2/3。人体各组织细胞表面含有 LDL 受体，能特异识别 LDL，并与之结合经过细胞内吞噬作用使其进入细胞与溶酶体融合，在溶酶体内分解为胆固醇被利用或被储存。LDL 的主要功能是将肝合成的胆固醇运至肝外组织。血浆 LDL 增高者易发生动脉粥样硬化。LDL 在血浆中的半衰期为 2~4 天。

(四)高密度脂蛋白

HDL 主要由肝细胞合成，小肠黏膜细胞也可少量合成。正常人空腹血浆 HDL 约占脂蛋白总量的 1/3。HDL 分泌入血后，接受由其他脂蛋白转移而来的载脂蛋白、磷脂、胆固醇，同时，胆固醇在 LCAT 的催化下，酯化形成胆固醇酯。HDL 是含胆固醇、磷脂含量较多的脂蛋白。HDL 可被 HDL 受体识别，进入肝细胞后，所含的胆固醇酯分解为脂肪酸和胆固醇，后者转变为胆汁酸排出体外。因此，HDL 是机体从外周组织向肝逆转运胆固醇的主要形式。通过此途径，HDL 将肝外组织的胆固醇转运至肝内代谢并排出体外，具有清除周围组织中的胆固醇及保护血管内膜不受 LDL 损害的作用，因此 HDL 有抗动脉粥样硬化的作用。流行病学研究证实，血浆 HDL 水平高者，冠心病发病率低。糖尿病患者及肥胖者 HDL 均较低，易患冠心病。HDL 在血浆中的半衰期为 3~5 天。

四种血浆脂蛋白代谢及其相互关系见图 7-12。

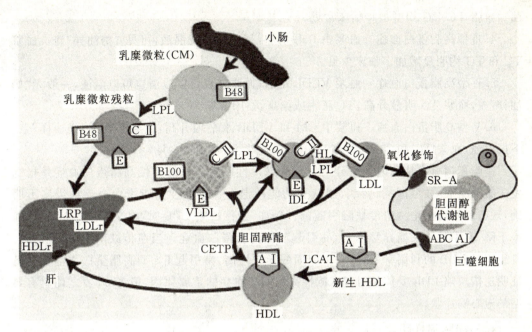

图 7-12 血浆脂蛋白代谢示意图

四、血浆脂蛋白代谢异常

(一) 高脂蛋白血症

高脂蛋白血症(hyperlipidemia)指空腹 12～14 小时,血浆 TG>2.26mmol/L 和(或) TC>6.21mmol/L,儿童 TC>4.14mmol/L,表现在脂蛋白上,CM、VLDL、LDL 皆可升高,但 HDL 一般不增加。WHO 建议将高脂蛋白血症分为五型六类(表 7-4)。

表 7-4 高脂蛋白血症分型

分类	血脂变化	脂蛋白变化
Ⅰ	TG 明显升高,TC 升高	CM 增加
Ⅱa	TC 明显升高	LDL 增加
Ⅱb	TC、TG 升高	VLDL、LDL 增加
Ⅲ	TC、TG 升高	IDL 增加
Ⅳ	TG 升高	VLDL 增加
Ⅴ	TG 明显升高,TC 升高	VLDL、CM 增加

1. Ⅰ型高脂蛋白血症 血浆中主要是 CM 增加。血浆 4℃冰箱中过夜,可出现"奶油样"盖,下层澄清。血脂 TG 升高,TC 水平正常或轻度增加,临床罕见。

2. Ⅱa 型高脂蛋白血症 血浆中 LDL 水平单纯性增加。血浆外观澄清或轻微混浊。血脂 TC 升高,而 TG 水平则正常,临床常见。

3. Ⅱb 型高脂蛋白血症 血浆中 VLDL 和 LDL 水平增加。血浆外观澄清或轻微混浊。血脂 TC、TG 均增加。临床常见。

4. Ⅲ型高脂蛋白血症　血浆中 IDL 增加，其血浆外观混浊，可见"奶油样"盖。血浆 TC 和 TG 均明显增加。临床少见。

5. Ⅳ型高脂蛋白血症　血浆 VLDL 增加，血浆外观可以澄清也可以混浊，一般无"奶油样"盖，血浆 TG 明显升高，TC 正常或偏高，临床常见。

6. Ⅴ型高脂蛋白血症　血浆中 CM 和 VLDL 水平均升高，血浆外观有"奶油样"盖，下层混浊，血浆 TG 和 TC 均升高，以 TG 升高为主，临床较少见。

高脂蛋白血症从病因上可分原发性和继发性两大类。继发性高脂蛋白血症是指继发于某种疾病，如糖尿病、肾病、甲状腺功能减退等。原发性高脂蛋白血症病因多不明确，现已证明有些是由遗传缺陷引起的。例如，遗传缺陷 LPL 时，血浆 CM、VLDL 清除率下降，血中甘油三酯异常增高，易引起Ⅴ型高脂蛋白血症。当遗传缺陷 LDL 受体时，各组织对 LDL 的利用率下降，血中胆固醇异常增高，易引起Ⅱa 型高脂蛋白血症。现已证明遗传缺陷 LDL 受体是引起家族性高胆固醇血症的重要原因，患者 20 岁之前就有典型的冠心病症状。

(二)动脉粥样硬化

动脉粥样硬化(atherosclerosis,AS)的发生与高血脂、高血糖、高血压、吸烟、遗传、性别、年龄、肥胖等多因素有关。AS 主要累及大、中动脉病变，粥样斑块沉积在动脉内膜上对血管壁造成损伤，管壁增厚变硬、管腔狭窄甚至阻塞，进而影响受累器官的血液供应，导致器官组织缺血缺氧、功能障碍、组织坏死，甚至引起危重后果。如果冠状动脉粥样硬化造成血管腔狭窄所致心脏病变，可引起心肌缺血、心律失常、心绞痛、心肌梗死等。如果脑动脉粥样硬化造成脑缺血，可引起头晕头痛、脑血栓、脑卒中等各种心脑血管病，尤其是中老年人。动脉粥样硬化也是人体功能退化的重要原因。

在长期高脂血症状况下，增高的脂蛋白中主要是 LDL 以及氧化型 LDL(oxidized LDL,ox‑LDL)，对动脉内膜造成损伤，而 LDL 是由 VLDL 转变而来。近年来的研究证明，血浆 LDL 和 VLDL 水平增高的患者，AS 性心脑血管病的发病率显著增高；而血浆 HDL 水平与 AS 性心脑血管病的发病率呈负相关。因此，降低血浆 LDL 和 VLDL 水平和升高血浆 HDL 水平是防治动脉粥样硬化性心脑血管病的关键措施。

本章小结

脂类是人体的重要营养素，分为脂肪(甘油三酯)和类脂两大类。脂肪主要分布在脂肪组织，脂肪的主要生理功能是储能和供能。类脂包括磷脂、糖脂、胆固醇及其酯等。类脂是构成生物膜的主要成分。

血脂是血浆中脂类物质的总称，主要包括甘油三酯、磷脂、胆固醇、胆固醇酯及游离的脂肪酸。脂蛋白是脂类在血液中的运输形式。根据脂蛋白中脂类的种类和含量，以及载脂蛋白的种类和含量的不同，运用超速离心法及电泳分离法可将血浆脂蛋白分为乳糜微粒(CM)，极低密度脂蛋白(前 β‑脂蛋白)，低密度脂蛋白(β‑脂蛋白)和高密度脂蛋白

(α-脂蛋白)四种。血脂水平高于正常值上限时,称为高脂血症或高脂蛋白血症,主要是血浆胆固醇和或甘油三酯浓度异常升高。脂质代谢紊乱是脂肪肝、动脉粥样硬化的主要危险因素。

脂肪组织中的脂肪经脂肪酶的催化水解为甘油和脂肪酸。甘油转变为磷酸二羟丙酮后循糖代谢途径代谢。脂肪酸的分解首先在胞液中活化,再经肉毒碱携带转入线粒体,然后进行β-氧化(脱氢、加水、再脱氢、硫解)等步骤,最终以乙酰辅酶A进入三羧酸循环被彻底氧化。在肝内,脂肪酸的氧化往往不能彻底进行,而是在肝脏酮体生成酶系的作用下生成酮体(β-羟丁酸、乙酰乙酸和丙酮)。肝脏有生成酮体的酶,但缺乏利用酮体的酶,需运至肝外组织加以利用。长期饥饿时酮体生成增多,成为肝外组织的重要供能物质,尤其是脑组织。

脂肪合成的主要场所是肝、小肠和脂肪组织,以肝最为活跃。合成原料主要由糖提供。甘油二酯途径是体内合成脂肪的主要途径。

磷脂分为甘油磷脂和鞘磷脂两大类。体内含量多、分布广的磷脂是甘油磷脂。鞘磷脂主要分布于大脑和神经髓鞘中。甘油磷脂是机体利用甘油、脂肪酸、磷酸盐、胆碱、乙醇胺及肌醇等合成的。甘油磷脂在磷脂酶A、磷脂酶B、磷脂酶C、磷脂酶D的催化下,可逐步水解生成甘油、脂肪酸、磷酸及各种含氮化合物。

胆固醇有游离型和酯化型两种,人体所需的胆固醇主要通过自身合成。胆固醇的合成以乙酰辅酶A为原料,需要NADPH提供氢,主要在肝脏中合成。HMG-COA还原酶是胆固醇合成的限速酶,它受多种因素的调节。游离胆固醇生成后C_3位的羟基上接受脂酰基生成胆固醇酯。胆固醇在体内不能彻底氧化生成CO_2和H_2O,但可转化为胆汁酸、类固醇激素及维生素D_3等重要的生理活性物质,还有一部分胆固醇可直接随胆汁排出,另一部分受肠菌作用还原生成粪固醇,随粪便排出体外。

综合测试题

一、名词解释

1. 血脂
2. 酮体
3. 脂肪动员
4. 脂肪酸β-氧化

二、问答题

1. 血脂包括哪些主要成分?试述其来源与去路。
2. 简述血浆脂蛋白的分类、化学组成特点及其主要生理功能。
3. 试分析1分子硬脂酸(含18个碳原子的饱和脂酸)彻底氧化可净生成多少分子ATP。
4. 酮体包括哪些成分?酮体代谢有何生理意义?

三、单项选择题

1. 在脂肪细胞中,激素敏感性脂肪酶是

A. 甘油一酯脂肪酶 B. 甘油二酯脂肪酶 C. 甘油三酯脂肪酶
D. 脂蛋白脂肪酶 E. 胰脂肪酶

2. 脂肪酸 β-氧化酶系存在于
   A. 胞质 B. 微粒体 C. 溶酶体
   D. 线粒体内膜 E. 线粒体基质

3. 脂酰辅酶 A 在肝脏 β-氧化的酶促反应顺序是
   A. 脱氢、再脱氢、加水、硫解 B. 硫解、脱氢、加水、再脱氢
   C. 脱氢、加水、再脱氢、硫解 D. 脱氢、脱水、再脱氢、硫解
   E. 加水、脱氢、硫解、再脱氢

4. 长期饥饿后血液中下列哪种物质的含量增加
   A. 葡萄糖 B. 血红素 C. 酮体 D. 乳酸 E. 丙酮酸

5. 合成脂肪酸所需的供氢体由下列哪一种递氢体提供
   A. NADH B. $FADH_2$ C. $FMNH_2$ D. NADPH E. 以上都是

6. 1 分子软脂酸在体内彻底氧化净生成多少分子 ATP
   A. 106 B. 96 C. 239 D. 86 E. 176

7. 甘油氧化分解及其异生成糖的共同中间产物是
   A. 丙酮酸 B. 2-磷酸甘油酸 C. 磷酸二羟丙酮
   D. 3-磷酸甘油酸 E. 磷酸烯醇式丙酮酸

8. 下列血浆脂蛋白密度由低到高的正确顺序是
   A. LDL、HDL、VLDL、CM B. CM、VLDL、LDL、HDL
   C. VLDL、HDL、LDL、CM D. CM、VLDL、HDL、LDL
   E. HDL、VLDL、LDL、CM

9. 内源性胆固醇主要由血浆中哪一种脂蛋白运输
   A. HDL B. LDL C. VLDL D. CM E. IDL

10. 胆固醇在体内代谢的主要去路是转变成
    A. 胆汁酸 B. 类固醇激素 C. 维生素 D_3 D. 胆固醇酯 E. 乙酰辅酶 A

11. 胆固醇合成中的乙酰辅酶 A 主要来源于
    A. 糖 B. 脂肪 C. 氨基酸 D. 酮体 E. 甘油

12. 糖尿病患者呼出气体有烂苹果味,是因为呼出气体中含
    A. 丙氨酸 B. 乙酰乙酸 C. 丙酮 D. 丙酮酸 E. β-羟丁酸

(王贞香)

第八章 蛋白质的代谢

> **学习目标**
>
> 【掌握】必需氨基酸的概念及种类,氨基酸的脱氨基作用;氨的来源、去路及转运;一碳单位的代谢。
>
> 【熟悉】蛋白质的营养价值,鸟氨酸循环的过程及肝性脑病的发病机制,α-酮酸代谢;氨基酸的脱羧基作用。
>
> 【了解】蛋白质的生理功能,蛋白质的腐败作用,含硫氨基酸代谢,芳香族氨基酸代谢;氨基酸代谢相关知识用于临床疾病的诊断,指导临床实践;肝性脑病的发病机制及治疗原则。

蛋白质是机体组织细胞的重要组成成分,是体现生命特征最重要的物质基础,其营养作用是其他物质无法替代的。氨基酸是蛋白质的基本单位,蛋白质的分解和合成以及其他含氮物质的代谢都与氨基酸有关,而且氨基酸也是重要的能量来源。体内蛋白质代谢要首先分解为氨基酸后再进一步代谢,所以氨基酸代谢是蛋白质代谢的中心内容。本章将主要介绍氨基酸代谢。

第一节 蛋白质的代谢概述

一、蛋白质的营养作用

(一)蛋白质的生理功能

1. 维持组织细胞的生长、更新和修补 各种组织细胞中的蛋白质都在不断进行更新代谢,机体必须从膳食中提供足够质和量的蛋白质,才能维持机体正常代谢和各种生命活动顺利进行,以满足机体生长发育、更新和修补的需要,尤其是处于生长发育时期的儿童和康复期的患者,更需要供给丰富的蛋白质。这是蛋白质具有的特有功能。

2. 参与多种重要的生理活动 蛋白质参与构成体内多种具有重要生理功能的物质,如酶、多肽类激素、抗体、血红蛋白、肌动蛋白等,这些重要物质参与机体催化、调节、免疫、运输、肌肉收缩等重要的生命活动。蛋白质还参与嘌呤和嘧啶等重要含氮化合物的合成。

3. 氧化供能 蛋白质也是机体的一种能源物质,但人体主要的供能来源是糖或脂肪。每克蛋白质在体内彻底氧化分解可释放出17kJ(4kcal)的能量。这是蛋白质的次要功能。

(二)蛋白质的营养价值

氮平衡(nitrogen balance)实验是指测定每日从食物中摄入的氮量和尿液与粪便中排出的氮量来反映体内蛋白质代谢概况。蛋白质中含氮量恒定,平均为16%。摄入的氮主要来源于食物中的蛋白质,主要用于体内蛋白质的合成,排出的氮主要来源于尿液和粪便中的含氮化合物,主要是体内组织蛋白质分解代谢产生的终产物。测定摄入食物中的含氮量和尿液、粪便中排出的含氮量可以间接了解体内蛋白质的合成和分解代谢。因此通过氮平衡实验可以反映机体每日蛋白质的代谢状况。人体氮平衡有以下三种情况。

(1)总氮平衡:摄入的氮量等于排出的氮量,反映体内蛋白质的合成和分解处于动态平衡,即摄入的蛋白质基本用于维持组织细胞中蛋白质的更新。例如,正常成人体内蛋白质的代谢。

(2)正氮平衡:摄入的氮量大于排出的氮量,反映体内蛋白质合成大于蛋白质分解,即摄入的蛋白质除补充已消耗的组织蛋白质外,还合成了新的组织蛋白质,用于机体的生长、发育和组织的修复更新。例如,儿童、青少年、康复期的患者及孕妇、孕母体内蛋白质代谢。

(3)负氮平衡:摄入的氮量小于排出的氮量,反映体内蛋白质合成小于蛋白质分解,即摄入的氮量不足以补充消耗的组织蛋白质。例如,长期饥饿、严重烧伤、营养不良及消耗性疾病患者体内蛋白质代谢。

(三)蛋白质的需要量

根据氮平衡实验计算,当成人食用不含蛋白质的膳食时,大约8天以后,每日排出的氮量就逐渐趋于恒定。此时测得每千克体重每日排出的氮量约为53mg,相当于一位60千克体重的成人每日最低要分解蛋白质约20g。因食物中的蛋白质不可能被机体全部吸收和利用,故成人每日最低蛋白质的需要量为30~50g。为确保长期的总氮平衡,应适当增加蛋白质的摄入量来满足机体的需要。因此,我国营养学会推荐成人每日蛋白质的需要量为80g。

(四)必需氨基酸和非必需氨基酸

根据氮平衡实验证明,组成蛋白质的20种氨基酸中有8种氨基酸体内不能合成。这8种氨基酸体内需要但又不能自身合成,必须由食物提供,故称为必需氨基酸(essential amino acid)。它们分别是苏氨酸、赖氨酸、苯丙氨酸、甲硫氨酸、缬氨酸、色氨酸、亮氨酸和异亮氨酸。其余12种氨基酸体内可以合成,不一定需要食物直接提供,称为非必需氨基酸(non-essential amino acid)。另外有些特殊的氨基酸,如组氨酸和精氨酸体内虽能合成,但合成量少,不能满足机体需要,还是需要食物补充,尤其是婴幼儿的生理需要,所以也可以把这两种氨基酸称为必需氨基酸。还有的氨基酸体内虽能合成,但要以必需氨基酸为原料,如酪氨酸和半胱氨酸分别由体内苯丙氨酸和甲硫氨酸转变而来,故把这两种氨基酸称为半必需氨基酸(semi-essential amino acid)。

各种食物蛋白质营养价值的高低由所含必需氨基酸的种类、数目和比例来决定,其所含的必需氨基酸越接近人体蛋白质，利用率越高，营养价值也越高。因动物蛋白质所含必需氨基酸的种类和比例与人体蛋白较接近，易为人体所利用，故营养价值高于植物蛋白质。如果将几种营养价值较低的蛋白质混合食用，可使其所含的必需氨基酸相互补充，从而提高蛋白质的营养价值称为蛋白质的互补作用(supplementary effect)。例如，谷物蛋白质的色氨酸含量较高而赖氨酸含量较低，而豆类蛋白质中色氨酸含量较低而赖氨酸含量较高，二者混合食用，可提高蛋白质的营养价值。所以，建议日常膳食中食物种类应多样化，以充分发挥蛋白质的互补作用。

临床上在治疗各种原因引起的低蛋白血症时，如进食困难、营养不良、严重腹泻、烧伤、外科手术后，可进行静脉输入氨基酸混合液，以保证患者必需氨基酸的需求，防止病情恶化。

二、蛋白质的消化、吸收与腐败作用

(一)蛋白质的消化

1. 胃中的消化　蛋白质的消化由胃开始，食物蛋白进入胃后，在胃蛋白酶的作用下水解生成多肽及少量的氨基酸。胃蛋白酶由胃蛋白酶原经盐酸激活生成。胃蛋白酶的最适 pH 值为 1.5～2.5,酸性的胃液可使蛋白质变性，有利于蛋白质的水解。胃蛋白酶对乳中酪蛋白有凝乳作用，可使乳汁中的酪蛋白与 Ca^{2+} 形成凝块，使乳汁在胃中的停留时间延长，有利于乳汁中蛋白质的消化，这对婴幼儿尤其重要。

2. 小肠的消化　食物在胃中停留时间较短，对蛋白质的消化不完全，因此蛋白质的消化主要在小肠中进行。在小肠中，未经消化或消化不完全的蛋白质主要在胰液作用下进一步水解生成寡肽(主要是二肽、三肽)和氨基酸。胰液中水解蛋白质的酶分为内肽酶和外肽酶两大类。内肽酶可特异地水解蛋白质内部的肽键，包括胰蛋白酶、糜蛋白酶及弹性蛋白质。外肽酶则特异地水解蛋白质或多肽链的羧基末端，主要是羧基肽酶，可分为羧基肽酶 A 和羧基肽酶 B，它们从肽链的羧基末端开始，每次水解脱去一个氨基酸。内肽酶和外肽酶都是以酶原的形式由胰腺细胞分泌，进入十二指肠后胰蛋白酶原被肠激酶激活。

蛋白质经胃液和胰液中蛋白酶的消化，水解产物中有 1/3 是氨基酸，2/3 是寡肽。寡肽的水解主要在小肠黏膜细胞内进行。小肠黏膜细胞存在两种寡肽酶，氨基肽酶和二肽酶，氨基肽酶从氨基末端逐步水解寡肽生成二肽，二肽再经二肽酶水解最终生成氨基酸。

(二)蛋白质的吸收

食物中蛋白质被消化成氨基酸和寡肽后，主要在小肠黏膜细胞通过主动运输被吸收。

小肠黏膜细胞膜上存在转运氨基酸的载体蛋白，能与氨基酸或寡肽和 Na^+ 形成三联体，将氨基酸或寡肽和 Na^+ 转运入细胞，Na^+ 则借钠泵排出细胞外，并消耗 ATP。目前已知体内至少有七种转运蛋白参与氨基酸和寡肽的吸收，包括中性氨基酸转运蛋白、酸性氨基酸转运蛋白、碱性氨基酸转运蛋白、亚氨基酸转运蛋白、β-氨基酸转运蛋白、二肽转运蛋白和三肽转运蛋白。当某些氨基酸共用同一载体时,这些载体蛋白在吸收过程中将彼此竞争。载体蛋白不仅存在于小肠黏膜细胞,还存在于肾小管细胞和肌细胞的细胞膜上。

氨基酸的吸收除在小肠黏膜细胞、肾小管细胞和肌细胞外,还可通过 γ-谷氨酰基循环进行。其反应过程是首先由谷胱甘肽对氨基酸进行转运,然后再进行谷胱甘肽的合成,由此构成一个循环。此循环由 Meister 提出,故又称 Meister 循环。

(三)蛋白质的腐败作用

食物中的蛋白质大约有 95% 被消化吸收,一小部分蛋白质未被消化,也有一小部分氨基酸和寡肽未被吸收。肠道细菌对这部分未被消化的蛋白质和未被吸收的氨基酸进行分解的过程称为蛋白质的腐败作用(putrefaction)。腐败作用是肠道细菌本身的代谢过程,以无氧分解为主。腐败作用产生的大多数产物对人体有害,如胺类、氨、吲哚、硫化氢等,其中以胺类和氨的危害最大。但也可以产生少量被机体利用的脂肪酸和维生素。在正常情况下,这些有害物质大部分随粪便排出,只有少部分被吸收,经肝的生物转化作用而解毒,故机体不会发生中毒现象。若习惯性便秘和肠梗阻,会增加肠道对有害物质的吸收,可引起头昏、头痛、心悸等症状。

1. **胺类的生成** 蛋白质被肠道细菌中的蛋白酶水解成氨基酸,再脱羧基生成胺类。例如,组氨酸脱羧基生成组胺,酪氨酸脱羧基生成酪胺,苯丙氨酸脱羧基生成苯乙胺等。酪胺和苯乙胺如果不经肝内分解直接进入脑组织,分别羟化成羟酪胺和苯乙醇胺,二者的结构与神经递质儿茶酚胺相似,称为假神经递质。若大量生成可干扰正常神经递质儿茶酚胺的功能,干扰正常脑神经冲动的传导,使大脑发生异常抑制。这可能与肝性脑病的发生有关。

2. **氨的生成** 肠道中的氨主要有两个来源:①未被吸收的氨基酸在肠道细菌作用下脱氨基而成。②血液中尿素渗入到肠道,被肠菌尿素酶水解而生成。这些氨均可被吸收进入血液在肝合成尿素。严重肝脏疾病患者由于处理血氨的能力降低,可引起高血氨,严重时可发生昏迷,因此降低肠道的 pH,可减少氨的吸收。

3. **其他有害物质的生成** 除了生成胺类和氨外,蛋白质的腐败作用还产生一些有毒物质,如苯酚、吲哚、甲基吲哚和硫化氢等。这些有害物质大部分随粪便排出,小部分被肠道吸收,在肝脏中代谢解毒。

第二节 氨基酸的分解代谢

体内蛋白质处于不断降解和合成的动态平衡。成人每日有 1%~2% 的蛋白质被降解。其中主要是肌肉蛋白质的分解,其降解产生的氨基酸有 70%~80% 被重新利用合成新的蛋白质。不同蛋白质的半衰期差异很大,短则数秒,长则数月。

一、氨基酸的代谢概况

食物中蛋白质经消化吸收后进入体内的氨基酸称为外源性氨基酸,机体各组织中蛋白质分解产生的氨基酸及体内合成的非必需氨基酸称为内源性氨基酸,这两类氨基酸混合在一起,共同构成氨基酸代谢库(metabolic pool),分布在各种体液中参与代谢。因氨基酸不能自由通过细胞膜,使各组织中氨基酸的含量各不相同。肌肉中氨基酸含量最多,占总代谢库的50%以上,肝脏约占10%,肾脏约占4%。因为肝、肾体积小,氨基酸的含量相对很高,其代谢也很旺盛,所以大多数氨基酸主要在肝脏中进行分解代谢,有些氨基酸则主要在骨骼肌中进行。体内氨基酸主要代谢去路是合成组织蛋白质和多肽,通过氨基酸脱氨基和脱羧基作用进行分解代谢,转变成其他含氮物质。在正常情况下,体内氨基酸的来源和去路处于动态平衡。氨基酸的代谢概况见图8-1。

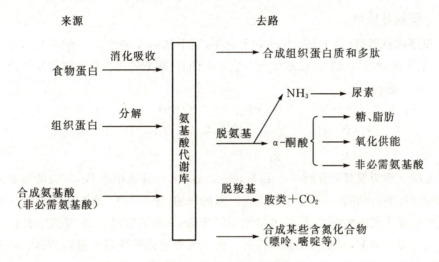

图 8-1 氨基酸的代谢概况

二、氨基酸的脱氨基作用

氨基酸脱氨基作用是氨基酸分解代谢的主要方式,是指氨基酸在酶的催化下脱去氨基生成 α-酮酸和氨的过程。氨基酸脱氨基作用在体内多数组织中均可进行,其方式包括氧化脱氨基作用、转氨基作用、联合脱氨基作用和嘌呤核苷酸循环等,其中以联合脱氨基作用最重要。

(一)氧化脱氨基作用

氨基酸在酶的催化下脱去氨基并伴随脱氢氧化的过程称为氧化脱氨基作用。体内催化氨基酸氧化脱氨基的酶有多种,其中以 L-谷氨酸脱氢酶(L-glutamate dehydrogenase)最重要。该酶是一种不需氧脱氢酶,以 NAD^+ 或 $NADP^+$ 为辅酶,在肝脏、肾脏、脑等组织中分布较广,活性强;但在骨骼肌、心肌中活性低。此酶特异性强,只催化 L-谷氨酸脱氢生成亚谷氨酸,亚谷氨酸再水解生成 α-酮戊二酸和 NH_3。L-谷氨酸脱氢酶催化的反应是可逆的,α-酮戊二酸氨基化后再还原可生成 L-谷氨酸,因此 L-谷氨酸脱氢酶在体内氨基酸的分解和合成中起着重要作用。其反应过程如下。

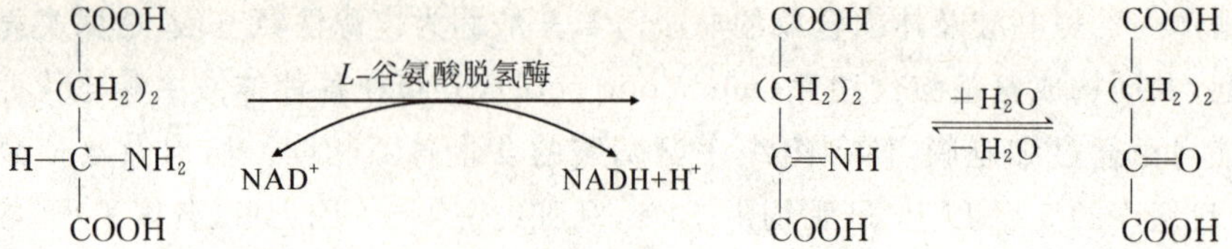

$$L\text{-谷氨酸} \xrightarrow[\text{NAD}^+ \quad \text{NADH}+H^+]{L\text{-谷氨酸脱氢酶}} L\text{-亚谷氨酸} \xrightleftharpoons[-H_2O]{+H_2O} \alpha\text{-酮戊二酸}$$

L-谷氨酸脱氢酶是一种别构酶，ATP 和 GTP 是此酶的别构抑制剂，而 ADP 和 GDP 是别构激活剂。因此，当体内的能量不足时能加速氨基酸的氧化，对机体的能量代谢起重要的调节作用。

(二)转氨基作用

α-氨基酸在转氨酶(transaminase)催化下，脱下氨基转移到 α-酮酸的酮基上生成相应的 α-氨基酸，而原来的 α-氨基酸则生成相应的 α-酮酸的过程称为转氨基作用(transamination)。见下图。

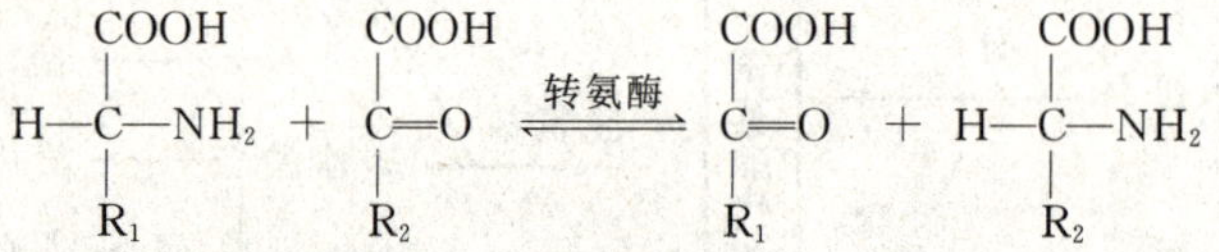

转氨酶又称为氨基转移酶(amino transaminase)，内含维生素 B_6，其辅酶是磷酸吡哆醛或磷酸吡哆胺，在转氨基作用中起传递氨基的作用(图 8-2)。磷酸吡哆醛能够接受氨基酸上的氨基生成磷酸吡哆胺，后者将氨基传递给 α-酮酸生成 α-氨基酸。此反应过程中氨基没有真正脱下，只是发生氨基转移。转氨酶催化的反应是可逆的，因此，转氨基作用既是氨基酸分解代谢过程，也是体内合成非必需氨基酸的重要途径。

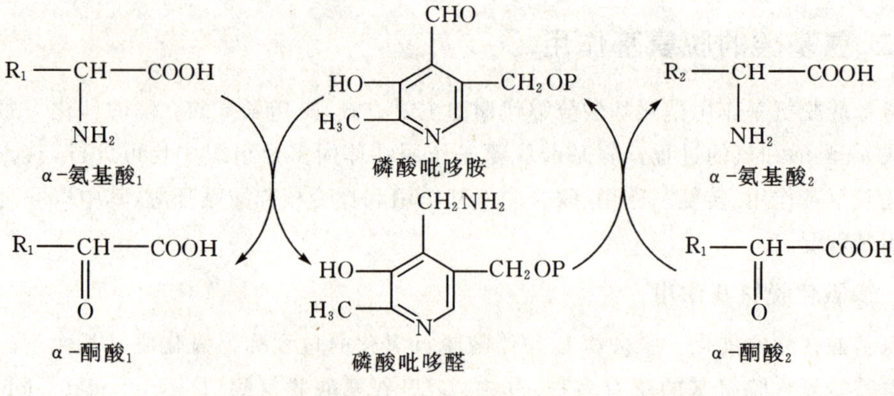

图 8-2 磷酸吡哆醛及磷酸吡哆胺传递氨基的作用

转氨酶的种类多，分布广，特异性强。除赖氨酸、苏氨酸、脯氨酸和羟脯氨酸外，多数氨基酸都有相应的转氨酶进行转氨基作用。其中以丙氨酸氨基转移酶(alanine transaminase，ALT)又称谷丙转氨酶(GPT)，天冬氨酸氨基转移酶(aspartate transaminase，AST)又称谷草转氨酶(GOT)最为重要，反应如下。

$$
\begin{array}{c}
\text{COOH} \\
|\\
\text{CH}_3\text{—CH—COOH} \\
|\\
\text{NH}_2 \\
\text{丙氨酸}
\end{array}
\quad
\begin{array}{c}
\text{COOH} \\
|\\
(\text{CH}_2)_2 \\
|\\
\text{C}=\text{O} \\
|\\
\text{COOH} \\
\alpha\text{-酮戊二酸}
\end{array}
\quad\xrightleftharpoons[]{\text{ALT(GPT)}}\quad
\begin{array}{c}
\text{CH}_3\text{—CH—COOH} \\
\|\\
\text{O} \\
\text{丙酮酸}
\end{array}
\quad
\begin{array}{c}
\text{COOH} \\
|\\
(\text{CH}_2)_2 \\
|\\
\text{H—C—NH}_2 \\
|\\
\text{COOH} \\
\text{谷氨酸}
\end{array}
$$

$$
\begin{array}{c}
\text{COOH} \\
|\\
\text{CH}_2 \\
|\\
\text{CH—COOH} \\
|\\
\text{NH}_2 \\
\text{天冬氨酸}
\end{array}
\quad
\begin{array}{c}
\text{COOH} \\
|\\
(\text{CH}_2)_2 \\
|\\
\text{C}=\text{O} \\
|\\
\text{COOH} \\
\alpha\text{-酮戊二酸}
\end{array}
\quad\xrightleftharpoons[]{\text{AST(GOT)}}\quad
\begin{array}{c}
\text{COOH} \\
|\\
\text{CH}_2 \\
|\\
\text{CH—COOH} \\
\|\\
\text{NH} \\
\text{草酰乙酸}
\end{array}
\quad
\begin{array}{c}
\text{COOH} \\
|\\
(\text{CH}_2)_2 \\
|\\
\text{H—C—NH}_2 \\
|\\
\text{COOH} \\
\text{谷氨酸}
\end{array}
$$

ALT、AST在体内分布广泛,但不同的组织细胞含量不同,在肝脏、肾脏、心肌和骨骼肌中含量丰富(表8-1)。ALT在肝细胞中活性最高,而AST在心肌细胞中活性最高。ALT、AST主要分布在组织细胞内,在正常情况下血清中含量很低,若某些原因导致细胞膜通透性增高,组织细胞坏死或细胞破裂,则大量转氨酶可释放入血,导致血清中转氨酶活性升高。如急性肝炎患者血清中ALT活性明显增高;心肌梗死患者血清中AST活性明显升高。因此测定血清中ALT或AST活性可作为临床上诊断某些疾病、观察疗效和判断预后的指标之一。

表8-1 正常成人组织中AST及ALT活性(单位/克湿组织)

组织	AST	ALT	组织	AST	ALT
心	156000	7100	胰腺	28000	2000
肝	142000	44000	脾	14000	1200
骨骼肌	99000	4800	肺	10000	700
肾	91000	19000	血清	20	16

(三)联合脱氨基作用

将转氨基作用与氧化脱氨基作用偶联脱下氨基生成游离氨的过程称为联合脱氨基作用(图8-3)。它是体内氨基酸脱氨基的主要方式,主要在肝脏、肾脏等组织中进行。其过程是氨基酸在转氨酶作用下,将氨基转移到α-酮戊二酸上生成相应的L-谷氨酸,L-谷氨酸再经L-谷氨酸脱氢酶作用脱去氨基重新生成α-酮戊二酸和氨。联合脱氨基作用的全过程是可逆的,所以其逆过程是体内合成非必需氨基酸的重要途径。

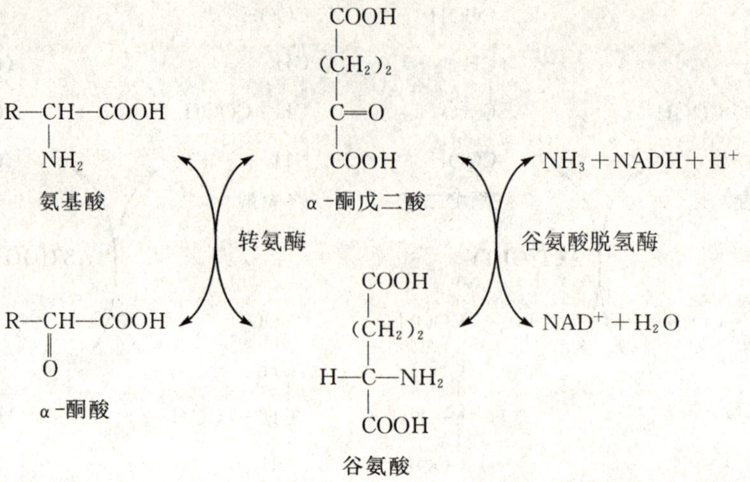

![联合脱氨基作用图]

图 8-3 联合脱氨基作用

(四)嘌呤核苷酸循环

在骨骼肌、心肌等肌肉组织中,由于 L-谷氨酸脱氢酶活性较低,氨基酸难以进行上述联合脱氨基作用,而是通过嘌呤核苷酸循环(purine nucleotide cycle)脱下氨基。在此过程中,氨基酸经过两次转氨基作用生成天冬氨酸,天冬氨酸再与次黄嘌呤核苷酸(IMP)反应生成腺苷酸代琥珀酸,后者裂解释放出延胡索酸生成腺嘌呤核苷酸(AMP),AMP 在腺苷酸脱氨酶催化下脱去氨基生成 IMP,最终完成氨基酸的脱氨基作用。生成的 IMP 再加入此循环(图 8-4)。

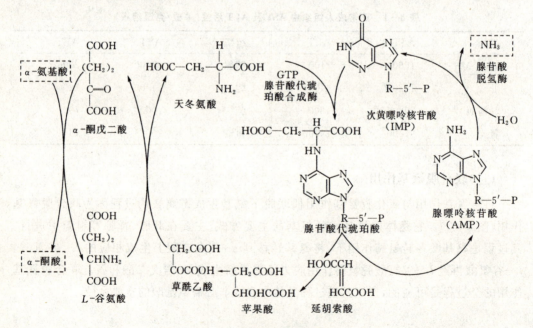

图 8-4 嘌呤核苷酸循环

三、α-酮酸的代谢

氨基酸脱氨基作用生成的α-酮酸主要有以下三种代谢途径。

(一)合成非必需氨基酸

α-酮酸通过转氨基作用或联合脱氨基作用逆过程可生成相应的非必需氨基酸。这些α-酮酸可来自糖代谢和三羧酸循环的中间产物。例如,丙酮酸、草酰乙酸、α-酮戊二酸分别生成丙氨酸、天冬氨酸、谷氨酸。

(二)氧化供能

体内α-酮酸通过三羧酸循环彻底氧化生成CO_2及H_2O,并释放能量以供机体生命活动的需要。

(三)转变为糖和脂类

各种氨基酸脱氨基后产生的α-酮酸结构差异很大,其代谢途径也不尽相同,其转变过程的中间产物包括乙酰辅酶A、丙酮酸及三羧酸循环的中间产物,如α-酮戊二酸、草酰乙酸、延胡索酸及琥珀酰辅酶A等。多数氨基酸脱氨基后生成的α-酮酸在体内经糖异生途径可转变为糖。这些能转变为糖的氨基酸称为生糖氨基酸,如丙氨酸等;能转变为酮体的氨基酸称为生酮氨基酸,如赖氨酸、亮氨酸;生酮氨基酸经脂肪酸合成途径转变成脂肪酸。这种既能转变为糖,又能转变成酮体的氨基酸称为生糖兼生酮氨基酸,如色氨酸、苯丙氨酸等(表8-2)。

表8-2 氨基酸生糖及生酮性质的分类

类别	氨基酸
生糖氨基酸	甘氨酸、丝氨酸、缬氨酸、组氨酸、精氨酸、羟脯氨酸、丙氨酸、谷氨酸、谷氨酰胺、甲硫氨酸、天冬氨酸、天冬酰胺、脯氨酸、半胱氨酸
生酮氨基酸	亮氨酸、赖氨酸
生糖兼生酮氨基酸	异亮氨酸、苯丙氨酸、酪氨酸、苏氨酸、色氨酸

第三节 氨的代谢

体内氨基酸分解代谢产生的NH_3及肠道产生的NH_3进入血液,形成血氨。一方面,氨为合成非必需氨基酸和含氮化合物提供原料。另一方面,氨是一种剧毒物质,能透过细胞膜和血-脑屏障,对中枢神经敏感,尤其是脑组织。在正常情况下,血氨浓度很低,一般不超过0.06mmol/L。这是因为氨可以合成尿素和谷氨酰胺,解除氨毒,使血氨的来源和去路保持动态平衡,维持血氨浓度在最低水平。

一、血氨来源和去路

(一)氨的来源

1. 氨基酸脱氨基作用　这是体内氨的主要来源。

2. 肠道吸收　肠道吸收的氨包括蛋白质、氨基酸发生腐败作用产生的氨及血中尿素渗入肠道水解生成的氨。肠道中 NH_3 的吸收和排出与肠道 pH 有关, pH 偏酸性时, NH_3 与 H^+ 结合生成 NH_4^+ 不易被肠道毛细血管吸收而随粪便排出体外;反之 pH 偏碱性时, NH_3 易被吸收入血而使血氨增加。因此,临床上对高血氨症患者用酸性透析液作结肠透析而禁用碱性肥皂水灌肠。

3. 肾小管上皮细胞分泌　在肾小管上皮细胞内,谷氨酰胺酶把从血液流经肾脏的谷氨酰胺水解生成 NH_3 和谷氨酸。在正常情况下, NH_3 主要被分泌到肾小管管腔中,与原尿中的 H^+ 结合成 NH_4^+ ,以铵盐形式随尿排出体外。可以看出,酸性尿有利于 NH_3 的排出,而碱性尿会使 NH_3 吸收进入血液,引起血氨浓度升高。因此,临床上对肝硬化腹水患者不宜使用碱性利尿药,以防血氨升高。

(二)氨的去路

1. 合成尿素　氨在肝中合成无毒的尿素,这是氨的主要代谢去路。

2. 合成谷氨酰胺　在脑、肌肉等组织中,有毒的氨合成无毒的谷氨酰胺,参与蛋白质的生物合成。

3. 参与 α-酮酸氨基化合成非必需氨基酸　如氨和 α-酮戊二酸生成谷氨酸,谷氨酸再与其他 α-酮酸经转氨基作用合成非必需氨基酸。

4. 氨参与其他含氮化合物的合成　如嘌呤、嘧啶。

二、氨的转运

氨以无毒的丙氨酸和谷氨酰胺两种形式在体内进行运输。

(一)谷氨酰胺的运氨作用

脑、肌肉等组织产生的氨与谷氨酸在谷氨酰胺合成酶催化下,由 ATP 供能合成谷氨酰胺,后者经血液运输到肝脏或肾脏,再经谷氨酰胺酶水解生成谷氨酸和氨,在肝脏氨合成尿素,在肾脏则以铵盐形式随尿排出。因此,谷氨酰胺既是氨的解毒形式,也是氨的运输和贮存的主要形式。谷氨酰胺的生成对控制脑组织中氨的浓度起重要作用,故临床上对氨中毒患者可通过补充谷氨酸盐来降低氨浓度。

$$\begin{array}{c}COOH\\|\\(CH_2)_2\\|\\H-C-NH_2\\|\\COOH\end{array} \quad \underset{\underset{谷氨酰胺酶}{\longleftarrow}}{\overset{\overset{NH_3+ATP \quad\quad ADP+Pi}{谷氨酰胺合成酶}}{\longrightarrow}} \quad \begin{array}{c}CONH_2\\|\\(CH_2)_2\\|\\H-C-NH_2\\|\\COOH\end{array}$$

谷氨酸　　　　　　　　　　　　　　　　　　　谷氨酰胺

天冬氨酸在正常细胞中可接受由谷氨酰胺提供的酰胺基合成天冬酰胺,而白血病癌细胞不能或仅能微量合成天冬酰胺,因此,临床上应用天冬酰胺酶(asparaginase)使血液中的天冬酰胺水解,从而减少癌细胞中天冬酰胺的来源,阻止了癌细胞的蛋白质合成,达到治疗白血病的目的。

$$\begin{matrix} CONH_2 \\ | \\ CH_2 \\ | \\ CHNH_2 \\ | \\ COOH \end{matrix} + H_2O \xrightarrow{\text{天冬酰胺酶}} \begin{matrix} COOH \\ | \\ CH_2 \\ | \\ CHNH_2 \\ | \\ COOH \end{matrix} + NH_3$$

天冬酰胺　　　　　　　　　　天冬氨酸

(二)丙氨酸-葡萄糖循环

在肌肉中,葡萄糖经糖酵解途径生成丙酮酸,丙酮酸接受氨基酸转氨基作用脱下的氨基生成丙氨酸,然后经血液运输到肝。在肝内,丙氨酸通过联合脱氨基作用生成氨和丙酮酸,氨可合成尿素,丙酮酸则经糖异生途径合成葡萄糖,葡萄糖进入血液运送到肌肉,在肌肉中又分解为丙酮酸,再次接受氨基生成丙氨酸。这种通过丙氨酸和葡萄糖将氨反复地从肌肉转运到肝的途径称为丙氨酸-葡萄糖循环(图 8-5)。该循环不仅使肌肉中的氨以无毒的丙氨酸运送到肝,同时肝又为肌肉提供了葡萄糖。

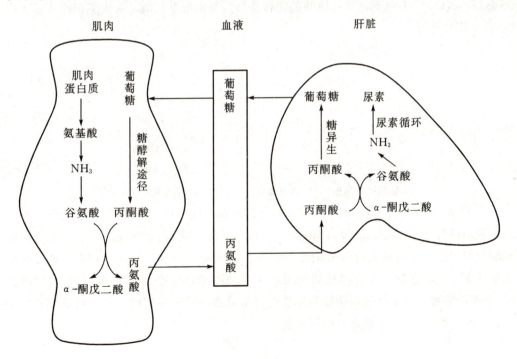

图 8-5　丙氨酸-葡萄糖循环

三、尿素的生成

在正常情况下,体内的氨主要在肝脏中通过鸟氨酸循环合成尿素,尿素是无毒、水溶性强的物质,可经肾脏随尿排出。人体内 80%～90% 的氨以尿素形式排出。小部分以铵盐形式由肾排出。实验证明,将犬的肝脏切除,则血液及尿中尿素含量降低,而血氨浓度升高,结果导致氨中毒。可见肝脏是合成尿素的主要器官,肾脏和脑虽能合成尿素,但合成量甚微。

(一)鸟氨酸循环的详细步骤

鸟氨酸循环过程比较复杂,可分为以下四步。

1. **氨基甲酰磷酸的合成** 在肝细胞线粒体内,NH_3 和 CO_2 在氨基甲酰磷酸合成酶 I (carbamoyl phosphate synthetase I, CPS-I)的催化下合成氨基甲酰磷酸,其辅助因子有 Mg^{2+}、ATP、N-乙酰谷氨酸(N-acetyl glutamatic acid, AGA)。此反应消耗 2 分子 ATP,是不可逆反应。

$$NH_3 + CO_2 + H_2O + 2ATP \xrightarrow[Mg^{2+},N\text{-乙酰谷氨酸}]{\text{氨基甲酰基磷酸合成酶}} H_2N\text{—}COO\sim PO_3H_2 + 2ADP + Pi$$

氨基甲酰磷酸

氨基甲酰磷酸合成酶 I 是别构酶,N-乙酰谷氨酸(AGA)是该酶的别构激活剂。AGA 与酶结合诱导酶的构象改变,进而增加了氨基甲酰磷酸合成酶 I 对 ATP 的亲和力。

2. **瓜氨酸的合成** 氨基甲酰磷酸在鸟氨酸氨基甲酰转移酶(ornithine carbamoyl transferase, OCT)催化下将氨基甲酰基转移给鸟氨酸生成瓜氨酸。此反应仍在线粒体中进行,是不可逆反应。

氨基甲酰磷酸 + 鸟氨酸 → 瓜氨酸 + Pi (鸟氨酸氨基甲酰转移酶)

3. **精氨酸的合成** 瓜氨酸从线粒体转运到胞液。胞液中,瓜氨酸与天冬氨酸在精氨酸代琥珀酸合成酶(argininosuccinate synthetase, ASAS)的催化下,由 ATP 供能合成精氨酸代琥珀酸。再由精氨酸代琥珀酸裂解酶(argininosuccinate lyase, ASAL)催化裂解成精氨酸和延胡索酸。生成的延胡索酸进入三羧酸循环转变成苹果酸,再生成草酰乙酸,草酰乙酸通过转氨基作用接受谷氨酸的氨基重新生成天冬氨酸。其中精氨酸代琥珀酸合成酶活性最低,是尿素合成的限速酶。

瓜氨酸 + 天冬氨酸 → 精氨酸代琥珀酸 → 精氨酸 + 延胡索酸

4. 精氨酸水解生成尿素 在胞液中,精氨酸酶(arginase)催化精氨酸水解生成尿素和鸟氨酸。鸟氨酸通过线粒体内膜上的载体转运再次进入线粒体,进入下一次鸟氨酸循环。

$$\underset{\text{精氨酸}}{\begin{array}{c}NH_2\\|\\C=NH\\|\\NH\\|\\(CH_2)_3\\|\\CHNH_2\\|\\COOH\end{array}} \xrightarrow[+H_2O]{\text{精氨酸酶}} \underset{\text{鸟氨酸}}{\begin{array}{c}NH_2\\|\\(CH_2)_3\\|\\CHNH_2\\|\\COOH\end{array}} + \underset{\text{尿素}}{\begin{array}{c}NH_2\\|\\C=O\\|\\NH_2\end{array}}$$

尿素合成与鸟氨酸循环,见图 8-6。

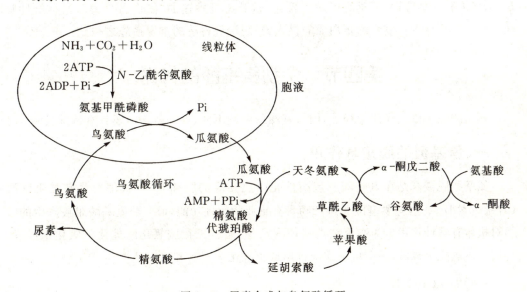

图 8-6 尿素合成与鸟氨酸循环

可见,尿素的生成是在肝细胞的线粒体和胞液中进行。合成尿素的两个氮原子都来源于氨基酸,一个来自氨基酸脱氨基作用生成的氨,另一个是由天冬氨酸提供。尿素合成是一个耗能的过程,每进行一次鸟氨酸循环,2 分子 NH_3 与 1 分子 CO_2 结合生成 1 分子尿素,消耗 3 分子 ATP。

(二)尿素合成的调控

1. **食物的影响** 高蛋白膳食或严重饥饿情况下,尿素合成速度加快,排泄的含氮物中尿素占 80%~90%,低蛋白膳食或高糖膳食使尿素合成速度减慢,排泄的含氮物中尿素低至 60%。

2. **AGA 的调节** AGA 是 CPS-I 的变构激活剂,它是由乙酰辅酶 A 与谷氨酸经 AGA 合成酶的催化合成的,而精氨酸又是 AGA 合成酶的激活剂。因此,肝脏中精氨酸浓度升高时了,尿素合成加快。这是临床上用精氨酸治疗高血氨的依据。

3. 鸟氨酸循环中间产物的影响 中间产物如鸟氨酸、瓜氨酸和精氨酸浓度的增加都可加快尿素的合成。

4. 鸟氨酸循环中酶的影响 精氨酸代琥珀酸合成酶的活性最低,是尿素合成的限速酶,可调节尿素的合成速度。

四、高血氨症与氨中毒

肝脏是合成尿素、解除氨毒的重要器官。肝功能严重受损时,尿素合成障碍,血 NH_3 浓度升高,称为高血氨症。血氨增高时,大量氨通过血-脑屏障进入脑组织,与 α-酮戊二酸结合生成谷氨酸,氨再与谷氨酸进一步结合生成谷氨酰胺。因 α-酮戊二酸是三羧酸循环的中间产物,α-酮戊二酸的减少,会导致三羧酸循环减弱,而谷氨酰胺酶的合成又需要 ATP 供能,故谷氨酸和谷氨酰胺的合成,使脑组织中 ATP 生成减少,致使大脑供能不足,造成大脑功能障碍,严重时可发生昏迷,这就是肝昏迷的"氨中毒学说",又称肝性脑病。严重肝病患者控制食物蛋白质的摄入,是防治肝昏迷的重要措施之一。

第四节 个别氨基酸的代谢

氨基酸除了以上代谢途径外,因氨基酸的侧链不同,有些氨基酸还具有特殊代谢。

一、氨基酸的脱羧基作用

氨基酸脱羧基是在氨基酸脱羧酶催化生成相应的胺和 CO_2,其辅酶是磷酸吡哆醛(含维生素 B_6)。有些氨基酸脱羧产物具有重要的生理功能,但多数氨基酸脱羧产生的胺类对机体有毒性作用。为避免胺类在体内蓄积,胺首先在胺氧化酶催化下氧化生成醛,再进一步氧化成羧酸,羧酸可由尿液排出或再氧化为 CO_2 和水。

(一)γ-氨基丁酸

谷氨酸在谷氨酸脱羧酶催化下脱羧基生成 γ-氨基丁酸(γ - aminobutyric acid,GABA)。催化此反应的酶在脑、肾脏中活性较高,所以脑中 GAGB 含量较多。GABA 是抑制性神经递质,对中枢神经有抑制作用。因此,临床上针对小儿高热惊厥、妊娠呕吐等,可应用维生素 B_6 作为谷氨酸脱羧酶的辅酶,促进谷氨酸脱羧,使中枢神经中 GABA 浓度增高,起到镇静、镇惊、止吐等作用。

γ-氨基丁酸可与 α-酮戊二酸进行转氨基作用,生成琥珀酸半醛,进一步氧化成琥珀酸,再通过三羧酸循环氧化生成 CO_2 和 H_2O。

$$\begin{array}{c} \text{COOH} \\ | \\ (\text{CH}_2)_2 \\ | \\ \text{H}-\text{C}-\text{NH}_2 \\ | \\ \text{COOH} \end{array} \xrightarrow[\text{磷酸吡哆醛}]{\text{谷氨酸脱羧酶}} \begin{array}{c} \text{COOH} \\ | \\ (\text{CH}_2)_2 \\ | \\ \text{CH}_2\text{NH}_2 \end{array} + CO_2$$

谷氨酸   γ-氨基丁酸

第八章 蛋白质的代谢

(二) 组胺

组胺(histamine)是组氨酸在组氨酸脱羧酶催化下脱羧生成的。组胺主要分布在乳腺、肺、肝脏、肌肉及胃黏膜中,含量较高。组胺是一种强烈的血管舒张剂,并能增加毛细血管的通透性,可引起血压下降和局部水肿。组胺的释放与炎症、创伤性休克及过敏反应症状密切相关。组胺可刺激胃黏膜细胞分泌胃蛋白酶和胃酸,因此用于胃分泌功能的研究。组胺可经氧化或甲基化而灭活。

组氨酸 —组氨酸脱羧酶/磷酸吡哆醛→ 组胺 + CO_2

(三) 5-羟色胺

色氨酸在色氨酸羟化酶催化下生成5-羟色氨酸,再经脱羧酶作用生成5-羟色胺(5-hydroxytryptamine,5-HT)。5-羟色胺主要分布于神经组织、胃肠、血小板及乳腺细胞中。5-羟色胺在脑中是一种抑制性神经递质,与睡眠、镇痛、体温调节等生理功能有关。其浓度降低时可引起睡眠障碍、痛阈降低。5-羟色胺在外周组织中能收缩血管作用,引起血压升高。

5-羟色胺经单胺氧化酶催化生成5-羟色醛,进一步氧化生成5-羟吲哚乙酸随尿排出。

色氨酸 —色氨酸羟化酶→ 5-羟色氨酸
—5-羟色氨酸脱羧酶→ 5-羟色胺 + CO_2

(四) 牛磺酸

半胱氨酸首先氧化成磺酸丙氨酸,再脱去羧基生成牛磺酸。此反应在肝细胞中进行,生成的牛磺酸与胆汁酸结合生成结合胆汁酸。脑组织中也发现含有大量牛磺酸,它与脑功能可能有关。牛磺酸也可由活性硫酸根转移生成。

L-半胱氨酸 —3[O]→ 磺酸丙氨酸 —磺酸丙氨酸脱羧酶/CO_2→ 牛磺酸

(五) 多胺

多胺(polyamines)是一类长链的脂肪族胺类,分子中含有多个氨基(—NH_2)或亚氨基(—NH—)。多胺主要有腐胺、精脒、精胺等。鸟氨酸脱羧酶和S-腺苷甲硫氨酸脱羧酶前者可催化鸟氨酸脱羧产生腐胺;后者可催化 S-腺苷甲硫氨酸脱羧产生 S-腺苷-3-甲基硫基丙胺(脱羧基 SAM),在丙胺转移酶催化下,其分子中丙胺基转移到腐胺分子上即可形成精脒(spermidine);在精脒分子上再加上一个丙胺基即可生成精胺(spermine)。

$$H_2N-(CH_2)_4-COOHNH_2 \xrightarrow[CO_2]{\text{鸟氨酸脱羧酶}} H_2N-(CH_2)_4-NH_2$$
鸟氨酸 → 腐胺

丙胺转移酶

$$\text{腺苷}-S-(CH_2)_2-CH(NH_2)COOH \xrightarrow[CO_2]{\text{SAM 脱羧酶}} \text{腺苷}-S-(CH_2)_3-NH_2$$
(SAM) → 脱羧基 SAM

5′-甲基-硫-腺苷

$$H_2N-(CH_2)_3-NH-(CH_2)_4-NH-(CH_2)_3-NH_2 \xleftarrow{\text{丙胺转移酶}} H_2N-(CH_2)_4-NH-(CH_2)_3-NH_2$$
精胺(spermine) ← 精脒(spermidine)

鸟氨酸脱羧酶(oriniuthine decarboxylase)是多胺合成的限速酶。精脒与精胺因从精液中首先发现而得名,它们凭借多胺阳离子能与负电性强的 DNA 或 RNA 结合,起稳定 DNA 或 RNA 结构,进而调节细胞生长的重要作用。在生长旺盛的组织如胚胎、再生肝、癌瘤等组织中多胺含量较高。临床上测定患者血或尿中多胺含量,可作为癌瘤患者辅助诊断及观察病情变化的一项指标。

大部分多胺和乙酰基结合由尿排出,小部分氧化为 NH_3 和 CO_2。

二、一碳单位代谢

(一)一碳单位的概念及种类

体内某些氨基酸在分解代谢过程中产生的含有一个碳原子的基团称为一碳单位(one carbon unit)。一碳单位主要有甲基(—CH_3)、甲烯基(—CH_2—)、甲炔基(—CH=)、亚氨甲基(—CH=NH)、甲酰基(—CHO)等,CO、CO_2 等均不属于一碳单位。

(二)一碳单位的载体

一碳单位不能单独存在,常与其辅酶四氢叶酸(tetrahydrofolic acid,FH_4)结合而转运或参与代谢。因此,四氢叶酸是一碳单位的载体。四氢叶酸是叶酸在二氢叶酸还原酶的催化下,由 NADPH 作供氢体,加氢还原首先生成 7,8-二氢叶酸(FH_2),再进一步还原生成 5,6,7,8-四氢叶酸(FH_4)。

$$\text{叶酸} \xrightarrow[NADPH+H^+ \quad NADP^+]{\text{二氢叶酸还原酶}} \text{二氢叶酸} \xrightarrow[NADPH+H^+ \quad NADP^+]{\text{二氢叶酸还原酶}} \text{四氢叶酸}$$

5,6,7,8-四氢叶酸(FH_4)

四氢叶酸分子上的第 5 和第 10 位氮原子是携带一碳单位的位置。携带一碳单位常见的形式有 N^{10}-甲酰四氢叶酸(N^{10}—CHO—FH_4)、N^5-亚氨甲基四氢叶酸(N^5—CH=NH—FH_4)、N^5,N^{10}-甲烯四氢叶酸(N^5,N^{10}—CH_2—FH_4)、N^5,N^{10}-甲炔四氢叶酸(N^5,N^{10}=CH—FH_4)和 N^5-甲基四氢叶酸(N^5—CH_3—FH_4)等。

(三)一碳单位的生成与相互转变

一碳单位主要来源于丝氨酸、甘氨酸、组氨酸和色氨酸的分解代谢(图 8-7)。

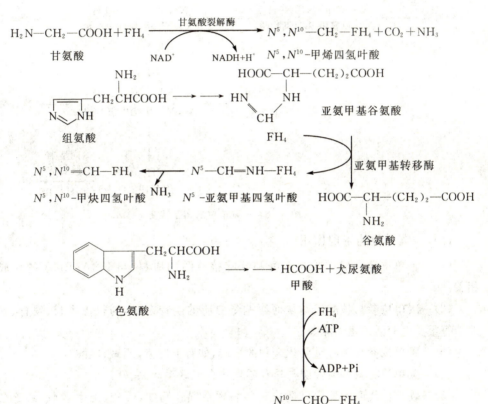

图 8-7 一碳单位的生成

(1)丝氨酸在丝氨酸羟甲基转移酶的催化下,丝氨酸的羟甲基与四氢叶酸结合生成 N^5,N^{10}—CH_2—FH_4 和甘氨酸;甘氨酸在甘氨酸裂解酶催化下可分解为 CO_2、NH_3,同时生成 N^5,N^{10}—CH_2—FH_4。

(2)组氨酸经酶催化分解为亚氨甲基谷氨酸,亚氨甲基转移酶催化亚氨甲基谷氨酸将亚氨甲基转移给四氢叶酸生成 N^5—CH=NH—FH_4,进一步脱氨可生成 N^5,N^{10}=CH—FH_4。

(3)色氨酸分解代谢生成甲酸,另外甘氨酸经氧化脱氨生成乙醛酸,乙醛酸氧化也可生成甲酸。甲酸与四氢叶酸结合生成 N^{10}—CHO—FH_4。

各种不同形式的一碳单位中碳原子的氧化状态不同。在适当条件下,它们可以通过氧化还原反应而彼此转变(图 8-8)。N^5—CH_3—FH_4 在体内不能直接产生,可由 N^5,N^{10}—CH_2—FH_4 还原生成,N^5—CH_3—FH_4 的生成基本是不可逆的。N^5—CH_3—FH_4 可将甲基转移给同型半胱氨酸生成甲硫氨酸和 FH_4。此反应不可逆,故 N^5—CH_3—FH_4 不能由甲硫氨酸生成。N^5—CH_3—FH_4 可看作是甲基的间接供体。

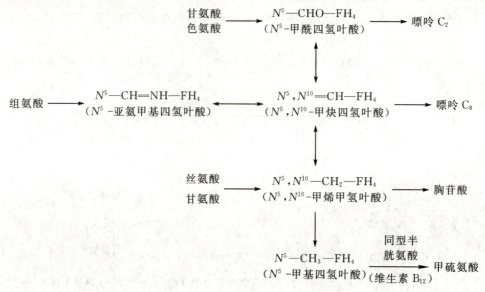

图 8-8 一碳单位的相互转变

(四) 一碳单位的生理作用

(1) 一碳单位是合成嘌呤核苷酸和嘧啶核苷酸的原料,与 DNA、RNA 的合成密切相关。

(2) 一碳单位参与核酸代谢从而影响蛋白质的生物合成,与机体生长、发育、繁殖和遗传等重要生命活动密切相关。

(3) 一碳单位参与多种重要化合物的合成,如肾上腺素、胆碱、肌酸等。

(4) 一碳单位将氨基酸代谢与核苷酸生物合成联系起来。

(5) 一碳单位代谢的障碍可造成某些病理情况。例如,叶酸、维生素 B_{12} 缺乏会造成一碳单位转运障碍,直接影响造血组织的 DNA 合成,引起巨幼红细胞性贫血。磺胺药及某抗癌药(氨甲蝶呤等)正是分别通过干扰细菌及癌细胞的叶酸、四氢叶酸合成,进而影响细菌及恶性肿瘤一碳单位的代谢及核酸合成而发挥药理作用。

三、含硫氨基酸代谢

含硫氨基酸包括三种:甲硫氨酸、半胱氨酸和胱氨酸。甲硫氨酸是必需氨基酸,可以转变为半胱氨酸和胱氨酸。半胱氨酸和胱氨酸可以通过氧化还原互变,但二者都不能转变成甲硫氨酸。

(一) 甲硫氨酸代谢

1. 甲硫氨酸与转甲基作用 甲硫氨酸首先由 ATP 供能,在腺苷转移酶催化下生成

S-腺苷甲硫氨酸(S-adenosylmethionine,SAM)。S-腺苷甲硫氨酸中的甲基是高度活化的,称活性甲基,SAM 又称为活性甲硫氨酸。S-腺苷甲硫氨酸是体内重要的甲基直接供应体,体内有 50 余种物质需要 S-腺苷甲硫氨酸提供甲基,生成甲基化合物,如肌酸、肾上腺素、胆碱和肉毒碱等。

2. 甲硫氨酸循环　S-腺苷甲硫氨酸在转甲基酶(methyl transferase)作用下将甲基转移给甲基受体(RH),然后生成 S-腺苷同型半胱氨酸,再脱去腺苷生成同型半胱氨酸(homocysteine),后者在转甲基酶的作用下,由 N^5—CH_3—FH_4 提供甲基再合成甲硫氨酸。此循环反应称为甲硫氨酸循环(蛋氨酸循环)(图 8-9)。其生理意义是合成 S-腺苷甲硫氨酸,参与体内各种甲基化反应;促进四氢叶酸的再利用,N^5—CH_3—FH_4 可看成是体内甲基的间接供体。

转甲基酶的辅酶是维生素 B_{12}。故维生素 B_{12} 缺乏时,N^5—CH_3—FH_4 的甲基不能转移给同型半胱氨酸,不仅影响甲硫氨酸的合成,同时四氢叶酸也不能释放出来,不能重新利用其转运一碳单位,导致 DNA 合成障碍,影响细胞分裂,最终引起巨幼红细胞贫血。

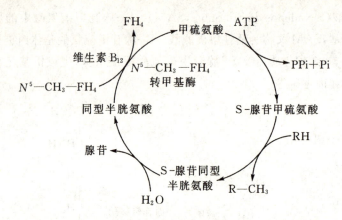

图 8-9 甲硫氨酸循环

3. **甲硫氨酸为肌酸的合成提供甲基** 体内肌酸主要在肝脏中合成,是以甘氨酸为骨架、精氨酸提供脒基、S-腺苷甲硫氨酸提供甲基而合成的。在肌酸激酶(creatine kinase,CK)催化下,肌酸由 ATP 提供高能磷酸键生成磷酸肌酸。磷酸肌酸是能量储存的重要化合物,主要存在于心肌、骨骼肌和脑组织中。肌酸和磷酸肌酸经脱水或脱磷酸生成肌酐,并由肾脏随尿排出体外,正常人每日尿中肌酐排出量恒定。肾功能障碍时,肌酐排出受阻,引起血中肌酐升高,故血肌酐的测定作为临床肾功能检查的一项重要的生化指标。

(二)半胱氨酸及胱氨酸的代谢

1. **半胱氨酸及胱氨酸的互变** 半胱氨酸含巯基(—SH),胱氨酸含二硫键(—S—S—)。体内半胱氨酸与胱氨酸通过氧化与还原反应可以互相转变,两分子半胱氨酸脱氢氧化生成胱氨酸,胱氨酸加氢还原生成半胱氨酸。两个半胱氨酸分子间所形成的二硫键在维持蛋白质构象中起着很重要的作用。

$$2 \begin{array}{c} CH_2SH \\ | \\ CHNH_2 \\ | \\ COOH \end{array} \underset{+2H}{\overset{-2H}{\rightleftharpoons}} \begin{array}{c} CH_2-S-S-CH_2 \\ | \quad\quad\quad\quad | \\ CHNH_2 \quad\quad CHNH_2 \\ | \quad\quad\quad\quad | \\ COOH \quad\quad COOH \end{array}$$

半胱氨酸　　　　　　　　　胱氨酸

2. **谷胱甘肽的生成** 谷胱甘肽(glutathione,GSH)是由谷氨酸分子中的 γ-羧基与半胱氨酸、甘氨酸在体内合成的三肽。

3. **活性硫酸根的生成** 含硫氨基酸的氧化分解可产生硫酸根,半胱氨酸是硫酸根的主要来源。在体内生成的硫酸根,一部分以无机硫酸盐形式随尿排出,另一部分则可经 ATP 活化转变成"活性硫酸根",即 $3'$-磷酸腺苷-$5'$-磷酸硫酸($3'$- phosphoadenosine -$5'$- phospho sulfate,PAPS)。PAPS 性质活泼,在肝脏生物转化作用中作为提供硫酸根与某些物质合成硫酸酯,硫酸供体参与结合反应。例如,类固醇激素可形成硫酸酯形式而被灭活,并能增加其溶解性以利于从尿中排出。

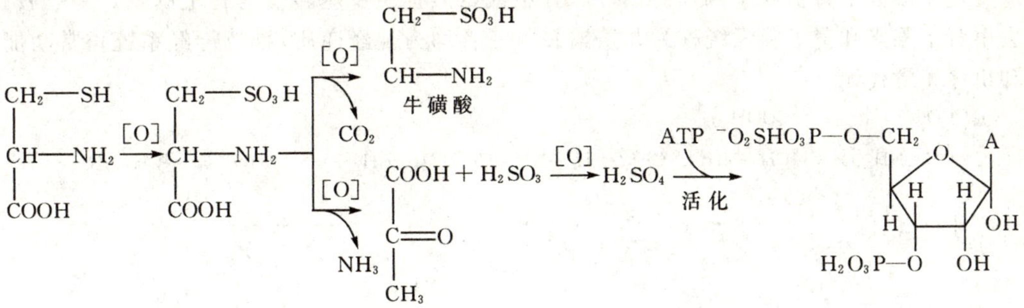

第八章 蛋白质的代谢

[化学反应图示：半胱氨酸 → 亚磺丙氨酸 → 牛磺酸/丙酮酸；活性硫酸根形式(PAPS)(A:腺嘌呤)]

半胱氨酸   亚磺丙氨酸   丙酮酸   活性硫酸根形式(PAPS)(A:腺嘌呤)

四、芳香族氨基酸代谢

芳香族氨基酸包括苯丙氨酸、酪氨酸和色氨酸三种。苯丙氨酸和色氨酸是必需氨基酸，酪氨酸由苯丙氨酸羟化生成。

(一)苯丙氨酸代谢

在正常情况下，苯丙氨酸在苯丙氨酸羟化酶催化下生成酪氨酸，酪氨酸再进一步代谢。当苯丙氨酸羟化酶先天性缺陷时，苯丙氨酸不能正常转变成酪氨酸，而是经转氨酶催化生成苯丙酮酸，再进一步生成苯乙酸等衍生物，导致血中苯丙酮酸含量增高，从尿中大量排出，称为苯丙酮尿症(phenylketonuria, PKU)。苯丙酮酸的堆积对中枢神经系统有损害，导致患儿神经系统发育障碍，智力低下。对 PKU 患儿的治疗原则是早期发现，并适当控制膳食中苯丙氨酸的摄入量。

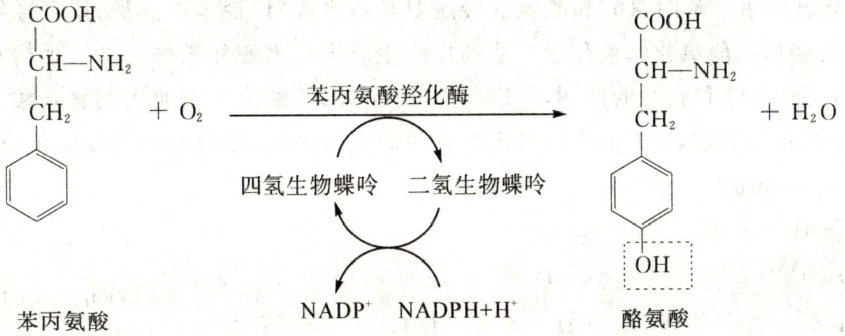

[化学反应图示：苯丙氨酸 + O_2 —苯丙氨酸羟化酶→ 酪氨酸 + H_2O，四氢生物蝶呤/二氢生物蝶呤循环，$NADP^+$/$NADPH+H^+$]

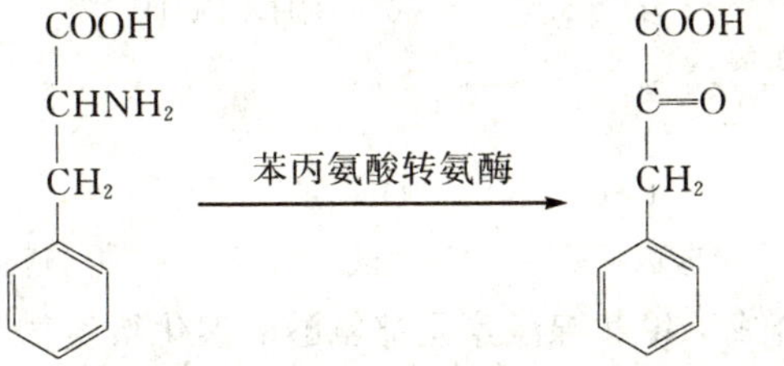

[化学反应图示：苯丙氨酸 —苯丙氨酸转氨酶→ 苯丙酮酸]

(二)酪氨酸代谢

1. **转变为儿茶酚胺**　酪氨酸经酪氨酸羟化酶催化，羟化生成 3,4-二羟苯丙氨酸(DOPA,多巴)，进一步经多巴脱羧酶催化脱羧后转变为多巴胺(dopamine, DA)。多巴胺经羟化生成去甲肾上腺素,后者由 S-腺苷甲硫氨酸提供甲基转变为肾上腺素。多巴胺、去甲肾上腺素和肾上腺素统称为儿茶酚胺。三者均为神经递质,维持神经系统正常功能和机体正常代谢。

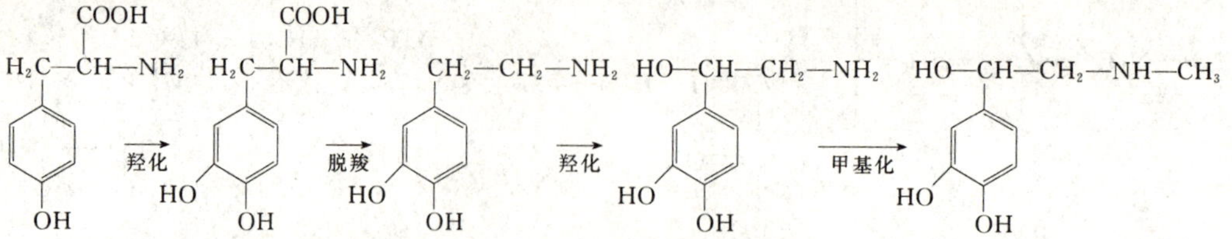

酪氨酸　3,4-二羟苯丙氨酸　多巴胺　　去甲肾上腺素　　肾上腺素
　　　　　　　　　　　　　　　儿茶酚胺

2. **合成黑色素**　在黑色素细胞中,酪氨酸在酪氨酸酶作用下生成多巴,多巴经氧化、脱羧等反应转变为吲哚-5,6-醌,后者聚合生成黑色素。当酪氨酸酶先天性缺陷,导致黑色素合成障碍,引起皮肤、毛发变白,称之为白化病(albinism)。这是一种常染色体隐性遗传病。

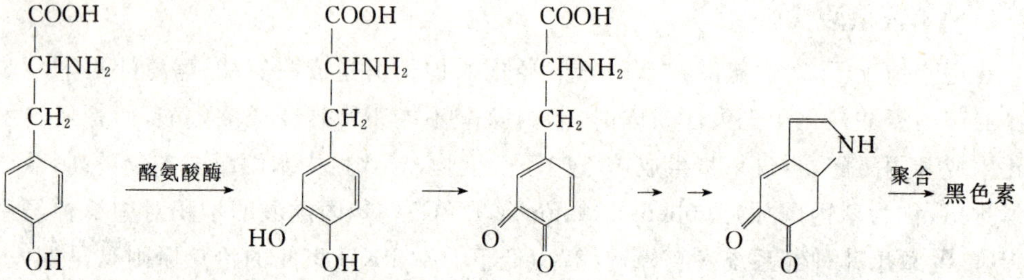

酪氨酸　　多巴　　多巴醌　　吲哚醌　　黑色素

3. **分解代谢**　苯丙氨酸和酪氨酸经脱氨基后生成对-羟苯丙酮酸,后者经氧化生成尿黑酸,再经尿黑酸氧化酶催化等一系列反应生成延胡索酸和乙酰乙酸。延胡索酸和乙酰乙酸分别参与糖和脂肪的代谢,所以苯丙氨酸和酪氨酸是生糖兼生酮氨基酸。如果尿黑酸氧化酶先天缺乏,则大量尿黑酸不能氧化而随尿排出,尿液遇空气变黑色,称为尿黑酸症(alcaptonuria)。

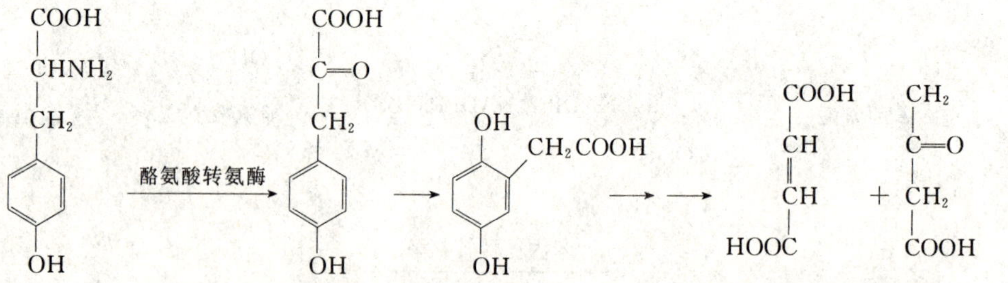

酪氨酸　　羟苯丙酮酸　　尿黑酸　　延胡索酸　草酰乙酸

4. **甲状腺激素的合成**　甲状腺激素是酪氨酸的碘化衍生物,是由甲状腺球蛋白分子中的酪氨酸残基碘化后生成的。甲状腺激素有两种,即 3,5,3′,5′-四碘甲腺原氨酸(thyroxine,T_4)和 3,5,3′-三碘甲腺原氨酸(triiodothyronine,T_3)。苯丙氨酸和酪氨酸的代谢途径,见图 8-10。

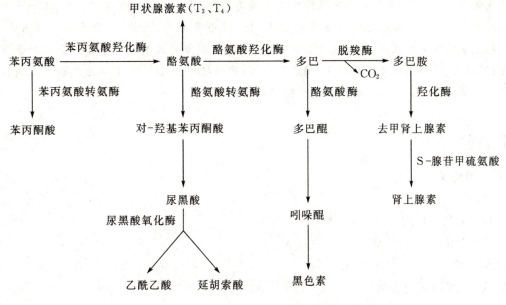

图 8-10 苯丙氨酸和酪氨酸代谢途径

(三)色氨酸代谢

色氨酸是人体的必需氨基酸,除合成蛋白质外,主要转变成生物活性物质,如 5-羟色胺、一碳单位(甲酰基,—CHO)和极少量的尼克酸(维生素 PP 的一种)。色氨酸降解转变成维生素 PP 量很少,人类必须不断从食物中摄取维生素 PP 才能满足生理需要。色氨酸还可进行分解代谢生成丙酮酸、乙酰乙酰辅酶 A,所以是生糖兼生酮氨基酸。

本章小结

蛋白质是构成组织细胞的组成成分,其主要功能是维持细胞组织的生长、更新和修补。蛋白质需要量通过氮平衡实验来测定,氮平衡分为总氮平衡、正氮平衡和负氮平衡三种类型。20 种氨基酸中有 8 种氨基酸在体内不能合成,必须由食物提供,称为必需氨基酸,分别是苏氨酸、赖氨酸、苯丙氨酸、甲硫氨酸、缬氨酸、色氨酸、亮氨酸和异亮氨酸。蛋白质营养价值的高低取决于所含必需氨基酸的种类、数量与人体蛋白质是否接近。一般动物蛋白营养价值高于植物蛋白。

氨基酸脱氨基作用的方式包括氧化脱氨基作用、转氨基作用、联合脱氨基作用和嘌呤核苷酸循环,其中以联合脱氨基作用为主。氨基酸经脱氨基作用生成氨和 α-酮戊二酸。氨是一种强烈的神经毒物,经鸟氨酸循环在肝中合成尿素,解除了氨的毒性作用。谷氨酰胺是运输氨的主要形式。体内血氨的来源和去路保持动态平衡,使血氨浓度维持较低水平,不会引起中毒。当肝功能严重损伤时,尿素合成障碍,使血氨浓度升高称为高血氨症。严重时影响大脑功能,引起昏迷,称为肝性脑病。

氨基酸在氨基酸脱羧酶催化下生成相应的胺类,某些胺类物质在体内有重要的生理功能,如 γ-氨基丁酸、5-羟色胺、组胺等。氨基酸脱羧酶的辅酶是磷酸吡哆醛。丝氨酸、

生物化学

甘氨酸、组氨酸和色氨酸在体内代谢生成一碳单位,四氢叶酸是一碳单位的载体,一碳单位主要生理功能是参与嘌呤和嘧啶的合成。S-腺苷甲硫氨酸是体内甲基的直接供体。含硫氨基酸有甲硫氨酸、半胱氨酸和胱氨酸,半胱氨酸中的巯基与许多酶蛋白的活性有关;还转变成"活性硫酸根",即 3′-磷酸腺苷 5′-磷酸硫酸(PAPS)。苯丙氨酸和酪氨酸在体内代谢异常会引起苯丙酮尿症或白化病或尿黑酸症。

综合测试题

一、名词解释

1. 必需氨基酸
2. 蛋白质互补作用
3. 一碳单位

二、问答题

1. 试述氨的来源与去路。
2. 简述血氨增高导致氨中毒的机制。
3. 说出一碳单位的生理功能。
4. 说明维生素 B_6 在氨基酸代谢中的作用。

三、单项选择题

1. 我国营养学会推荐成人每日蛋白质的需要量为
    A. 20g   B. 30g   C. 50g   D. 80g   E. 100g
2. 不属于必需氨基酸的是
    A. 赖氨酸   B. 甲硫氨酸   C. 亮氨酸   D. 精氨酸   E. 色氨酸
3. 蛋白质营养价值高低主要取决于
    A. 氨基酸的种类   B. 氨基酸的数量
    C. 必需氨基酸的数量   D. 必需氨基酸的种类
    E. 必需氨基酸的数量、种类和比例
4. 转氨酶中含有的维生素是
    A. 维生素 B_1 B. 维生素 B_6
    C. 维生素 C   D. 维生素 B_2
    E. 维生素 B_{12}
5. ALT 活性最高的组织是
    A. 肾脏   B. 心肌   C. 脑   D. 肝脏   E. 骨骼肌
6. 体内氨基酸主要的脱氨方式是
    A. 氧化脱氨基作用   B. 转氨基作用
    C. 联合脱氨基作用   D. 嘌呤核苷酸循环
    E. 以上都是
7. 氨的主要去路是合成

A. 尿素　　　B. 谷氨酰胺　　　C. 丙氨酸　　　D. 胺类　　　E. 谷氨酸

8. 一碳单位的载体是

　　A. 叶酸　　　B. 二氢叶酸　　　C. 维生素 B_{12}　　　D. 泛酸　　　E. 四氢叶酸

9. 甲基直接供体是指

　　A. S-腺苷甲硫氨酸　　　　　　　　　　B. 甲硫氨酸

　　C. 四氢叶酸　　　　　　　　　　　　　D. $N^5{-}CH_3{-}FH_4$

　　E. 维生素 B_{12}

10. 合成尿素的主要器官是

　　A. 脑　　　B. 肾脏　　　C. 肝脏　　　D. 心脏　　　E. 肺

11. 儿茶酚胺是由哪种氨基酸转化生成的

　　A. 色氨酸　　　B. 谷氨酸　　　C. 天冬氨酸　　　D. 酪氨酸　　　E. 赖氨酸

12. 苯丙酮尿症是由于先天缺乏

　　A. 脯氨酸羟化酶　　　　　　　　　　　B. 酪氨酸酶

　　C. 苯丙氨酸羟化酶　　　　　　　　　　D. 精氨酸羟化酶

　　E. 赖氨酸羟化酶

13. 肝性脑病时,脑细胞中减少的物质是

　　A. 延胡索酸　　　B. 异柠檬酸　　　C. α-酮戊二酸　　　D. 草酰乙酸　　　E. 丙酮酸

14. 肝硬化大量放腹水时

　　A. 昏厥　　　B. 肝性脑病　　　C. 上消化道出血　　　D. 休克　　　E. 呼吸衰竭

15. 肝硬化最危重的并发症是

　　A. 肝性脑病　　　　　　　　　　　　　B. 原发性肝癌

　　C. 肝肾综合征　　　　　　　　　　　　D. 自发性腹膜炎

　　E. 上消化道大出血

16. 肝性脑病患者禁用的灌肠液是

　　A. 弱酸性溶液　　　　　　　　　　　　B. 高渗盐水

　　C. 肥皂水　　　　　　　　　　　　　　D. 水合氯醛

　　E. 低渗盐水

17. 患者,女,9岁,畏光,皮肤粉红,毛发发白,该患者是因为先天性缺乏

　　A. 酪氨酸酶　　　　　　　　　　　　　B. 尿黑酸氧化酶

　　C. 苯丙氨酸羟化酶　　　　　　　　　　D. 酪氨酸氧化酶

　　E. 酪氨酸羟化酶

18. 下列经脱羧生成5-羟色胺的氨基酸是

　　A. 组氨酸　　　B. 酪氨酸　　　C. 丝氨酸　　　D. 色氨酸　　　E. 谷氨酸

19. 肌肉组织中氨基酸的主要脱氨方式是

　　A. 联合脱氨基作用　　　　　　　　　　B. 氧化脱氨基作用

　　C. 转氨基作用　　　　　　　　　　　　D. 嘌呤核苷酸循环

　　E. 甲硫氨酸循环

20. S-腺苷甲硫氨酸的重要生理作用是
    A. 合成甲硫氨酸
    B. 合成四氢叶酸
    C. 提供甲基
    D. 生成腺嘌呤核苷
    E. 合成同型半胱氨酸

21. 脑中 γ-氨基丁酸由哪一氨基酸脱羧生成
    A. 天冬氨酸   B. 谷氨酸   C. α-酮戊二酸   D. 草酰乙酸   E. 苹果酸

22. 不能由酪氨酸转变生成的化合物是
    A. 苯丙酮酸   B. 黑色素   C. 甲状腺素   D. 多巴胺   E. 肾上腺素

23. 尿素中的两个氨基来源于
    A. 氨基甲酰磷酸和尿氨酸
    B. 谷氨酰胺和鸟氨酸
    C. 氨基甲酰磷酸和天冬氨酸
    D. 氨基甲酰磷酸和瓜氨酸
    E. 谷氨酰胺和天冬氨酸

24. 脑中氨的主要去路是
    A. 合成尿素
    B. 合成谷氨酰胺
    C. 合成嘌呤
    D. 扩散入血
    E. 合成必需氨基酸

25. 体内氨贮存及运输的主要形式
    A. 谷氨酸   B. 酪氨酸   C. 谷氨酰胺   D. 谷酰甘肽   E. 天冬酰胺

26. 代谢库中氨基酸的主要去路是
    A. 合成蛋白质
    B. 氧化供能
    C. 合成某些含氮化合物
    D. 糖转变而来
    E. 转变为脂肪

27. 血中氨基酸的主要来源是
    A. 食物蛋白质的消化吸收
    B. 组织蛋白质的分解
    C. 糖转变而来
    D. 其他化合物合成
    E. 肾小管和肠黏膜的重吸收

28. 与氨基酸氧化脱氨基作用有关的维生素是
    A. 维生素 PP   B. 维生素 B_1 C. 维生素 B_2 D. 维生素 B_6 E. 泛酸

29. 氨中毒的最主要原因是
    A. 肠道氨吸收过多
    B. 氨基酸分解增强
    C. 肾衰竭排出障碍
    D. 肝功能损伤,影响尿素合成
    E. 肾功能损伤,影响尿素合成

30. 体内活性硫酸根主要由哪种物质转变而成
    A. 酪氨酸   B. 甲硫氨酸   C. 半胱氨酸   D. 苯丙氨酸   E. 胱氨酸

(周治玉)

第九章 核酸的结构、功能与代谢

> **学习目标**
>
> 【掌握】嘌呤和嘧啶核苷酸从头合成的原料、部位、关键酶、合成特点,嘌呤核苷酸分解代谢终产物及其与痛风症的关系、治疗的生化机制,脱氧核苷酸的生成过程,核苷酸的抗代谢物的作用机制及在临床上的应用。
>
> 【熟悉】嘌呤和嘧啶核苷酸补救合成的过程及意义,嘌呤和嘧啶核苷酸从头合成的调节。
>
> 【了解】核酸的消化吸收,嘧啶核苷酸的分解代谢过程及产物。

1868年,瑞士青年科学家F. Miescher从外科绷带上脓细胞的细胞核中分离出来一种含磷较高的酸性有机化合物,称之为核素(nuclein)。它具有很强的酸性,故得名核酸(nucleic acid)。1889年,R. Altmann首先制备了不含蛋白的核酸制品,并引入"核酸"这一名词。核酸和蛋白质一样,都是多聚化合物,是生物体内具有复杂结构和重要功能的生物大分子。核苷酸(nucleotide)是组成核酸的基本单位,因此,核酸又称为多聚核苷酸(polynucleotide)。

第一节 核酸的种类、分布与化学组成

20世纪20年代测定了核酸的化学组成,发现核酸有两种,一种是脱氧核糖核酸(DNA),另一种是核糖核酸(RNA)。RNA主要分布在细胞质中,少量存在于细胞核,核酸占细胞干重的5%~10%。真核细胞中,98%以上的DNA与组蛋白结合,形成细胞核的染色质,少量存在于线粒体、叶绿体中,是遗传信息的载体。RNA则仅有10%存在于细胞核中,90%存在于细胞质中,参与遗传信息的传递和表达,病毒中可作为遗传信息载体。根据分子结构和功能的不同,RNA主要分为三种,即核糖(核蛋白)体RNA(ribosomal RNA,rRNA)、转运RNA(transfer RNA,tRNA)及信使RNA(messenger RNA,mRNA)。此外,还有非特异小核RNA、小(分子)干扰RNA等。

1944年O. T. Avery肺炎双球菌转化实验首次证实,遗传物质主要是脱氧核糖核酸(deoxyribonucleic acid,DNA)(极少数生物遗传物质是RNA)而不是蛋白质或其他物质。遗传信息传递"中心法则"的确立进一步阐明了DNA、RNA和蛋白质在生物遗传信息传递或基因表达中的功能联系。核酸承担着遗传信息的贮存和传递功能,不仅编码着指导细胞的代谢、生长、增殖分化特定结构和功能等所有指令,而且与生物变异,如肿瘤、遗传

病、代谢病等也密切相关。mRNA、tRNA 和 rRNA 主要参与完成蛋白质的生物合成,核酸与蛋白质同是生命的物质基础。

一、核酸的元素组成及特点

核酸主要由碳(C)、氢(H)、氧(O)、氮(N)和磷(P)等元素组成,核酸的相对分子质量很大,一般在几十万至几百万之间。与蛋白质相比,核酸的元素组成上有两个特点:一是天然核酸不含 S,二是核酸中 P 的含量较多且恒定(占 9%～10%)。因此,可通过测定样品中磷的含量作为核酸定量分析的依据。

样品中核酸含量=样品中磷的含量×10.5

二、核酸的基本组成成分

核酸大多以核蛋白的形式存在。食物中的核蛋白在胃中受胃酸的作用,分解成核酸与蛋白质。核酸主要在小肠中核酸酶的作用下水解为核苷酸,进一步水解生成磷酸和核苷,核苷可进一步水解生成碱基和戊糖。因此,核酸水解最终生成碱基、戊糖和磷酸三种基本成分(图 9-1)。

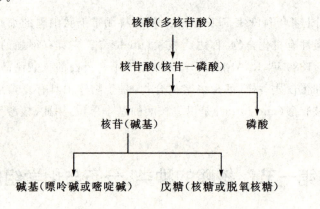

图 9-1 核酸的水解产物

(一)碱基

核酸中的碱基均为含氮杂环化合物,分为嘌呤(purine)与嘧啶(pyrimidine)两类。常见的嘌呤包括腺嘌呤(adenine,A)和鸟嘌呤(guanine,G);常见的嘧啶包括胞嘧啶(cytosine,C)、尿嘧啶(uracil,U)和胸腺嘧啶(thymine,T)(图 9-2)。

DNA 分子中一般含 A、G、C、T 四种碱基;RNA 分子中一般含 A、G、C、U 四种碱基。某些核酸,尤其是 tRNA 分子中,除含有上述四种碱基外,还含有多种含量甚少的碱基,称为稀有碱基(minor bases)或修饰碱基。它们绝大多数是四类碱基的衍生物,即在碱基的某些位置附加或取代某些基团,如次黄嘌呤、7-甲基鸟嘌呤、5-甲基胞嘧啶、5,6-二氢尿嘧啶等。稀有碱基种类很多,大多数是甲基化碱基。

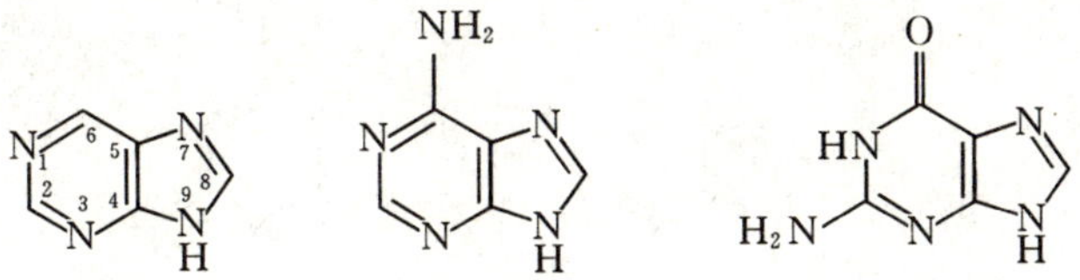

嘌呤　　腺嘌呤　　鸟嘌呤

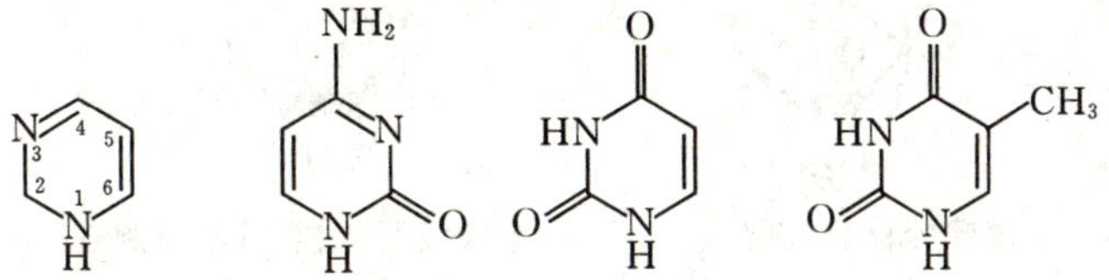

嘧啶　　胞嘧啶　　尿嘧啶　　胸腺嘧啶

图 9－2　嘌呤与嘧啶碱基的结构式

(二)戊糖

核酸中的戊糖(五碳糖)分为两类:RNA 分子中的戊糖为 β－*D*－核糖(ribose),DNA 分子中的戊糖是 β－*D*－2′脱氧核糖(deoxyribose)。它们均为呋喃环型结构(图 9－3)。

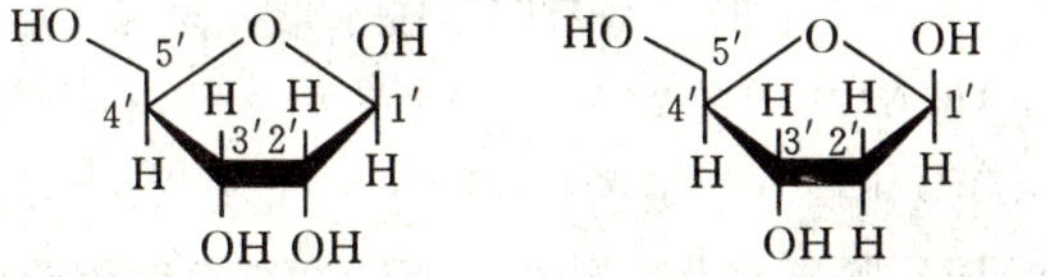

β－*D*－核糖　　β－*D*－2′-脱氧核糖

图 9－3　核糖与脱氧核糖的结构式

(三)磷酸

磷酸(H_3PO_4)是 DNA 和 RNA 分子中与戊糖 C－5′连接的成分。磷酸为三元无机酸,在一定条件下,通过酯键同时连接两个核苷酸中的戊糖,使多个核苷酸聚合成为长链。

三、核酸的基本组成单位——核苷酸

核苷酸是核酸分子的基本结构单位,核苷酸由戊糖、磷酸和碱基三部分逐步缩合而成。

(一)核苷

碱基与不同的戊糖通过糖苷键首先形成核苷(nucleoside)或脱氧核苷(deoxynucleoside),戊糖分子上 C－1′连接的羟基能够与嘌呤环 N－9 原子连接的 H 缩合形成糖苷键,或与嘧啶环的 N－1 原子连接的 H 缩合形成糖苷键。根据戊糖的结构不同分为核苷或脱氧核苷(图 9－4)。

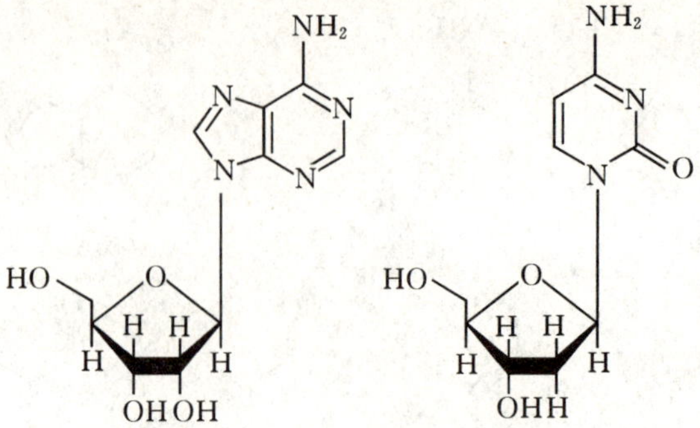

生物化学

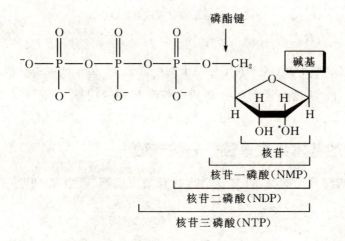

腺嘌呤核苷（腺苷）　　胞嘧啶脱氧核苷（脱氧胞苷）

图9-4　核苷与脱氧核苷的结构式

RNA中常见的核糖核苷（N）有四种：腺苷（A）（腺嘌呤核苷简称腺苷，依此类推）、鸟苷（G）、胞苷（C）和尿苷（U）。DNA中的脱氧核糖核苷（dN）也是四种：脱氧腺苷（dA）（腺嘌呤脱氧核苷简称脱氧腺苷，依此类推）、脱氧鸟苷（dG）、脱氧胞苷（dC）和脱氧胸苷（dT）。

（二）核苷酸

核苷或脱氧核苷C-5′原子上的羟基与磷酸脱水形成磷酯键。由此形成核苷酸或脱氧核苷酸。根据连接的磷酸基团的数目不同（图9-5），核苷酸可分为核苷一磷酸（NMP）、核苷二磷酸（NDP）和核苷三磷酸（NTP）（N代表A、G、C、U）；脱氧核苷酸可分为脱氧核苷一磷酸（dNMP）、脱氧核苷二磷酸（dNDP）和脱氧核苷三磷酸（dNTP）（N代表A、G、C、T）。

图9-5　多磷酸核苷的结构式
＊处无氧即为脱氧核苷酸（dNMP、dNDP、dNTP）。

各种核苷酸的名称可将碱基第一个字代替"核"字即可，如腺苷一磷酸（AMP），简称腺苷酸；脱氧腺苷一磷酸（dAMP），简称脱氧腺苷酸，依此类推（表9-1）。RNA为核糖核苷一磷酸（NMP）的多聚体，DNA为脱氧核糖核苷一磷酸（dNMP）的多聚体。

表 9-1　DNA 和 RNA 的分子组成

	脱氧核糖核酸（DNA）	核糖核酸（RNA）
碱基	A　G　C　T	A　G　C　U
戊糖	β-D-2′-脱氧核糖	β-D-核糖
核苷	脱氧腺苷、脱氧胞苷、脱氧鸟苷、脱氧胸苷	腺苷、胞苷、鸟苷、尿苷
核苷酸	脱氧腺苷一磷酸（dAMP）	腺苷一磷酸（AMP）
	脱氧鸟苷一磷酸（dGMP）	鸟苷一磷酸（GMP）
	脱氧胞苷一磷酸（dCMP）	胞苷一磷酸（CMP）
	脱氧胸苷一磷酸（dTMP）	尿苷一磷酸（UMP）

　　核苷酸除了构成生物体的核酸外，细胞内还有多种游离的核苷酸和核苷酸衍生物，参与物质代谢及其调控，如 NTP 和 dNTP 是高能磷酸化合物，水解时释放出较大的能量。它们不仅是核酸合成的原料，而且在多种物质的合成中起活化或供能的作用，其中最重要的是 ATP。此外体内常见的环化核苷酸，如 3′,5′-环腺苷酸（cAMP）（图 9-6）和 3′,5′-环鸟苷酸（cGMP），作为激素的第二信使，在信息传递中起重要作用。有的核苷酸衍生物是重要的辅酶。例如，尼克酰胺腺嘌呤二核苷酸（NAD^+，辅酶Ⅰ）、尼克酰胺腺嘌呤二核苷酸磷酸（$NADP^+$，辅酶Ⅱ）、黄素单核苷酸（FMN）、黄素腺嘌呤二核苷酸（FAD）是多种脱氢酶的辅酶。

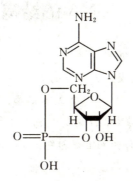

图 9-6　环腺苷酸的分子结构式

三、核苷酸的连接方式

　　核苷酸通过 3′,5′-磷酸二酯键连接形成核酸，即由上一个核苷酸的 3′-羟基与下一个核苷酸的 5′-磷酸脱水缩合形成线性的核酸分子（图 9-7）。DNA 分子的基本结构是由脱氧核苷酸相连而成的多聚脱氧核苷酸链，RNA 分子的基本结构是由许多核苷酸相连而成的多聚核苷酸链。每条核酸具有两个不同的末端，带有游离磷酸基的末端叫 5′-末端，带有游离羟基的末端叫 3′-末端。通常描述核酸的方向以 5′→3′方向为正方向，书写时 5′-末端写在左侧，3′-末端写在右侧。

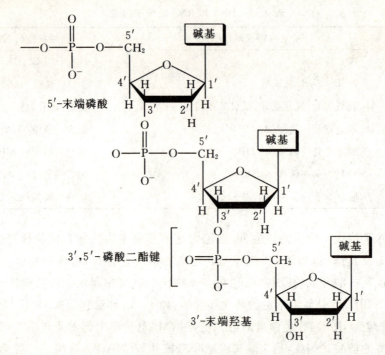

图9-7 多聚脱氧核苷酸链的连接方式

第二节 DNA的结构与功能

20世纪中期,美国人E. Chargaff等人提出了DNA分子碱基组成的Chargaff法则:①DNA由A、G、T、C四种碱基组成。在所有的DNA中,腺嘌呤含量等于胸腺嘧啶含量(A=T);鸟嘌呤等于胞嘧啶(G=C)。②DNA的碱基组成具有种属特异性,即不同生物种属的DNA碱基组成不同。③DNA的碱基组成无组织和器官的特异性。同一生物个体的不同组织或器官的DNA具有相同的碱基组成,并且不会随生长年龄、营养状态和环境变化而改变。

一、DNA的一级结构

核酸的一级结构是指构成核酸的核苷酸或脱氧核苷酸按$5'\to 3'$方向的排列顺序。因核酸中核苷酸之间的差别在于碱基部分,故核酸的一级结构即指核酸分子中碱基的排列顺序(图9-8)。

习惯上将$5'$-末端作为多核苷酸链的"头",写在左边,$3'$-末端作为"尾",写在右边,即按$5'\to 3'$方向书写。图9-8的几种缩写形式对RNA也适用。

核酸分子的大小常用碱基(base)或碱基对(base pair,bp)数目来表示。小于50bp的核酸片段通常称为寡核苷酸。自然界中不同生物DNA长度不一,多的可达数十万个碱基,而DNA携带的遗传信息完全依靠这些碱基排列顺序变化,所以DNA具备了巨大的遗传信息编码能力。脱氧核苷酸的排列顺序是DNA结构的核心。

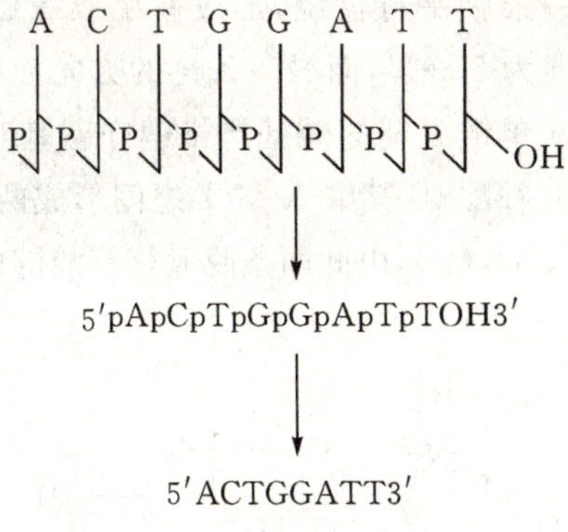

A C T G G A T T
P P P P P P P P OH
5′pApCpTpGpGpApTpTOH3′
5′ACTGGATT3′

图 9-8 DNA 一级结构的表示方式

二、DNA 的空间结构

英国人 R. E. Franklin 和 M. H. F. Wilkins 用 X 射线衍射技术分析 DNA 结晶，显示 DNA 分子为螺形分子。1953 年 J. D. Watson 和 F. H. C. Crick 两位青年科学家在总结前人研究的基础上，提出了著名的 DNA 右手双螺旋模型，确立了 DNA 的二级结构。J. D. Watson 和 F. H. C. Crick 也因此荣获了 1962 年的诺贝尔生理学和医学奖。

（一）DNA 的二级结构

DNA 二级结构即双螺旋结构（double helix structure）。图 9-9 所示为 J. D. Watson 和 F. H. C. Crick 提出的 DNA 双螺旋结构模型，其要点如下。

小沟
大沟
2nm
5′
3′
A::T
T::A
G:::C
C:::G
T::A
G:::C
3.4 nm
小沟
T::A
0.34nm
G:::C
A::T
T::A
大沟
G:::C
C:::G
T::A
G:::C

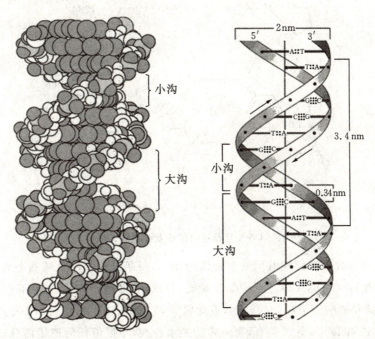

图 9-9 DNA 的二级结构（双螺旋结构模型）

1. 反向平行的“右手”双螺旋 DNA 分子由两条多聚脱氧核糖核苷酸链（简称 DNA

单链)组成。两条链沿着同一根轴平行盘绕,形成右手双螺旋结构。螺旋中的两条链方向相反,即其中一条链的方向为 5′→3′,而另一条链的方向为 3′→5′。

2. 碱基互补配对　DNA 单链之间的碱基严格遵守碱基互补原则,即 DNA 两条链之间的碱基通过氢键有规律的互补配对,其中 A 与 T 之间形成两个氢键(A═T、T═A),C 与 G 之间形成三个氢键(C≡G、G≡C),由此两条脱氧核苷酸链成为互补链(图 9-10)。

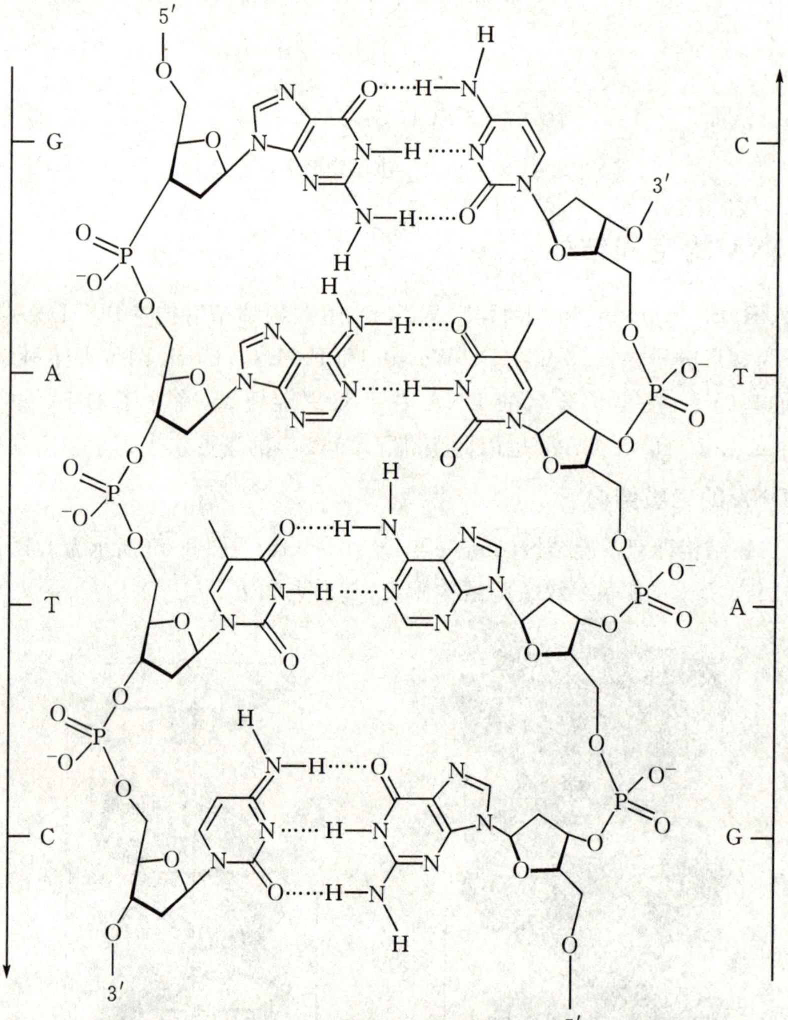

图 9-10　DNA 互补链的结构及配对碱基间的氢键

3. 形态及参数　螺旋横截面的直径约为 2nm,每条链相邻两个碱基平面之间的距离为 0.34nm,每 10 个 DNA 单链形成 1 个螺旋,其螺矩(即螺旋旋转一圈)高度为 3.4nm。

脱氧核糖和磷酸位于螺旋的外侧,彼此以 3′,5′-磷酸二酯键连接,构成 DNA 分子的基本骨架,为所有 DNA 分子共有,有一定的亲水特性,不携带任何遗传信息;碱基堆积在双螺旋的内部,形成疏水核心,四种碱基的排列顺序在不同的 DNA 中各不相同,贮存着个体差异的遗传信息。碱基环平面与螺旋轴垂直,糖基环平面与碱基环平面成 90°角。

螺旋结构上有依次相间的大沟与小沟,这些大沟与小沟结构能与部分特定蛋白质相互识别并发生作用。

4. 双螺旋结构稳定的作用力 ①氢键:碱基对之间的氢键使两条链缔合形成空间平行关系,维系双螺旋结构横向稳定。②碱基堆积力:碱基之间层层紧密堆积,形成疏水型核心,保持双螺旋结构纵向稳定。此外,天然 DNA 分子中的磷酸残基阴离子与介质中的阳离子之间形成离子键,可降低 DNA 双链之间的静电排斥力,对双螺旋结构也起到一定的稳定作用。

值得指出的是,J. D. Watson 和 F. H. C. Crick 提出的 DNA 模型是在相对湿度 92% 的条件下从生理盐水溶液中提取的 DNA 纤维的构象,称 B 型 DNA。这是 DNA 在水性环境下和生理条件下最稳定的结构。当改变溶液的离子强度和相对湿度时 DNA 螺旋结构中沟的深浅、螺距和旋转都会发生改变。当相对湿度降到 72% 时,DNA 仍然是右手螺旋的双链结构,但空间结构参数已不同于 B 型 DNA,称 A 型 DNA。1979 年,A. Rich 等人在研究人工合成的 CGCGCG 的晶体结构时,意外发现这种合成的 DNA 是左手螺旋。后来证明这种结构天然也有存在,人们称之为 Z 型 DNA(图 9-11)。

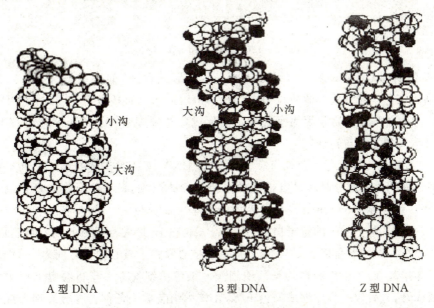

图 9-11 不同类型 DNA 双螺旋结构

(二)DNA 的高级结构

DNA 分子是生物体的遗传信息库,所有生物的 DNA 双螺旋长链都远远超出其细胞所能容纳的长度。如人的二倍体细胞 DNA 双螺旋的链长达 1.7m。显然,DNA 分子必须在双螺旋结构的基础上进一步盘曲折叠以压缩其长度,才能纳入小小的细胞乃至细胞核中。

1. 超螺旋结构 DNA 双螺旋结构每周包含 10 个碱基对时能量最低,若螺旋结构过紧或过松,而双链又呈闭合环形,便只能通过本身的扭曲降低双链内部的张力。这种扭曲即为超螺旋(super helix)结构(图 9-12)。根据螺旋的方向可分为正超螺旋和负超螺旋。正超螺旋使双螺旋结构更紧密,双螺旋圈数增加,而负超螺旋可以减少双螺旋的圈数。超螺旋是 DNA 三级结构的一种重要存在形式,包括线状 DNA 形成的纽结、超螺旋和多重螺旋、环状 DNA 形成的结、超螺旋和连环等。非环形 DNA,在链的两端转动受限时,局部也会出现这种超螺旋结构。

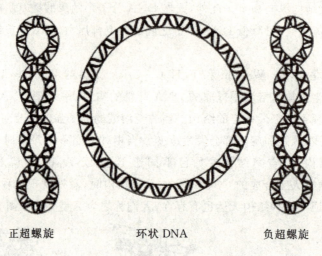

正超螺旋　　　环状 DNA　　　负超螺旋

图 9-12　DNA 的超螺旋结构

原核生物的 DNA 大多是以双链环状 DNA 形式存在,如某些病毒 DNA、噬菌体 DNA,细菌染色体与细菌中的质粒 DNA 都是环状的,包括真核细胞中的线粒体 DNA、叶绿体 DNA 也呈环形。常常因为盘绕不足而形成负超螺旋结构。负超螺旋为右手螺旋,有利于 DNA 的复制与转录。

2. 真核生物 DNA 与染色体　真核生物的 DNA 以高度有序的形式存在于细胞核内,在细胞周期的大部分时间里以松散的染色质形式出现,在细胞分裂期形成高度致密的染色体。核小体(nucleosome)是染色质的基本组成单位,由 DNA 和五种组蛋白共同构成。首先由各两个分子的组蛋白 H_2A、H_2B、H_3 和 H_4 形成八聚体的核心组蛋白,然后 DNA 双链在八聚体上盘绕近 1.75 圈形成盘状核心颗粒。核心颗粒之间再由 DNA 和组蛋白 H_1 连接起来,形成串珠样的染色质细丝。染色质细丝进一步折叠盘曲成中空螺线管、超螺线管,之后进一步压缩成染色单体,在核内组装成染色体。在分裂期形成染色体的过程中,DNA 被压缩了 8000～10000 倍(图 9-13)。

人体细胞共有 23 对 46 条染色单体。每条染色单体包含一条 DNA 分子,平均分子大小为 1.3×10^8 bp,直线长度约 1.7m。通过上述多层次盘旋折叠,DNA 长链被压缩 8400 多倍,全部容纳在直径约 $10\mu m$ 的细胞核中。

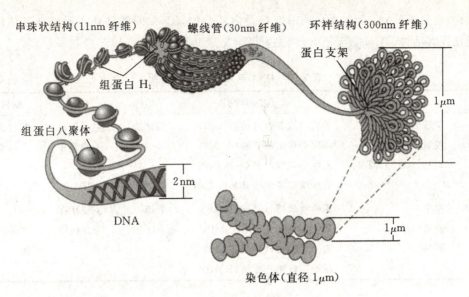

图 9-13　真核生物 DNA 与染色体的组装

三、DNA 的功能

(一)贮存遗传信息

遗传信息(genetic information)是指 DNA 中特定的碱基排列顺序。DNA 链很长，所包含的碱基数目很多(几千至几百万个)。尽管 DNA 只有四种碱基，但四种碱基可重复排列，所以碱基的排列顺序千变万化，可以形成多种贮存不同遗传信息的 DNA。例如，一个具有 4000 个碱基对的 DNA，其碱基对的排列方式就有 4^{4000} 种。这种千变万化的碱基排列顺序体现了 DNA 的多样性，而特定的碱基排列顺序决定了 DNA 的特异性，从而也决定了生物的遗传性、多样性和特异性。

(二)复制遗传信息

自我复制(replication)是指以 DNA 的两条链为模板，互补合成子代 DNA 的过程。从而使亲代的遗传信息准确地传递给子代。

(三)表达遗传信息

通过基因的转录和翻译使生物体的生命现象得以执行和体现。

第三节　RNA 的结构与功能

RNA 分子是由四种核糖核苷酸聚集而成的单股多聚核苷酸链，包括腺苷酸(AMP)、鸟苷酸(GMP)、胞苷酸(CMP)和尿苷酸(UMP)。RNA 的一级结构是指 RNA 分子中核苷酸从 $5'$-末端到 $3'$-末端的排列顺序。RNA 通常以一条核苷酸链的形式存在，但可以通过链内的碱基配对(A 与 U 配对、G 与 C 配对，但并不十分严格)形成局部双链或局部双螺旋，从而形成"茎环"结构(stem-loop)或发夹结构(hairpin)的二级结构和特定的三级结构,而且 RNA 也能与蛋白质形成核蛋白复合物,RNA 同样是要在形成高级结构时才能发挥其活性。DNA 与 RNA 的主要区别见表 9-2。

表 9-2 DNA 与 RNA 的主要区别

类别	核苷酸组成	核苷酸的种类	结构	分布	功能
DNA	磷酸 脱氧核糖 碱基(A、G、C、T)	腺嘌呤脱氧核苷酸(dAMP) 鸟嘌呤脱氧核苷酸(dGMP) 胞嘧啶脱氧核苷酸(dCMP) 胸腺嘧啶脱氧核苷酸(dTMP)	双螺旋	主要存在于细胞核	贮存遗传信息
RNA	磷酸 核糖 碱基(A、G、C、U)	腺嘌呤核糖核苷酸(AMP) 鸟嘌呤核糖核苷酸(GMP) 胞嘧啶核糖核苷酸(CMP) 尿嘧啶核糖核苷酸(UMP)	单链	主要存在于细胞质	参与基因的表达

RNA 分子比 DNA 小得多,核苷酸数量从数十个到数千个不等,但 RNA 的种类、结构多种多样,功能也各不相同。RNA 根据功能主要分为三种,即信使核糖核酸(messenger RNA,mRNA)、转运核糖核酸(transfer RNA,tRNA)、核糖体核糖核酸(ribosomal RNA,rRNA),此外还有多种相对分子质量较小的其他 RNA,如核内异质 RNA(hnRNA)、细胞核内小 RNA(small nuclear,snRNA)以及核酶(具有催化作用的 RNA)等。三种 RNA 的主要区别及功能见表 9-3。

表 9-3 三种 RNA 的主要区别

区别	mRNA	tRNA	rRNA
含量	5%~10%	5%~10%	80%~90%
结构特征	基本呈线形,部分节段可能绕成环形,上有编码氨基酸的密码子	呈三叶草型,柄部和基部可呈双螺旋形,柄部末端有 CCA 三个碱基,能特异性结合活化的氨基酸;柄部相对的一端为反密码环,上有三个碱基为反密码子	线形,某些节段可能成双螺旋结构
存在场所	细胞质	细胞质	核仁、细胞质
功能	转录 DNA 中的遗传信息,作为蛋白质合成的模板	转运活化的氨基酸到核糖体上的特定部位,使之形成多肽链	与核蛋白共同构成核糖体,成为蛋白质合成的场所

一、mRNA 的结构与功能

mRNA 占细胞总 RNA 的 2%~5%,是种类最多的一种 RNA。1960 年 F. Jacob 和 J. Monod 等科学家用放射性核元素示踪实验证实,蛋白质生物合成的直接模板是一类大小不一的 RNA,后来发现这一类 RNA 是在细胞核内以 DNA 为模板合成,然后转移到细胞质。这一类 RNA 被命名为信使 RNA。

原核生物中 mRNA 转录后一般不需要加工,而真核生物细胞核内初合成的 RNA 分子比成熟的 mRNA 大得多,分子大小不一,最初合成的这一类 RNA 称为不均一核 RNA (hnRNA)。hnRNA 是 mRNA 前体,在细胞核内存在的时间极短,经剪接、加工转变为成熟的 mRNA。

(一)真核细胞成熟 mRNA 的结构特点

1. $5'$-末端帽子结构　大部分真核细胞 mRNA 的 $5'$-末端在成熟过程中会加上7-甲基鸟嘌呤核苷三磷酸(m^7Gppp),称为"帽子"结构(cap sequence)(图 9-14)。该结构与 mRNA 的稳定性有关,并与其转运出细胞核,与核糖体结合,以及与蛋白质生物合成的起始等过程都有一定的关系。

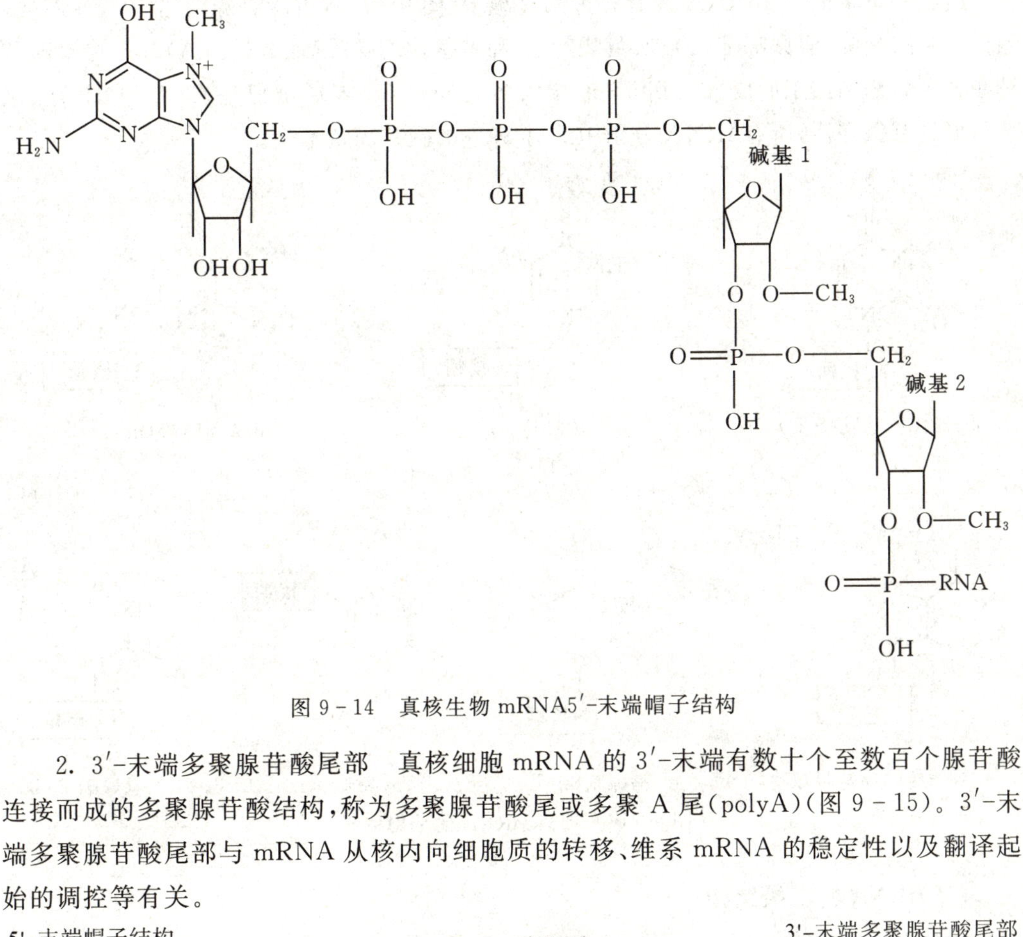

图 9-14　真核生物 mRNA$5'$-末端帽子结构

2. $3'$-末端多聚腺苷酸尾部　真核细胞 mRNA 的 $3'$-末端有数十个至数百个腺苷酸连接而成的多聚腺苷酸结构,称为多聚腺苷酸尾或多聚 A 尾(polyA)(图 9-15)。$3'$-末端多聚腺苷酸尾部与 mRNA 从核内向细胞质的转移、维系 mRNA 的稳定性以及翻译起始的调控等有关。

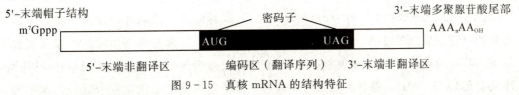

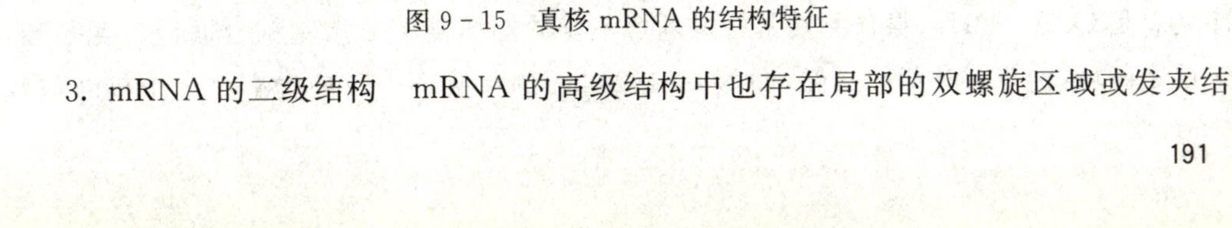

图 9-15　真核 mRNA 的结构特征

3. mRNA 的二级结构　mRNA 的高级结构中也存在局部的双螺旋区域或发夹结

构,但其数目、位子各不相同,因此形态各异。

(二)mRNA 的功能

mRNA 的主要功能是将细胞核中基因信息转录后携带出来,作为指导蛋白质生物合成的直接模板。mRNA 分子中每三个相邻核苷酸构成一个遗传密码(genetic code),将碱基序列翻译为氨基酸序列,进而生成特定的蛋白质。

二、tRNA 的结构与功能

(一)tRNA 的结构特点

tRNA 约占总 RNA 的 15%。目前已知的 tRNA 有 100 多种,具有较好的稳定性,其基本结构具有下列共同特点:①tRNA 是三种 RNA 分子中最小的一类,由 74~95 个核苷酸组成一条单链。②tRNA 含有多种稀有碱基(图 9-16),占所有碱基的 10%~20%,包括二氢尿嘧啶、假尿嘧啶(ψ)、次黄嘌呤(I)和甲基化的嘌呤(如 mG、mA)等。稀有碱基是在转录后修饰加工而成。③其 5'-末端大多为 pG,3'-末端全都是 CCA—OH。④碱基组成具有保守性,所有 tRNA 分子中约有 30%的碱基固定不变。

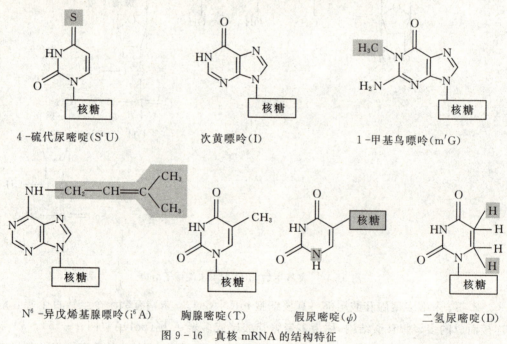

图 9-16 真核 mRNA 的结构特征

(二)tRNA 的二级结构

tRNA 的二级结构为三叶草型(图 9-17)。配对碱基形成局部双螺旋而构成臂,不配对的单链部分则形成环。二维形象似三叶草,主要由下列五部分组成。①氨基酸臂:位于三叶草的柄部,由七对碱基组成双链区,3'-末端为四个核苷酸残基的单链区,末端序列总是 CCA—OH。腺苷酸残基的羟基可与特异的氨基酸 α 羧基结合而携带氨基酸。②反密码环:位于三叶草的顶部,即氨基酸臂对面的单链环。该环含有由三个核苷酸残基组成的反密码子(anticodon),可以识别 mRNA 上的密码子,实现了遗传密码信息向蛋白质的氨基酸序列信息的流通。③TψC 环:含有胸腺嘧啶(T)、假尿嘧啶(ψ)和胞嘧啶(C)序列的环。④DHU 环:含有两个二氢尿嘧啶核苷酸残基的环。⑤可变环:在反密码环和 TψC 环之间,大约由 3 到 21 个核苷酸组成。各种 tRNA 核苷酸残基数目的不等,主要就是因可变环的大小不同。因此,可变环是 tRNA 分类的重要指标。

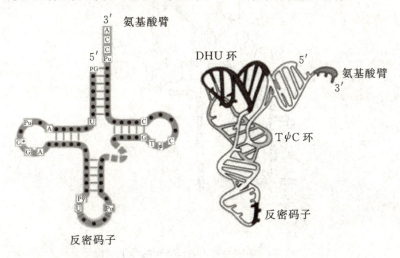

图 9-17　tRNA 的分子结构

(三)tRNA 的三级结构

tRNA 的三级结构是在三叶草型的基础上折叠而成的三维结构,呈倒"L"形(图 9-17)。氨基酸臂与反密码环分别位于倒"L"形分子的两端,DHU 环与 TψC 环位于拐角上。这种结构主要依靠碱基堆积力和氢键维系,紧凑而稳定;同时突显出 3′—CCA—OH 与反密码子,便于结合氨基酸、识别密码子。

(四)tRNA 的功能

tRNA 的功能是在蛋白质合成过程中作为氨基酸的运输工具。氨基酸臂的"CCA—OH"结构能特异性的通过酯键结合不同类型的活化氨基酸,不同的氨基酸可有 2~6 种不同的 tRNA 作为其载体。tRNA 还可以通过反密码子反向识别 mRNA 分子上的遗传密码,使其所携带的活化氨基酸在核糖体上按一定顺序合成多肽链。

三、rRNA 的结构与功能

rRNA 在细胞内含量最多,占 RNA 总量的 80% 以上。rRNA 分子也是单链。原核生物有 5S、23S 和 16S 三种 rRNA,真核生物有 28S、18S、5.8S 和 5S 四种 rRNA。S 为沉降系数(sedimentation coefficient),当用超速离心测定一个粒子的沉淀速度时,此速度与粒子的大小直径成比例。各种 rRNA 的碱基组成无一定比例,差别较大。除 5S rRNA 外,其余的 rRNA 都含有少量的稀有碱基。现在各种 rRNA 的核苷酸序列的测定均已完成,其中一级结构最先被确定的是大肠杆菌的 5S rRNA。在一级结构的基础上,人们推测出 rRNA 的二级结构和空间结构。如真核生物的 18S rRNA 的二级结构呈花状(图

9-18),众多的茎环结构为核糖体蛋白的结合和组装提供了结构基础。原核生物的 16S rRNA 的二级结构也极为相似。

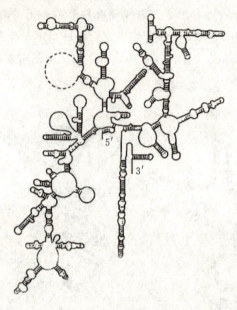

图 9-18 真核生物 18S rRNA 的分子结构

rRNA 的功能是与多种核糖体蛋白(ribosomal protein)组成核糖体(ribosome),提供蛋白质生物合成的场所,因此比作"装配机"。

核糖体由大小不同的两个亚基所组成。rRNA 是构成核糖体大、小亚基的骨架,决定着整个复合体的结构以及蛋白质组分所附着的位置,其含量往往高于核糖体的蛋白质组分。原核生物中,16S rRNA 存在于核糖体的小亚基上,5S rRNA 和 23S rRNA 存在于核糖体的大亚基上。真核生物中,18S rRNA 存在于核糖体的小亚基上,28S rRNA、5.8S rRNA 和 5S rRNA 存在于核糖体的大亚基上。蛋白质合成过程中,原核生物的 23S rRNA 和真核生物的 28S rRNA 具有催化肽键生成的作用。

第四节 核酸的理化性质

一、核酸的一般性质

(一)核酸的溶解性

DNA 和 RNA 均属于极性化合物,微溶于水,不溶于乙醇、乙醚、氯仿等有机溶剂。它们的钠盐比游离酸在水中的溶解度大,RNA 溶于 0.14mol/L 的 NaCl 溶液中,DNA 溶于 1mol/L 的 NaCl 溶液中。

(二)核酸的黏度

核酸为线形高分子化合物,因而核酸溶液具有非常高的黏度。通常,高分子化合物溶液比普通溶液的黏度大得多,而线形分子比球形分子的黏度更大。天然 DNA 分子的双螺旋结构极其细长,长度与直径之比可达 10^7。因此,即使是极稀的 DNA 溶液,黏度也很大。当 DNA 变性时,双螺旋结构向线团结构转变,空间伸展长度变短,黏度降低。

(三)核酸的酸碱性

核酸分子中含有酸性的磷酸基和碱性的碱基,属于两性化合物。在溶液中发生两性电离,不过等电点较低(pI 为 2~3),多表现酸性,在生理条件下,分子中磷酸基团解离为多价阴离子状态。DNA 双螺旋两条链间氢键的形成与其解离状态有关,在 pH 值为 4.0~11.0 范围内碱基对结合最为稳定。超过此范围,DNA 即发生变性。

二、核酸的紫外吸收性质

核酸分子中的嘌呤碱基和嘧啶碱基都含有共轭双键,因此核苷、核苷酸、核酸都具有紫外吸收的特征。在中性条件下,其最大吸收峰波长在 260nm。利用此特性,可以采用紫外分光光度法进行核酸的定性、定量分析,也可借此鉴别核酸检品中的蛋白质杂质(蛋白质的最大吸收峰为 280nm)。

三、核酸的变性、复性与分子杂交

(一)DNA 变性

DNA 变性(DNA denaturation)是指在某些理化因素的作用下,DNA 双链互补碱基对之间的氢键发生断裂,使双链 DNA 解链为单链的过程。引起 DNA 变性的因素有加热、有机溶剂、酸、碱、尿素和酰胺等。DNA 的变性可使其理化性质发生改变,如黏度下降和紫外吸收值增加等。

在实验室内最常用的 DNA 变性方法之一是加热。加热使 DNA 解链过程中,因有更多的共轭双键得以暴露,DNA 在 260nm 处的吸光度增高,故称为增色效应。它是监测 DNA 双链是否发生变性的最常用的指标。

如果在连续缓慢加热的过程中以温度相对于 A_{260} 作图(图 9-19),所得的曲线称为解链曲线。从曲线中可以看出,DNA 从变性开始解链到完全解链,是在一个相当窄的温度范围内完成的。在 DNA 解链过程中,A_{260} 的值达到光吸收变化最大值的一半时所对应的温度称为解链温度或融解温度(T_m)。在此温度时,50% 的 DNA 双链被打开。T_m 是研究核酸变性很有用的参数,一般在 70~85℃。T_m 值与 DNA 分子大小及所含碱基的 G+C

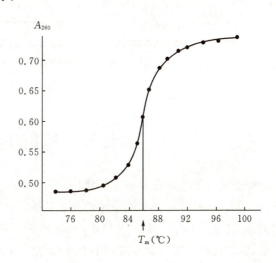

图 9-19 DNA 解链曲线

比例有关，DNA 分子越大，G+C 比例越高，T_m 值也越高。DNA 分子的 T_m 值可以根据其 G+C 的含量计算。

(二) DNA 的复性

当变性条件缓慢地除去后，两条解离的互补链可重新配对，恢复原来的双螺旋结构，这一过程称为 DNA 的复性(renaturation)。复性的 DNA 理化性质及活性均可以恢复。

热变性的 DNA 经缓慢冷却后可以复性，这一过程称为退火。但是，热变性 DNA 迅速冷却至 4℃以下，复性不能进行。这一特性被用来保持 DNA 的变性状态。

复性时，互补链之间的碱基互相配对的过程分为两个阶段。首先，溶液中的单链 DNA 不断彼此随机碰撞，如果它们之间的序列有互补关系，两条链经一系列的 G—C、A—T 配对，产生较短的双螺旋区。然后碱基配对区沿着 DNA 分子延伸形成双链 DNA 分子。DNA 复性后，变性引起的性质改变也得以恢复。

(三) 分子杂交与探针技术

所谓分子杂交(hybridization)，是指由不同来源的单链核酸分子结合形成杂化的双链核酸的过程。杂交可发生在 DNA-DNA、RNA-RNA 和 DNA-RNA 之间。分子杂交技术的基础是核酸的变性与复性(图 9-20)。例如，探针技术就是应用分子杂交技术，将一段带有放射性标记或其他化学标记的寡核苷酸链作为探针(probe)，与待测 DNA 一起温育，若待测 DNA 有相应的互补序列，便会与探针形成杂交双链。常用的有 Southern 印迹(DNA-DNA 杂交)、Northern 印迹(DNA-RNA 杂交)。利用探针的标记即可进行靶核酸特异序列的检测和定量。核酸分子杂交技术已广泛应用于核酸结构及功能的研究、遗传病的诊断、肿瘤病因学的研究、病原体的检测等医学领域，是核酸序列检测的常用方法之一。

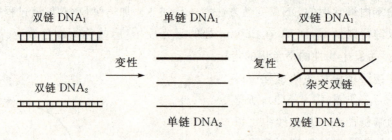

图 9-20 核酸分子杂交示意图

第五节 核酸的分解代谢

核酸是生物体内重要的遗传物质，它与生物体的代谢、遗传、变异及蛋白质的生物合成密切相关。核酸的基本组成单位是核苷酸，在生物体中核苷酸既是合成 DNA 和 RNA 的前体，又是 FAD、NAD^+、$NADP^+$ 等辅酶的组成成分，生物体中还存在 ADP、ATP 等核苷酸，它们都具有重要的生理功能。生物体中核苷酸、脱氧核苷酸、DNA 和 RNA 的合成与分解受到精确的调节与控制，以满足机体的需要。

一、食物核酸的消化与吸收

人体内的核苷酸主要在机体细胞自身合成,核苷酸不属于营养必需物质。核酸在小肠中受胰液和肠液中各种水解酶的作用逐步水解,最终生成碱基、戊糖和磷酸(图9-21)。

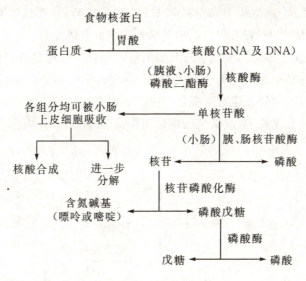

图9-21 食物核酸的消化

核酸的分解产物碱基和戊糖可被直接吸收,未被分解的核苷也可以直接吸收。核酸的消化产物吸收后,由门静脉进入肝脏。戊糖可以被分解或合成体内的核酸,肠道吸收的碱基只有很少量可以用于合成体内的核酸,绝大部分碱基被分解排出体外。虽然食物来源的碱基几乎不能掺入到组织的核酸中,但非肠道输入的化合物却可能掺入组织的核酸中。例如,注射的脱氧胸苷可以掺入新合成的DNA中。

二、核酸的分解

在所有生物体的细胞内都有与核酸代谢有关的酶类,它们催化细胞内各种核酸的分解,促使核酸的更新。生物体内的核酸在酶的催化下水解成多核苷酸或单核苷酸(图9-21)。水解核糖核酸的酶称为核糖核酸酶,水解脱氧核糖核酸的酶称为脱氧核糖核酸酶。核糖核酸酶和脱氧核糖核酸酶中能水解核酸分子内磷酸二酯键的酶又称为核酸内切酶,从核酸链的一端逐个水解下核苷酸的酶称为核酸外切酶。

核酸内切酶将核酸分解成较小的核苷酸链,很多核酸内切酶无选择性。但在某些细菌和蓝藻中,存在一类特殊的核酸内切酶,称为限制性核酸内切酶。这类酶在双链DNA上能识别特殊的核苷酸序列,被称为识别序列。不同的限制性核酸内切酶各有相应的识别序列,根据识别序列,DNA可被切成特殊的片断。外切酶从核酸链的一端逐个水解核苷酸,如蛇毒磷酸二酯酶和牛脾磷酸二酯酶是外切酶,都能催化核糖核酸或脱氧核糖核酸的水解。蛇毒磷酸二酯酶从多核苷酸链的3'-末端开始逐个水解核苷酸链,产物为5'-核苷酸。牛脾磷酸二酯酶从多核苷酸链的5'-末端开始逐个水解核苷酸链,产物为3'-核苷酸。

三、核苷酸的分解

核苷酸具有多种生物学功能：①作为核酸合成的原料是核苷酸最主要的功能；②体内能量的利用形式；③参与代谢和生理调节；④构成辅酶；⑤形成活化中间代谢物，如UDP-葡萄糖合成糖原，S-腺苷甲硫氨酸是活性甲基的载体。

核苷在酶的催化下分解。催化核苷分解的酶有两类。一类是核苷磷酸化酶，它使核苷分解成碱基和1-磷酸戊糖。另一类是核苷水解酶，它使核苷分解成碱基和戊糖。核苷磷酸化酶存在广泛，它所催化的反应是可逆的。核苷水解酶主要存在于植物和微生物中，它只催化核糖核苷水解，对脱氧核糖核苷无作用，并且反应不可逆（图9-22）。

图9-22 核苷酸的分解代谢过程

四、嘌呤核苷酸的分解代谢

嘌呤核苷酸的分解代谢主要在肝脏、小肠及肾脏中进行。嘌呤核苷酸首先在核苷酸酶的作用下水解，脱去磷酸成为嘌呤核苷，嘌呤核苷在嘌呤核苷磷酸化酶(PNP)的催化下水解为嘌呤与1-磷酸核糖。1-磷酸核糖可转变成5-磷酸核糖进入糖代谢途径或参与新的核苷酸合成。嘌呤碱最终经水解、脱氨及氧化作用生成尿酸(uric acid, UA)，随尿液排出体外。AMP生成次黄嘌呤，后者在黄嘌呤氧化酶的作用下氧化为黄嘌呤，最后生成尿酸。GMP生成鸟嘌呤，后者转变成黄嘌呤，最后也生成尿酸（图9-23）。嘌呤脱氧核苷经过相同途径进行分解代谢。

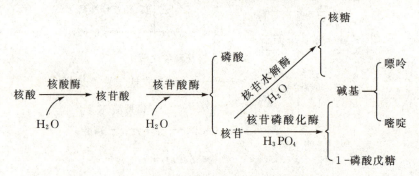

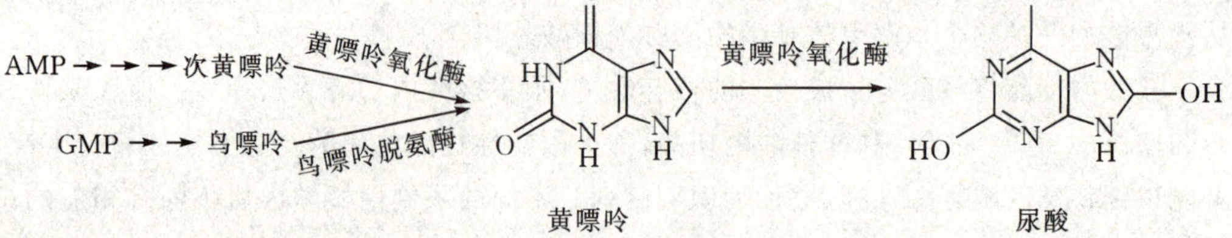

图9-23 嘌呤核苷酸的分解代谢

正常人血浆中尿酸含量为120～360μmol/L，男性略高于女性，主要以尿酸及其钠盐的形式存在，均难溶于水。痛风患者血浆中尿酸含量升高一定量时，尿酸盐晶体即可沉积于关节、肾脏、软组织、软骨等处,而导致关节炎、尿路结石及肾脏疾病。痛风多见于成年男性,原因不明,可能与嘌呤核苷酸代谢酶缺陷有关。另外,高嘌呤饮食或肾脏疾病,也可导致尿酸含量升高。别嘌呤醇的结构与次黄嘌呤相似(图9-24),是黄嘌呤氧化酶的竞争抑制剂,可以抑制黄嘌呤的氧化,减少尿酸的生成,所以临床上常用别嘌呤醇来缓解痛风的症状。

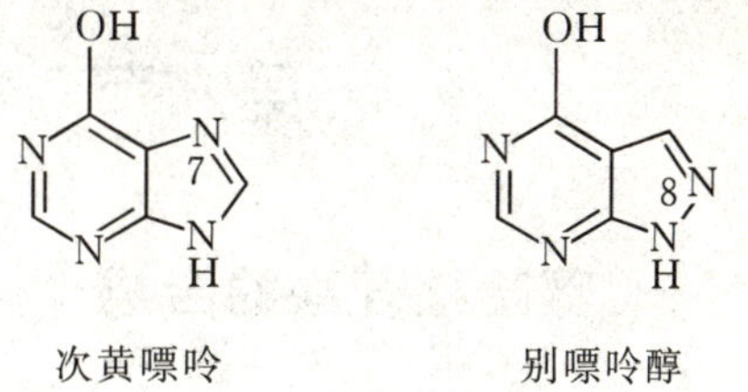

图9-24 次黄嘌呤与别嘌呤醇的结构式

五、嘧啶核苷酸的分解代谢

嘧啶核苷酸的分解是在核苷酸酶及核苷磷酸化酶的作用下,分别除去磷酸和核糖,产生的嘧啶碱在肝脏中再进一步分解,代谢的产物易溶于水。胞嘧啶脱氨基转变为尿嘧啶,最终生成 NH_3、CO_2 及 β-丙氨酸。胸腺嘧啶可生成 β-氨基异丁酸。β-丙氨酸和β-氨基异丁酸可分别转变成乙酰辅酶 A 和琥珀酰辅酶 A 而进入三羧酸循环彻底氧化分解。NH_3 和 CO_2 可合成尿素,随尿液排出体外(图9-25)。食用含 DNA 高的食物,经放疗或化疗治疗的癌症患者及白血病患者,由于细胞及核酸破坏,嘧啶核苷酸分解增加,使尿中排出的 β-氨基异丁酸增多。

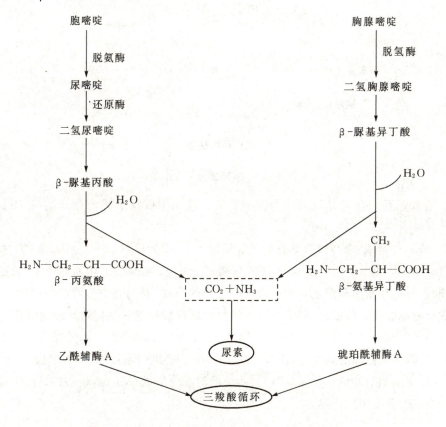

图9-25 嘧啶核苷酸的分解代谢

第六节 核苷酸的生物合成

一、嘌呤核苷酸的合成

体内嘌呤核苷酸的合成可分为从头合成和补救合成两条途径。利用氨基酸、一碳单位、CO_2 和磷酸核糖等简单物质为原料,经过一系列酶促反应合成嘌呤核苷酸的途径称为从头合成途径(de novo synthesis),这是嘌呤核苷酸合成的主要途径。以体内游离的嘌呤或嘌呤核苷为原料经过比较简单的反应合成核苷酸的过程称为补救合成途径(salvage pathway)。

(一)嘌呤核苷酸的从头合成途径

1. 合成原料与部位 合成的原料包括 5-磷酸核糖、天冬氨酸、甘氨酸、谷氨酰胺、一碳单位及 CO_2 等,嘌呤碱的 C、N 来源:嘌呤环 N_1 来自天冬氨酸,C_2、C_8 来自于一碳单位,N_3、N_9 来自谷氨酰胺,C_6 来自 CO_2,C_4、C_5 和 N_7 来自甘氨酸(图 9-26),5-磷酸核糖来自磷酸戊糖途径。从头合成途径主要在肝脏中合成,其次是小肠黏膜和胸腺,而脑、骨髓则无法进行此合成途径,合成过程在胞液中进行。

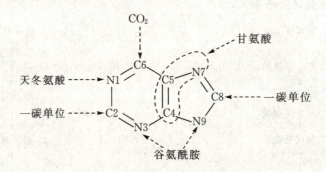

图 9-26 嘌呤碱的元素来源

2. 合成过程 合成过程可分为两个阶段。首先生成次黄嘌呤核苷酸(IMP),然后 IMP 再转变为 AMP 和 GMP。

(1)IMP 的合成:嘌呤核苷酸合成的起始物为 5-磷酸核糖(R-5-P),是磷酸戊糖途径的代谢产物。R-5-P 在磷酸核糖焦磷酸合成酶的催化下生成磷酸核糖焦磷酸(PRPP)。磷酸核糖焦磷酸也是嘧啶核苷酸合成的前体,参与多种生物合成过程。然后,由磷酸核糖酰胺转移酶催化,磷酸核糖焦磷酸的焦磷酸被谷氨酰胺的酰胺基取代生成5-磷酸核糖胺(PRA)。以上两个步骤是 IMP 合成的关键步骤,两个酶是嘌呤合成的限速酶。在 5-磷酸核糖胺的基础上,由甘氨酸、N^5,N^{10}-甲烯四氢叶酸、谷氨酰胺、CO_2、天冬氨酸、N^{10}-甲酰四氢叶酸依次参与,经过八步酶促反应生成 IMP(图 9-27)。IMP 是嘌呤核苷酸合成的重要中间产物。

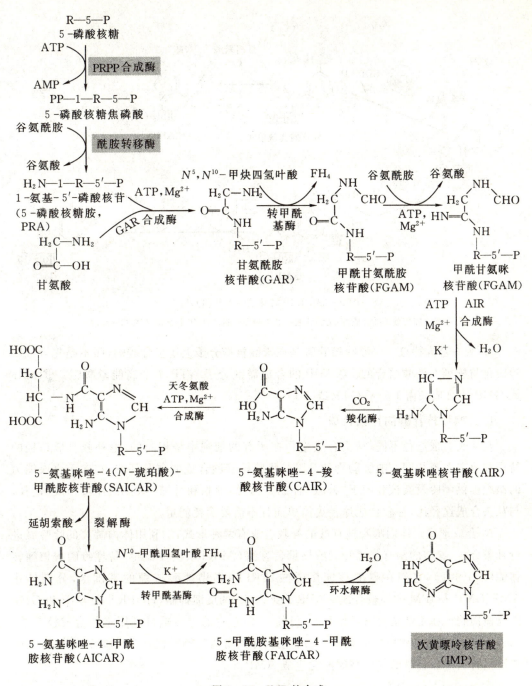

图 9-27 IMP 的合成

(2) AMP 和 GMP 的生成：IMP 沿两条途径转变成 AMP 和 GMP。一条是，由腺苷酸代琥珀酸合成酶催化，天冬氨酸提供氨基，脱去延胡索酸，生成 AMP。另一条是，IMP 也可氧化生成黄嘌呤核苷酸（XMP），由谷氨酰胺提供氨基生成 GMP。核酸的合成原料为三磷酸核苷，AMP 和 GMP 在核苷酸激酶的催化下，经过两步磷酸化反应分别生成 ATP 和 GTP。反应过程由 ATP、GTP 供能（图 9-28）。

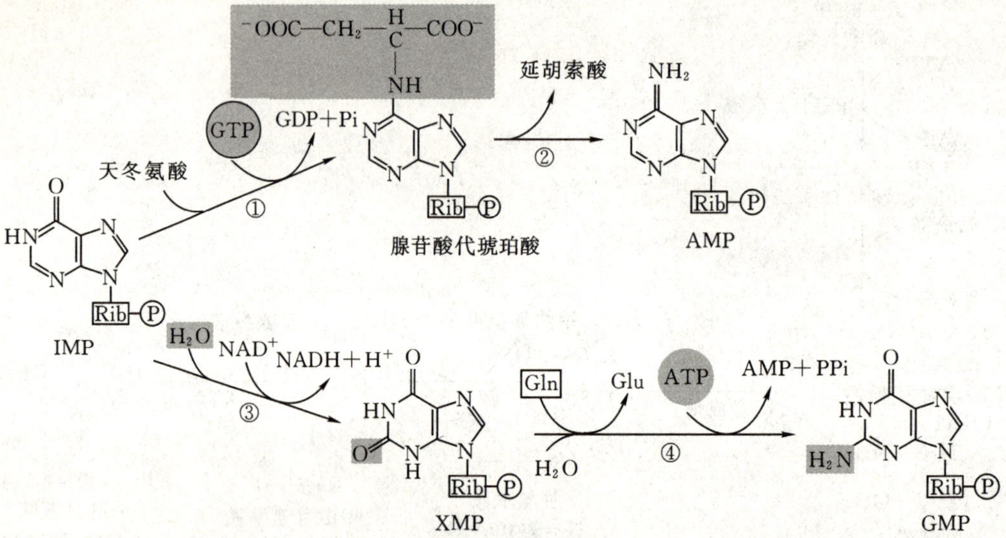

图 9-28 IMP 转化成 AMP 和 GMP

①腺苷酸代琥珀酸合成酶；②腺苷酸代琥珀酸裂解酶；③IMP 脱氢酶；④GTP 合成酶。

3. 从头合成特点　①嘌呤核苷酸是在磷酸核糖分子上逐步合成的，而不是先合成嘌呤碱再与核糖及磷酸结合的。②IMP 的合成需 6 分子 ATP，7 个高能磷酸键。③AMP 或 GMP 的合成又需 1 分子 GTP 或 ATP。

(二)嘌呤核苷酸的补救合成

与从头合成途径不同，从头合成途径在所有的细胞中是相同的，但补救合成途径的特征和分布各不相同。哺乳动物的肝脏是嘌呤核苷酸合成的主要部位，它向无合成能力的组织提供嘌呤及其核苷用于"补救"合成。脑、红细胞和骨髓多利用"补救合成"途径。与从头合成途径比，补救合成途径更简单而且不需要消耗能量。

1. 合成形式　体内嘌呤核苷酸的补救合成有两种形式：①利用体内游离的嘌呤碱进行补救合成，参与的酶有腺嘌呤磷酸核糖转移酶(APRT)、次黄嘌呤-鸟嘌呤磷酸核糖转移酶(HGPRT)，它们在磷酸核糖焦磷酸(PRPP)提供磷酸核糖的基础上，分别催化 AMP、GMP 和 IPM 的补救合成。APRT 受 AMP 的反馈抑制，HGPRT 受 IMP 和 GMP 的反馈抑制。在正常情况下，HGPRT 可使 90％左右的嘌呤碱再利用重新合成核苷酸，而 APRT 催化的再利用反应很弱。②利用人体内游离的嘌呤核苷合成嘌呤核苷酸，如腺嘌呤核苷通过腺苷激酶催化被磷酸化生成 AMP。

$$腺嘌呤 + PRPP \xrightarrow{APRT} AMP + PPi$$

$$次黄嘌呤 + PRPP \xrightarrow{HGPRT} IMP + PPi$$

$$鸟嘌呤 + PRPP \xrightarrow{HGPRT} GMP + PPi$$

$$腺嘌呤核苷 + ATP \xrightarrow{腺苷激酶} AMP + ADP$$

2. 生理意义　嘌呤核苷酸的补救合成是一种次要途径。其生理意义在于可以节省能量及减少氨基酸的消耗。此外，对某些不能进行从头合成核酸的组织，如脑、骨髓、脾脏、白细胞和血小板等,具有重要的生理意义。例如,由于基因缺陷而导致 HGPRT 完全缺失的患儿,表现为自毁容貌征或称 Lesch-Nyhan 综合征,这是一种遗传代谢病。

二、嘧啶核苷酸的合成

与嘌呤核苷酸的合成一样,嘧啶核苷酸的合成代谢也有从头合成和补救合成两条途径。

(一) 嘧啶核苷酸的从头合成途径

1. 合成原料与部位　嘧啶核苷酸的从头合成主要在肝脏中进行,反应过程在细胞液中进行。合成的原料有谷氨酰胺、CO_2、天冬氨酸和 5-磷酸核糖。嘧啶环的 C_2 来自 CO_2,N_3 来自谷氨酰胺,C_4、C_5、C_6 及 N_1 来自天冬氨酸(图 9-29)。

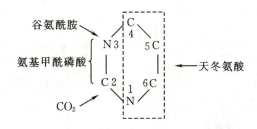

图 9-29　嘧啶环的元素来源

2. 合成过程　与嘌呤核苷酸的合成不同,嘧啶核苷酸是先合成嘧啶环,再与磷酸核糖连接生成核苷酸。首先合成的核苷酸是尿嘧啶核苷酸(UMP),UMP 通过鸟苷酸激酶和二磷酸核苷激酶的催化生成尿苷三磷酸(UTP),再在 CTP 合成酶的催化下,接受来自谷氨酰胺的氨基而成为胞苷三磷酸(CTP)。具体反应过程如下。

(1) UMP 的合成:此过程分六步反应。①氨基甲酰磷酸的合成是嘧啶合成的第一步。谷氨酰胺和 CO_2 在氨基甲酰磷酸合成酶Ⅱ(CPS-Ⅱ)的作用下合成氨基甲酰磷酸,反应在胞液中进行。尿素合成时所需的 CPS-Ⅰ存在于线粒体,其作用的底物为氨和 CO_2。②氨基甲酰磷酸与天冬氨酸在天冬氨酸氨基甲酰转移酶(aspartate transcarbamoylase,ATCase)的催化下,缩合生成氨甲酰天冬氨酸。此反应为嘧啶合成的限速步骤,受产物的反馈抑制。③氨甲酰天冬氨酸在二氢乳清酸酶的催化下脱水环化生成具有嘧啶环的二氢乳清酸。④二氢乳清酸经二脱氢乳清酸脱氢酶催化生成乳清酸。⑤乳清酸与 PRPP 化合生成乳清酸核苷酸(OMP)。⑥OMP 脱羧生成 UMP。UMP 是合成其他嘧啶核苷酸的前体(图 9-30)。

(2) CTP 的合成:CTP 的合成是在三磷酸核苷水平上转化生成。UMP 经尿苷激酶催化生成 UDP,UDP 再经尿苷二磷酸核苷激酶的作用生成 UTP。UTP 在 CTP 合成酶的催化下由谷氨酰胺提供氨基生成 CTP,此过程需消耗 1 分子 ATP。

(3) 脱氧胸腺嘧啶核苷酸(dTMP)的合成:dTMP 的合成过程与其他脱氧核苷酸不同,它不是由相应的核糖核苷酸转变而来,而是由 dUMP 甲基化生成(图 9-31)。反应由 dTMP 合酶催化,甲基的供体是 N^5,N^{10}—CH_2—FH_4。dUMP 可由 dUDP 水解生成,但主要由 dCMP 脱氨生成。

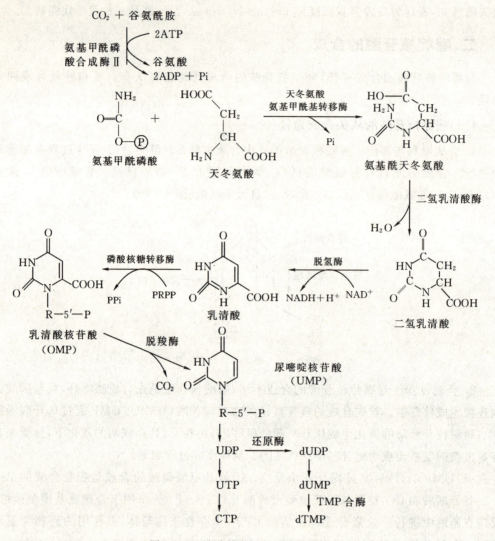

图 9-30 嘧啶核苷酸的从头合成过程

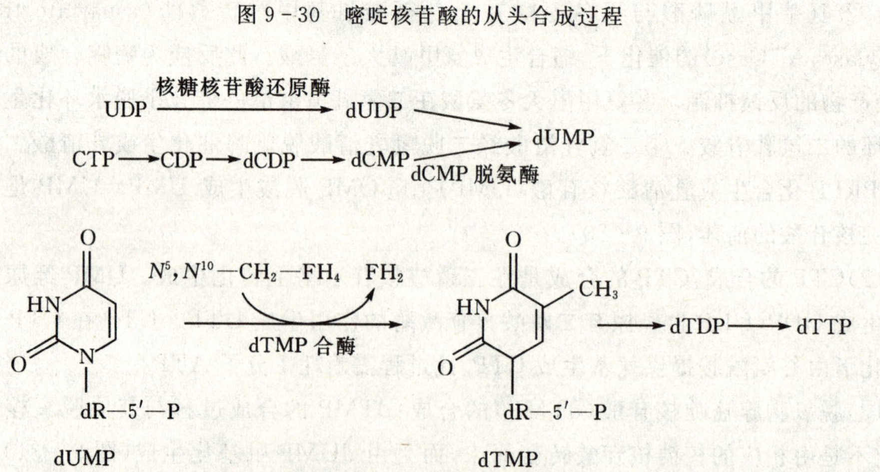

图 9-31 dTMP 的合成过程

(二)嘧啶核苷酸的补救合成途径

嘧啶核苷酸的补救合成利用嘧啶磷酸核糖转移酶,以尿嘧啶、胸腺嘧啶和乳清酸作为底物,但不能利用胞嘧啶作为底物,催化的反应通式如下。

$$嘧啶 + PRPP \xrightarrow{嘧啶磷酸核糖转移酶} 磷酸嘧啶核苷 + PPi$$

各种嘧啶核苷也可在相应的核苷激酶的催化下,与 ATP 作用生成嘧啶核苷酸和 ADP。

$$尿嘧啶核苷 + ATP \xrightarrow{尿苷激酶} UMP + ADP$$

$$脱氧胸苷 + ATP \xrightarrow{胸苷激酶} dTMP + ADP$$

如脱氧胸苷可通过胸苷激酶而生成 dTMP。此酶在正常肝脏中活性很低,再生肝脏中升高,在恶性肿瘤中明显升高并与恶性程度相关,可作为肿瘤标志物来评估恶性肿瘤。

三、脱氧核糖核苷酸的合成

脱氧核糖核苷酸,包括嘌呤脱氧核苷酸、嘧啶脱氧核苷酸,在二磷酸核苷(NDP)水平上还原而成,由核糖核苷酸还原酶催化。总反应如下。

$$NDP + NADPH + H^+ \xrightarrow{核糖核苷酸还原酶} dNDP + NADP^+ + H_2O$$

$$dNDP + ATP \xrightarrow{激酶} dNTP + ADP$$

经激酶作用,dNDP 磷酸化生成相应的 dNTP,但 dTTP 则不能直接按上述途径转变而来。

四、核苷酸的抗代谢物

核苷酸的抗代谢物是一些嘌呤、嘧啶、氨基酸或叶酸等的类似物。它们主要干扰、抑制或阻断核苷酸合成代谢途径某个环节,从而抑制核苷酸代谢,从而进一步阻止核酸和蛋白质的合成。在临床上抗代谢药物已广泛使用。

(一)嘌呤类似物和嘧啶类似物

1. 嘌呤类似物　嘌呤类似物主要有 6-巯基嘌呤(6-mercaptopurine,6-MP)和 8-氮杂鸟嘌呤等,临床上以 6-MP 最常用。6-MP 的化学结构与次黄嘌呤相似(图 9-32),唯一差别是嘌呤环中 C_6 上分别为巯基和羟基。6-MP 一方面能与 PRPP 结合生成巯嘌呤核苷酸,从而抑制 IMP 转变为 AMP 和 GMP;另一方面还可反馈抑制 PRPP 酰胺转移酶,干扰磷酸核糖胺的形成,从而阻断嘌呤核苷酸的从头合成;此外,6-MP 还能直接竞争性抑制 HGPRT,阻止嘌呤核苷酸的补救合成。临床上常用来治疗白血病、自身免疫性疾病等。

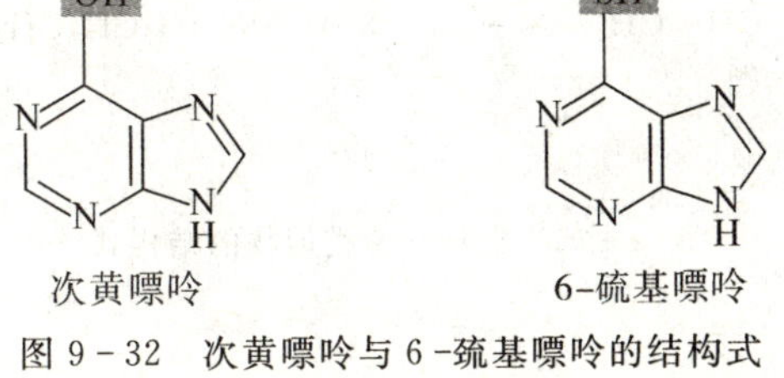

图 9-32　次黄嘌呤与 6-巯基嘌呤的结构式

2. 嘧啶类似物 嘧啶类似物主要有5-氟尿嘧啶(5-fluorouracil,5-FU),其结构与胸腺嘧啶相似(图9-33),在体内必须转变成一磷酸脱氧核糖氟尿嘧啶核苷(FdUMP)及三磷酸氟尿嘧啶核苷(FUTP)后才能发挥作用。FdUMP与dUMP的结构相似,是胸苷酸合成酶的抑制剂,阻断dTMP的合成,从而抑制DNA的合成。FUTP能以FUMP的形式在RNA合成时加入,从而破坏RNA的结构与功能。临床上常用来治疗胃癌、肝癌等。

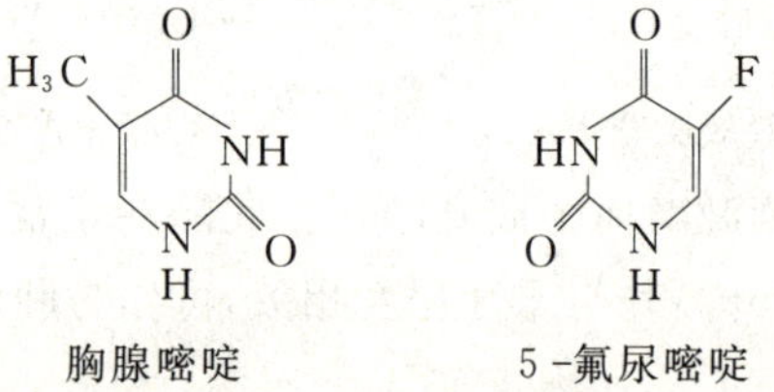

图9-33 胸腺嘧啶与5-氟尿嘧啶的结构式

阿糖胞苷和环胞苷(图9-34)是改变了核糖结构的嘧啶核苷类似物,临床上作为重要的抗癌药物应用,阿糖胞苷能抑制CDP还原成dCDP,也能影响DNA的合成。

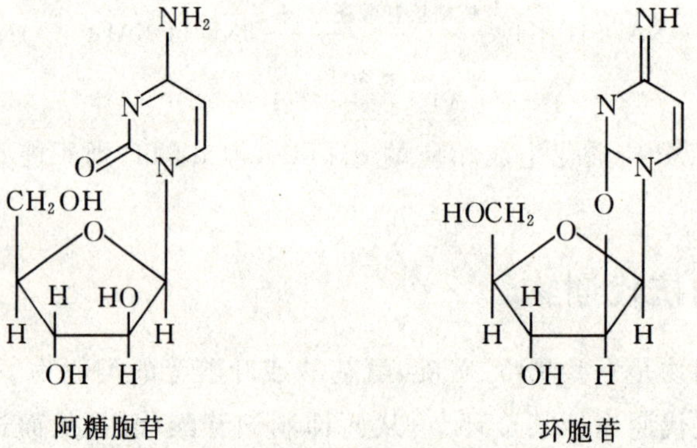

图9-34 阿糖胞苷和环胞苷的结构式

(二)叶酸类似物

常见的叶酸类似物有氨蝶呤(APT)及甲氨蝶呤(methotrexate,MTX)(图9-35)。它们能竞争性抑制二氢叶酸还原酶,使叶酸不能还原成二氢叶酸及四氢叶酸,从而抑制了嘌呤核苷酸的合成。叶酸类似物也可抑制胸苷酸合成,从而影响DNA的合成。MTX在临床上常用于白血病等的治疗。

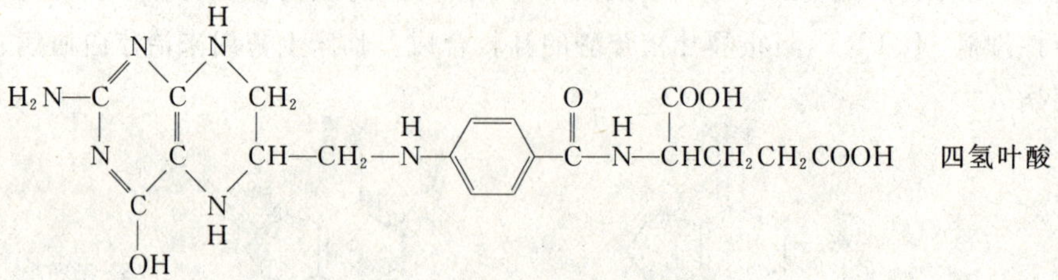

图9-35 常见叶酸类似物的结构式

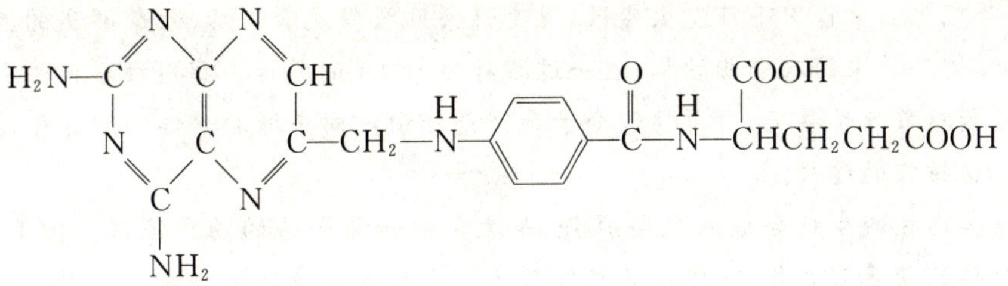

[化学结构式:氨蝶呤]

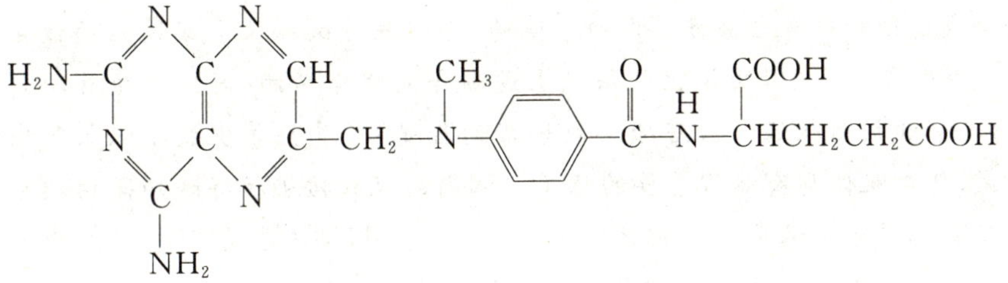

[化学结构式:甲氨蝶呤]

图 9-35(续) 常见叶酸类似物的结构式

(三)氨基酸类似物

氨基酸类似物有氮杂丝氨酸及 6-重氮-5-氧正亮氨酸等,它们的结构与谷氨酰胺相似(图 9-36),可干扰谷氨酰胺在嘌呤、嘧啶核苷酸合成中的作用,从而抑制核苷酸的合成。临床上常用于治疗多种肿瘤。

$H_2NCOCH_2CH_2CHNH_2COOH$ 谷氨酰胺

$N^+NCH_2COOCH_2CHNH_2COOH$ 杂氮丝氨酸

$N^+NCH_2COCH_2CH_2CHNH_2COOH$ 6-重氮-5-氧正亮氨酸

图 9-36 氨基酸类似物的分子式

本章小结

核酸的基本组成单位是核苷酸,核苷酸由三部分组成,分别是碱基、戊糖、磷酸。戊糖与碱基通过糖苷键连接,戊糖与磷酸通过酯键连接。核苷酸通过 $3',5'$-磷酸二酯键连接形成核酸。

DNA 是多聚脱氧核苷酸链。DNA 的一级结构是指 DNA 分子中核苷酸从 $5'$-末端到 $3'$-末端的排列顺序。DNA 的二级结构为右手双螺旋结构。双螺旋结构的稳定性是通过横向的氢键和纵向碱基平面间的疏水性碱基堆积力维系。真核生物的 DNA 与组蛋白组装成核小体,通过进一步的盘曲缠绕形成染色体存在于细胞核。DNA 是生物体遗传信息的载体。

RNA 的种类、结构多种多样,功能也各不相同。RNA 中主要的种类有信使 RNA(mRNA)、转运 RNA(tRNA)、核糖体 RNA(rRNA)。各种 RNA 发挥不同的作用参与完成蛋白质的生物合成。

核酸是两性电解质,通常表现较强的酸性,具有较高的黏度。核酸具有紫外吸收特性,其最大吸收峰在 260nm 附近,利用这一性质可以对核酸溶液进行定性和定量分析。

生 物 化 学

DNA 在加热等理化因素作用下可发生变性,当变性条件缓慢地除去后,两条解离的互补链可重新配对,恢复原来的双螺旋结构,这一过程称为 DNA 的复性。利用核酸变性和复性的特性可进行核酸分子杂交,所谓核酸分子杂交是指由不同来源的单链核酸分子结合形成杂化的双链核酸的过程。

核苷酸是体内核酸生物合成的主要原料,是生命遗传与繁殖的物质保证。但是,核苷酸不属于机体的营养必需物质,体内的核苷酸主要由机体自身细胞合成。体内核苷酸的合成有从头合成途径和补救合成途径两种。嘌呤/嘧啶核苷酸从头合成过程的最主要区别在于嘌呤核苷酸是在 $5'$-磷酸核糖的基础上逐渐合成嘌呤环的,而嘧啶核苷酸是先合成嘧啶环,再与磷酸核糖相连。核苷酸补救合成途径是脑、骨髓等少数组织细胞内核苷酸合成的方式,其对机体具有非常重要的意义。体内的脱氧核糖核苷酸均是由相应的核糖核苷酸在核苷二磷酸的水平上直接还原而生成,只有 dTMP 是由 dUMP 经甲基化而成的。核苷酸的抗代谢物在临床上常作为药物被用于癌瘤等疾病的治疗。嘌呤碱分解的终产物是尿酸。血中尿酸含量过高时,可引起痛风,临床上常用别嘌醇治疗。嘧啶碱分解的终产物是 NH_3、CO_2 和 β-氨基酸,它们可随尿排出或进一步代谢。

综合测试题

一、名词解释

1. 核酸的一级结构
2. 核酸的变性
3. 核酸的复性
4. 增色效应
5. 减色效应
6. T_m 值
7. 核苷酸从头合成途径
8. 核苷酸补救合成途径

二、问答题

1. 核酸分为哪两大类?其生物功能如何?
2. 将核酸完全水解后可得到哪些组分?DNA 和 RNA 的水解产物有何不同?
3. DNA 热变性有何特点?T_m 值表示什么?
4. DNA 分子二级结构有哪些特点?
5. 维持 DNA 双螺结构稳定的主要因素有哪些?
6. 简述 tRNA 二级结构的组成特点。
7. 用 1mol/L 的 KOH 溶液水解核酸,两类核酸(DNA 及 RNA)的水解有何不同?
8. RNA 分为几种类型?其生物功能如何?
9. 嘌呤与嘧啶在体内的分解方式有什么根本不同之处?
10. 阐述别嘌呤醇的作用原理。

11. 合成嘌呤核苷酸和嘧啶核苷酸的原料有哪些？

三、单项选择题

1. 下列何种碱基在 DNA 中不存在
   A. 腺嘌呤   B. 胞嘧啶   C. 鸟嘌呤   D. 尿嘧啶   E. 胸腺嘧啶

2. 单核苷酸由下列哪一项组成
   A. 碱基＋戊糖   B. 戊糖＋磷酸
   C. 碱基＋戊糖＋磷酸   D. 碱基＋磷酸
   E. 葡萄糖＋磷酸

3. 次黄嘌呤核苷酸的英文缩写符号是
   A. GMP   B. XMP   C. AMP   D. IMP   E. cAMP

4. 蛋白质含氮量较为稳定,而组成核酸的下列元素中哪个含量较为稳定,能用于核酸含量的测定
   A. C   B. H   C. O   D. N   E. P

5. DNA 结构的 Watson－Crick 模型说明
   A. DNA 为三股螺旋结构   B. DNA 为双股螺旋结构
   C. 氨基之间形成共价键   D. 磷核糖骨架位于螺旋内部
   E. 每一圈双螺旋有 20 对核苷酸

6. DNA 分子中的碱基组成是
   A. A＋T＝C＋G   B. A＋G＝C＋T
   C. T＝G,A＝C   D. G＝A,T＝C
   E. A＋U＝C＋G

7. 维系 DNA 双螺旋结构的最主要的力是
   A. 共价键   B. 碱基对之间的氢键
   C. 碱基对有规则排列形成的疏水键   D. 盐键
   E. 络合键

8. 某双链 DNA 之所以具有较高熔解温度是由于它含有较多的
   A. 腺嘌呤＋鸟嘌呤   B. 胞嘧啶＋胸腺嘧啶
   C. 腺嘌呤＋胸腺嘧啶   D. 胞嘧啶＋鸟嘌呤
   E. 腺嘌呤＋胞嘧啶

9. 绝大多数真核生物 mRNA 的 5′-末端有
   A. 帽子结构   B. PolyA   C. 起始密码   D. 终止密码   E. 稀有碱基

10. 下列哪一种碱基在 mRNA 中有而在 DNA 中是没有的
    A. 腺嘌呤   B. 胞嘧啶   C. 鸟嘌呤   D. 尿嘧啶   E. 胸腺嘧啶

11. 稀有核苷酸碱基主要存在于下列哪一种核酸中
    A. 核糖体 RNA   B. 信使 RNA   C. 转运 RNA   D. 核 DNA   E. 线粒体 DNA

12. 热变性的 DNA 有哪一种特征
    A. 碱基之间的磷酸二酯键发生断裂

B. 形成三股螺旋

C. 同源 DNA 有较宽的变性范围（10℃）

D. 熔解温度直接随鸟嘌呤-胞嘧啶碱基对的含量变化

E. 在波长 260nm 处的光吸收减少

13. 决定 tRNA 携带氨基酸特异性的关键部位是

    A. -XCCA3′-末端　　　　　　　　　B. TψC 环

    C. DHU 环　　　　　　　　　　　　D. 额外环

    E. 反密码子环

14. 构成多核苷酸链骨架的关键是

    A. 2′,3′-磷酸二酯键　　　　　　　B. 2′,4′-磷酸二酯键

    C. 2′,5′-磷酸二酯键　　　　　　　D. 3′,4′-磷酸二酯键

    E. 3′,5′-磷酸二酯键

15. 体内进行嘌呤核苷酸从头合成最主要的组织是

    A. 小肠黏膜　　B. 骨髓　　　C. 胸腺　　　D. 脾脏　　　E. 肝脏

16. 嘌呤核苷酸从头合成时首先生成的是

    A. GMP　　　　B. AMP　　　C. IMP　　　D. ATP　　　E. GTP

17. 人体内嘌呤核苷酸分解代谢的主要终产物是

    A. 尿素　　　　B. 肌酸　　　C. 肌酸酐　　D. 尿酸　　　E. β-丙氨酸

18. 嘧啶核苷酸生物合成途径主要调节酶是

    A. 二氢乳清酸酶　　　　　　　　　B. 乳清酸磷酸核糖转移酶

    C. 二氢乳清酸脱氢酶　　　　　　　D. 天冬氨酸转氨甲酰酶

    E. 胸苷酸合成酶

19. 5-氟尿嘧啶的抗癌作用机制是

    A. 合成错误的 DNA　　　　　　　　B. 抑制尿嘧啶的合成

    C. 抑制胞嘧啶的合成　　　　　　　D. 抑制胸苷酸的合成

    E. 抑制二氢叶酸还原酶

20. 哺乳类动物体内直接催化尿酸生成的酶是

    A. 核苷磷酸化酶　　　　　　　　　B. 鸟嘌呤脱氨酶

    C. 腺苷脱氨酶　　　　　　　　　　D. 黄嘌呤氧化酶

    E. 尿酸氧化酶

21. 将氨基酸代谢与核酸代谢紧密联系起来的是

    A. 磷酸戊糖途径　　　　　　　　　B. 三羧酸循环

    C. 一碳单位代谢　　　　　　　　　D. 嘌呤核苷酸循环

    E. 鸟氨酸循环

22. HGPRT（次黄嘌呤-鸟嘌呤磷酸核糖转移酶）参与下列哪种反应

    A. 嘌呤核苷酸从头合成途径　　　　B. 嘌呤核苷酸补救合成途径

    C. 嘌呤核苷酸分解代谢　　　　　　D. 嘧啶核苷酸从头合成途径

E. 嘧啶核苷酸补救合成途径

23. 下列物质中不是从头合成嘌呤核苷酸的直接原料
    A. 甘氨酸　　B. 天冬氨酸　　C. 谷氨酸　　D. 一碳单位　　E. CO_2

24. 脱氧核苷酸是由下列哪种物质直接还原而成的
    A. 核糖　　B. 核糖核苷　　C. 核苷一磷酸　　D. 核苷二磷酸　　E. 核苷三磷酸

25. 催化 dUMP 转变为 TMP 的酶是
    A. 核苷酸还原酶　　　　　　　　B. 甲基转移酶
    C. 胸苷酸合成酶　　　　　　　　D. 核苷酸激酶
    E. 脱氧胸苷激酶

26. 下列化合物中作为合成 IMP 和 UMP 的共同原料是
    A. 天冬酰胺　　B. 磷酸核糖　　C. 甘氨酸　　D. 甲硫氨酸　　E. 一碳单位

27. 抗肿瘤药物阿糖胞苷的机制是抑制哪种酶而干扰核苷酸代谢
    A. 二氢叶酸还原酶　　　　　　　　B. 核糖核苷酸还原酶
    C. 二氢乳清酸脱氢酶　　　　　　　D. 胸苷酸合成酶
    E. 氨基甲酰基转移酶

28. PRPP 酰胺转移酶活性过高可以导致痛风症,此酶催化
    A. 从 R-5-P 生成 PRPP　　　　　　B. 从甘氨酸合成嘧啶环
    C. 从 PRPP 生成磷酸核糖胺　　　　D. 从 IMP 合成 AMP
    E. 从 IMP 生成 GMP

29. 人类排泄的嘌呤代谢产物是
    A. CO_2 和 NH_3　　B. 尿素　　C. 尿酸　　D. 肌酸酐　　E. 苯丙酮酸

(贾艳梅)

第十章 肝胆的生物化学

> **学习目标**
>
> 【掌握】生物转化的概念、反应类型及参与结合反应的生物活性物质,血红素合成的原料,三种黄疸的病因及血、尿、粪变化。
>
> 【熟悉】胆汁酸的分类、代谢过程及生理功能,生物转化的特点及影响生物转化作用的因素,血红素合成的过程及调节,胆色素的代谢,两种胆红素性质的差别。
>
> 【了解】胆汁的分类和组成,生物转化的反应过程。

肝脏是人体最重要的器官之一。在组织结构及生化组成方面,肝脏有四大特点:①有肝动脉和门静脉双重血液供应,能将氧、营养物及其他物质运至肝脏;②有肝静脉和胆道系统两条输出通道,与体循环和消化道相连;③富含血窦,血流速度缓慢,肝细胞与血液充分接触;④肝细胞富含细胞器和600多种酶。这些特点使肝脏成为人体糖、脂、蛋白质、维生素、激素和非营养物质等的"代谢中枢",并参与体内多种物质的分泌、排泄和生物转化作用。

第一节 胆汁酸的代谢

一、胆汁

胆汁(bile)由肝细胞分泌,通过胆道系统排入十二指肠。正常成人每日分泌胆汁300~700ml。肝细胞初分泌的胆汁称肝胆汁,金黄色、微苦、稍偏碱性,比重约1.010。肝胆汁进入胆囊后,因被吸收水分而浓缩,同时掺入胆囊壁分泌的黏液,比重增至1.040左右,颜色亦转变为暗褐色或棕绿色,称胆囊胆汁。

胆汁的主要固体成分是胆汁酸,占固体物质总量的50%~70%。胆汁酸一般以钠盐或钾盐的形式存在,故称胆汁酸盐。此外,胆汁中还含有胆色素、胆固醇、磷脂、无机盐、黏蛋白、脂肪酶、磷脂酶、淀粉酶和磷酸酶等。进入人体的药物、毒物、染料及重金属盐等经生物转化作用后也可随胆汁排出。正常人胆汁的化学组成见表10-1。

表 10-1 正常人胆汁的化学组成

	肝胆汁(%胆汁)	胆囊胆汁(%胆汁)
比重	0.009~1.013	0.026~1.060
pH	7.1~8.5	5.5~7.7
水	96~97	80~86
总固体	3~4	14~20
胆汁酸盐	0.2~2	0.5~10
胆色素	0.05~0.17	0.2~1.5
胆固醇	0.05~0.17	0.2~0.9
磷脂	0.05~0.08	0.2~0.5
无机盐	0.2~0.9	0.5~1.1
黏蛋白	0.1~0.9	1~4

二、胆汁酸的代谢

(一)胆汁酸的分类

正常人的胆汁酸按来源可以分为两类：初级胆汁酸(primary bile acids)和次级胆汁酸(secondary bile acids)，每类又有游离型和结合型两种形式。

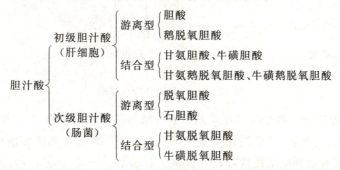

(二)胆汁酸的生理功能

1. 促进脂类的消化和吸收　这是胆汁酸的主要生理功能。胆汁酸是一大类二十四碳胆固烷酸化合物，见图 10-1，其分子内部既含有亲水的羟基、羧基、磺酸基，又含有疏水的烃核和甲基，两类基团在立体空间恰好位于环戊烷多氢菲烃核的两侧，形成亲水和疏水两个侧面，能降低油/水两相之间的表面张力。因此，胆汁酸作为较强的乳化剂，能使脂类在消化液中乳化成直径仅 3~10μm 的混合微团，既有利于酶的消化作用，又有利于脂类消化产物的吸收。

2. 防止胆汁中胆固醇析出形成结石　人体约 99% 的胆固醇随胆汁从肠道排出体外。由于胆固醇难溶于水，需与胆汁酸盐和卵磷脂形成可溶性微团。若胆汁酸或卵磷脂合成不足或丢失过多，或经胆汁排泄的胆固醇过多，均可造成胆汁酸及卵磷脂与胆固醇的比值下降，当比值小于 10∶1 时，胆固醇就会因过饱和而析出形成结石。

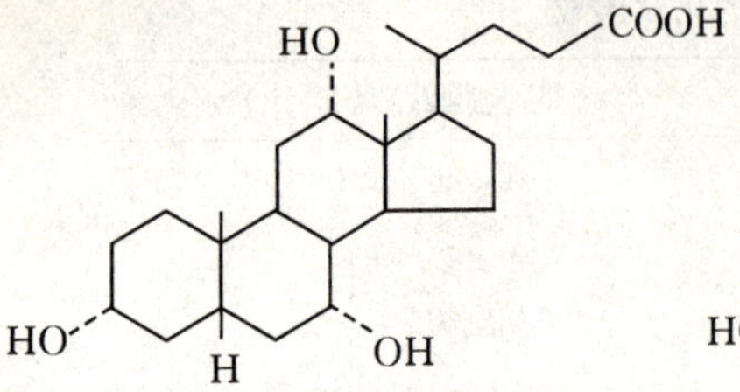

[图：几种胆汁酸的结构式，包括胆酸（3α,7α,12α-三羟胆固烷酸）、鹅脱氧胆酸（3α,7α-二羟胆固烷酸）、脱氧胆酸（3α,12α-二羟胆固烷酸）、石胆酸（3α-羟胆固烷酸）、甘氨胆酸、牛磺胆酸]

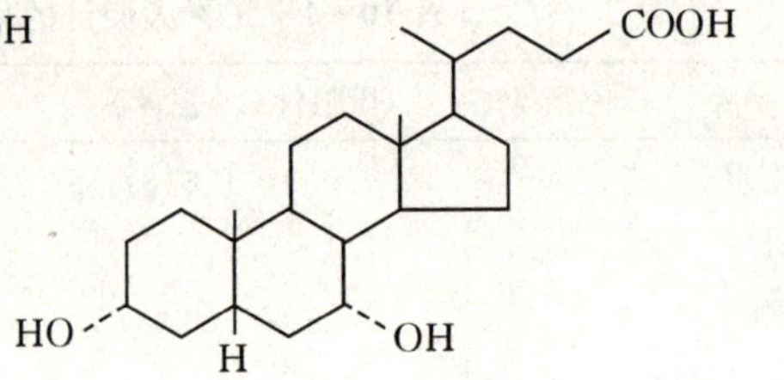

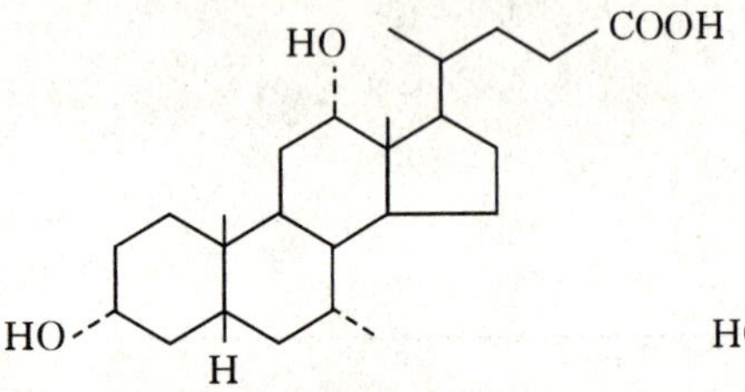

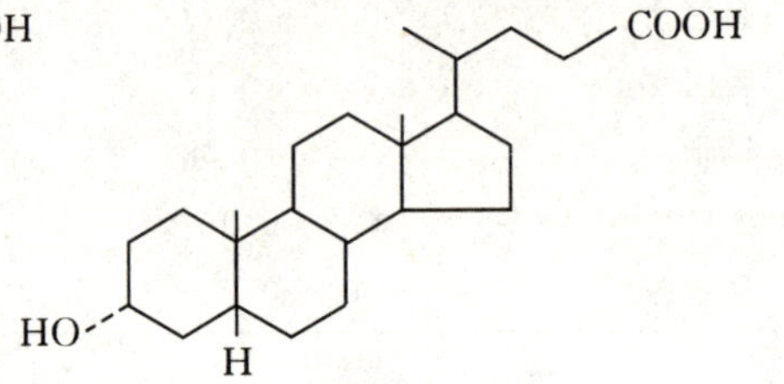

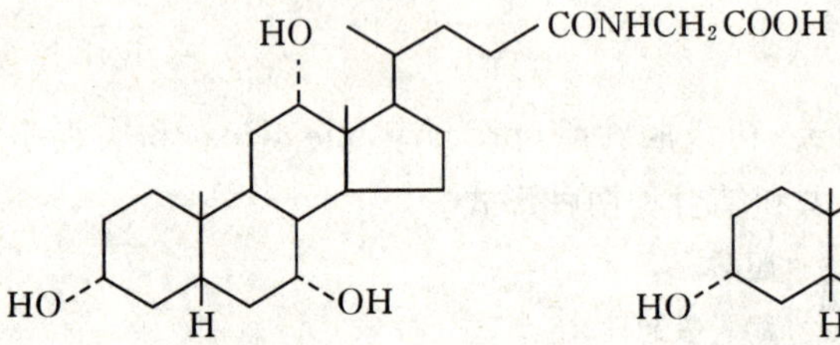

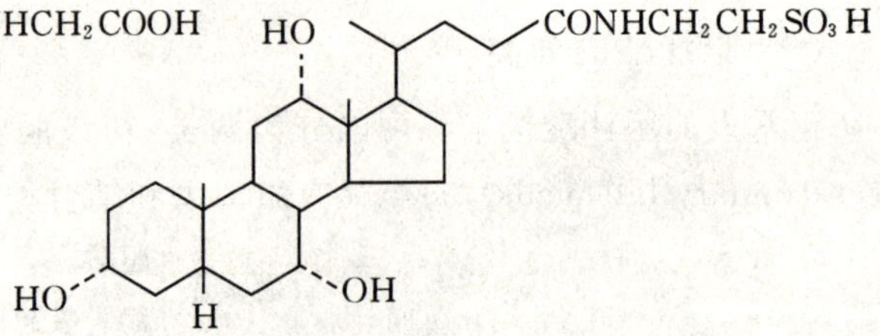

图 10-1 几种胆汁酸的结构

3. 其他生理功能　胆汁酸可反馈调节胆汁酸和胆固醇的生物合成；胆汁酸可促进磷脂向胆小管转运，增加铁、钙等高价金属离子的溶解度，抑菌及刺激黏液的分泌；胆汁酸还能够影响大肠对水和电解质的吸收并促进大肠蠕动。

(三)胆汁酸的生成

1. 初级胆汁酸的生成　初级胆汁酸是肝细胞以胆固醇为原料合成的。正常成人每日合成胆固醇 1~1.5g，其中约 2/5(0.4~0.6g)在肝细胞内转变为初级胆汁酸。初级胆汁酸分为游离型和结合型两种。

(1)游离型初级胆汁酸的生成　在肝细胞微粒体和胞液中，胆固醇在 7α-羟化酶催化下生成 7α-羟胆固醇。后者经羟化、加氢和侧链氧化断裂等反应，生成胆酸(3α,7α,12α-三羟胆固烷酸)和鹅脱氧胆酸(3α,7α-二羟胆固烷酸)(图 10-2)。7α-羟化酶是胆汁酸生成的限速酶，受胆汁酸的负反馈调节。胆固醇和甲状腺素均可促进 7α-羟化酶的基因表达，促进胆固醇转化为胆汁酸。胆汁酸对胆固醇合成的限速酶 HMG-CoA 还原酶也有抑制作用。

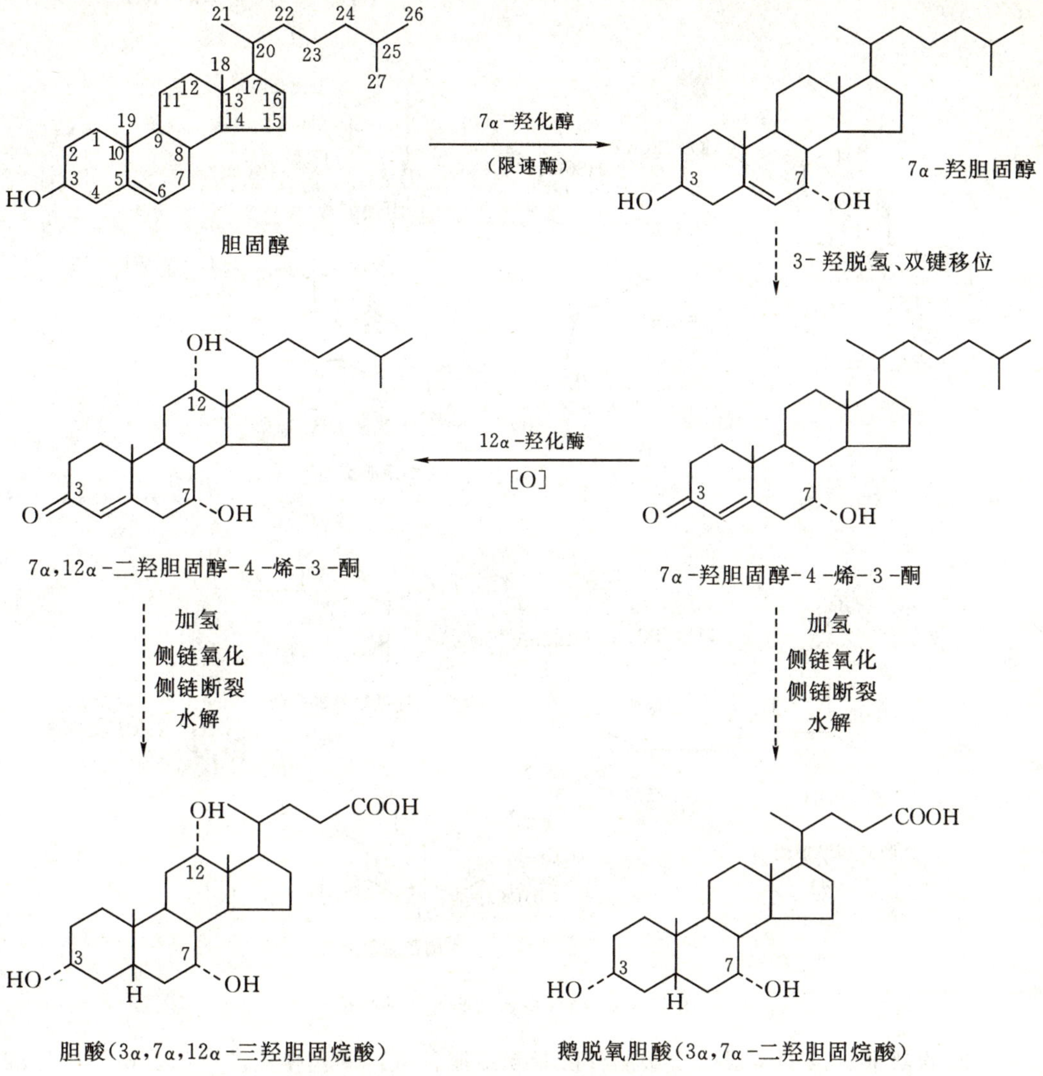

图 10-2 游离型初级胆汁酸的生成

(2) 结合型初级胆汁酸的生成 胆酸和鹅脱氧胆酸侧链上的羧基活化后可与辅酶 A 相连,经辅酶 A 的传递分别与甘氨酸或牛磺酸通过酰胺键连接,形成结合型初级胆汁酸:甘氨胆酸、牛磺胆酸、甘氨鹅脱氧胆酸和牛磺鹅脱氧胆酸(图 10-3)。正常成人胆汁中的胆汁酸以结合型为主,并因肝脏合成牛磺酸的能力有限,与甘氨酸结合者较多,约占 3/4。

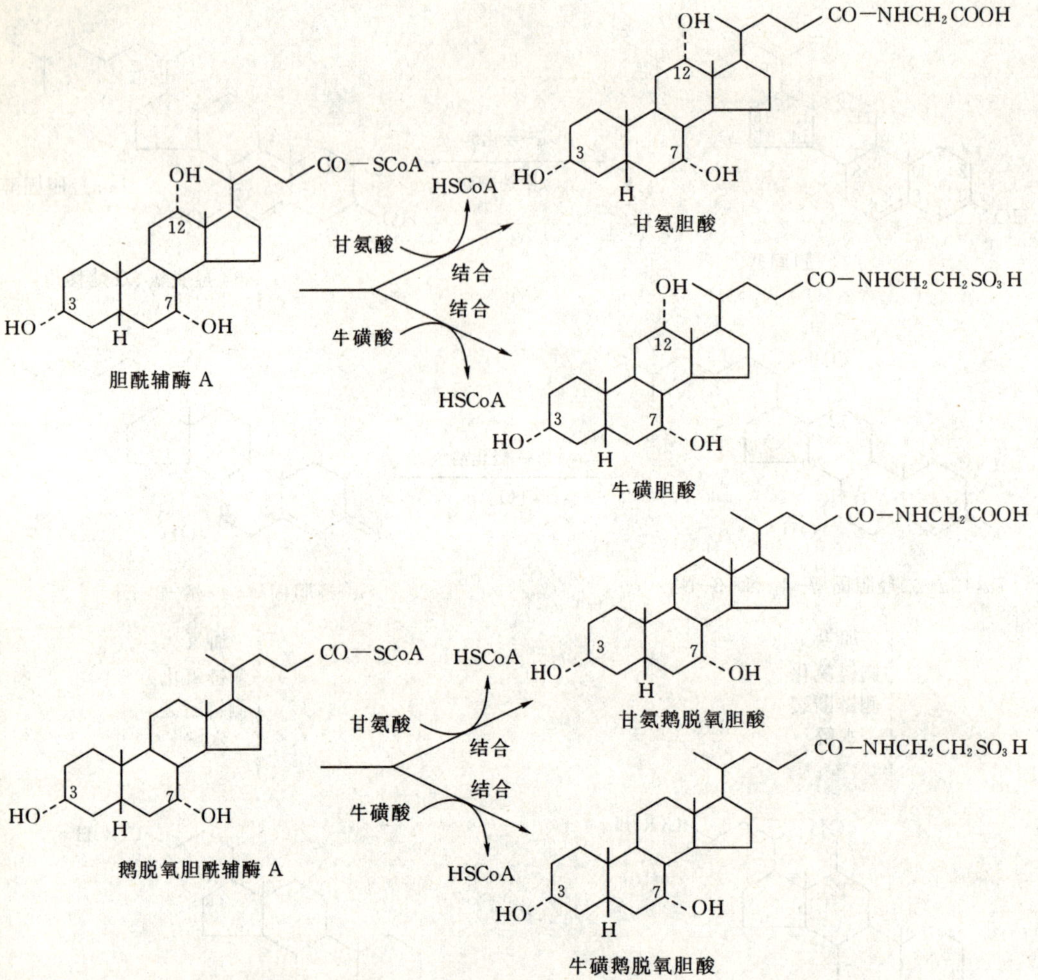

图 10-3 结合型初级胆汁酸的生成

2. 次级胆汁酸的生成　次级胆汁酸是初级胆汁酸经肠菌作用的产物。初级胆汁酸分泌进入肠道后，可在肠菌酰胺酶的催化下水解脱去甘氨酸或牛磺酸，继而在肠菌酶催化下脱去 7α-羟基，生成脱氧胆酸（$3\alpha,12\alpha$-二羟胆固烷酸）和石胆酸（3α-羟胆固烷酸），即游离型次级胆汁酸（图 10-4）。脱氧胆酸还可与甘氨酸或牛磺酸结合，生成结合型次级胆汁酸，即甘氨脱氧胆酸和牛磺脱氧胆酸；石胆酸溶解度小，不再与甘氨酸或牛磺酸结合。

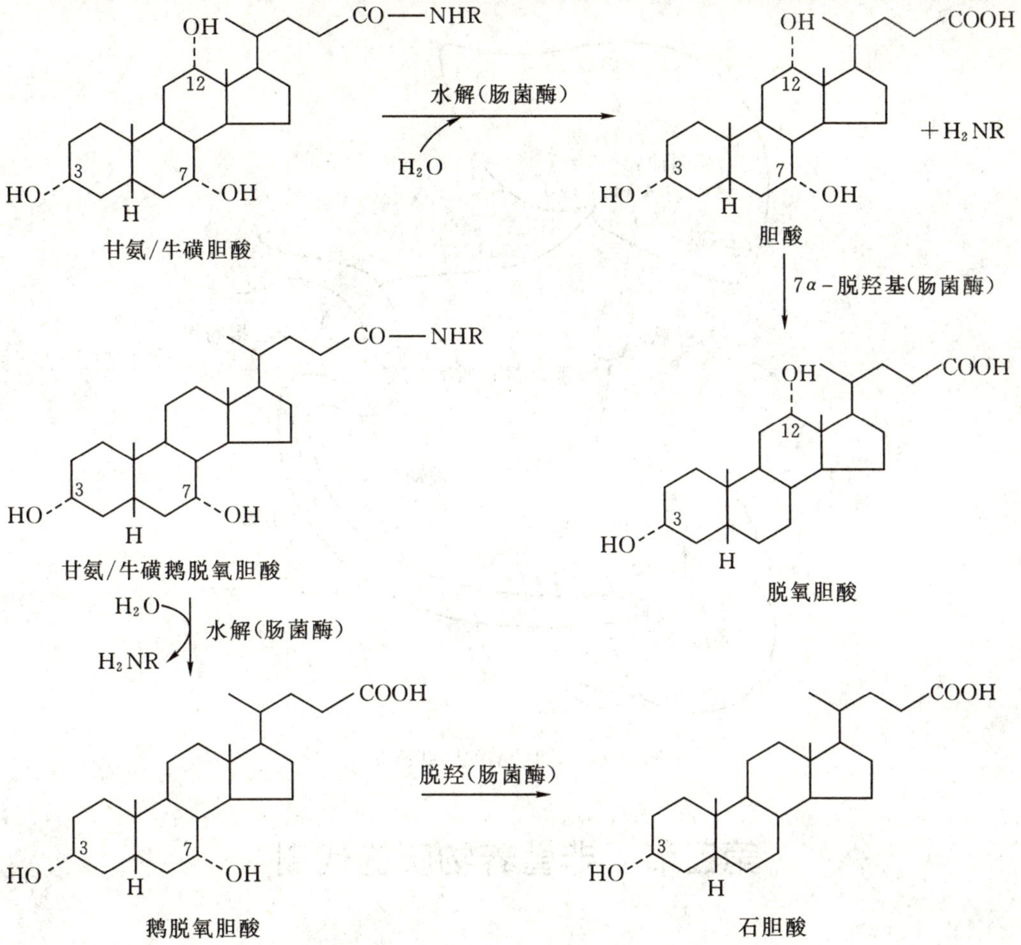

图 10-4　游离型次级胆汁酸的生成

R: —CH₂COOH 或 —CH₂CH₂SO₃H

(四) 胆汁酸的肠肝循环

排入肠道的胆汁酸约有 95% 以上被重吸收,经门静脉入肝脏,同新合成的胆汁酸一起再次排入肠道,胆汁酸在肝脏和肠之间的这种循环过程称为胆汁酸的肠肝循环 (enterohepatic circulation)(图 10-5)。初级胆汁酸在小肠远端所含肠菌的作用下,脱去甘氨酸和牛磺酸,再脱去 7α-羟基生成次级胆汁酸。次级胆汁酸大部分被主动重吸收,少量在小肠远端和大肠被被动重吸收。在肝内,重吸收的游离型胆汁酸又可转变成结合型胆汁酸。石胆酸由于溶解度小,一般不被吸收,即使有少量吸收,也会在肝细胞内被转化成硫酸酯而直接随粪便排出。

胆汁酸的肠肝循环具有重要的生理意义。正常人每日乳化脂类需 16~32g 胆汁酸,而肝内胆汁酸代谢池仅有 3~5g 胆汁酸,通过每日 6~10 次的肠肝循环,可使有限量的胆汁酸反复发挥作用。正常人每日仅有 0.4~0.6g 胆汁酸随粪便排出,与新合成的胆汁酸量相当。此外,胆汁酸的肠肝循环也有利于促进胆汁的分泌。

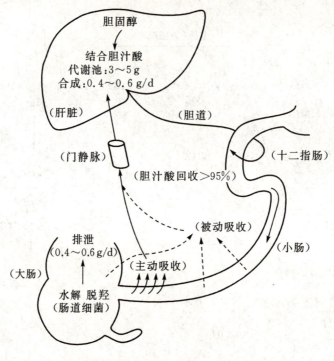

图 10-5 胆汁酸的肠肝循环

第二节 非营养物质的代谢

一、生物转化的概念

人体内存在一些物质,它们既不构成组织细胞的成分,又不能氧化分解提供能量或作为酶的辅因子,其中某些物质对人体还有一定的生物学效应或毒性作用,我们把这类物质称为非营养物质。按来源,非营养物质可分为内源性和外源性两类。内源性非营养物质包括一些有毒的代谢产物或是有强烈生物活性的物质,如氨、胺类、胆红素、激素和神经递质等。外源性非营养物质包括药物、毒物、食品添加剂、环境污染物以及肠道细菌的腐败产物(胺、酚、吲哚和硫化氢)等。

机体在排出非营养物质之前,常常需要对其进行各种代谢转变,使其极性增加、毒性降低,易于随胆汁或尿液排出体外,这一过程称为生物转化(biotransformation)。肝脏是生物转化的主要器官,肾脏、肠、肺、皮肤及胎盘也有一定的生物转化能力。肝脏内富含参与生物转化作用的酶(表 10-2)。

表 10-2 肝脏内参与生物转化作用的酶

酶	亚细胞定位	底物或辅酶	活性供体
第一相反应			
氧化酶			
加单氧酶系	微粒体	RH；NADPH、O_2、FAD	
单胺氧化酶	线粒体	胺类；O_2、H_2O	
脱氢酶系	胞液、微粒体	醇或醛；NAD^+	
还原酶	微粒体	硝基苯等；NADPH 或 NADH	
水解酶	胞液、微粒体	酯类、酰胺类或糖苷类化合物	
第二相反应			
葡萄糖醛酸转移酶	微粒体	羟基、巯基、氨基、羧基化合物	UDPGA
硫酸转移酶	胞液	苯酚、醇、芳香胺类	PAPS
乙酰基转移酶	胞液	芳香胺、胺、氨基酸	乙酰辅酶 A
谷胱甘肽 S-转移酶	胞液、微粒体	环氧化物、卤化物、胰岛素等	GSH
酰基转移酶	线粒体	酰基辅酶 A（如苯甲酰辅酶 A）	甘氨酸
甲基转移酶	胞液、微粒体	含羟基、氨基、巯基化合物	SAM

二、生物转化的反应类型

生物转化的反应类型主要有四种：氧化反应、还原反应、水解反应、结合反应。通常将这四种反应归纳为两相：第一相反应包括氧化反应、还原反应和水解反应，是对非营养物质的某些基团进行加工和处理的过程；第二相反应即结合反应，无论是否经历过第一相反应的非营养物质，通过结合其他基团来改变其溶解性和活性。

(一)第一相反应——氧化反应、还原反应、水解反应

1. 氧化反应　氧化反应是最常见的生物转化反应，由多种氧化酶系催化，包括加单氧酶系、胺氧化酶系和脱氢酶系。

(1)加单氧酶系：加单氧酶系存在于肝细胞微粒体，是生物转化最重要的酶。由细胞色素 P450(Cyt P450)、NADPH-细胞色素 P450 还原酶（辅酶为 FAD）和细胞色素 b_5 还原酶组成。加单氧酶系可催化氧分子中的一个氧原子参入底物生成羟化物或环氧化物，另一个氧原子被 NADPH 还原为水。因一个氧分子发挥了两种功能，故该酶又被称为混合功能氧化酶。因其氧化产物主要是羟化物，故亦称羟化酶。

$$NADPH + H^+ + O_2 + RH \xrightarrow{加单氧酶} NADP^+ + H_2O + ROH$$

此酶对底物的选择性低，可催化烷烃、芳香烃、N-烷基和氨基氮等多种非营养物质进行羟化反应，使其溶解度增大而易于排出，是肝内最重要的代谢药物及毒物的酶系。此外，该酶还参与维生素 D_3、肾上腺皮质激素、性激素和胆汁酸盐等代谢过程中的羟化反应。应该指出的是，加单氧酶系还可能催化生成有毒化合物，如黄曲霉素 B_1 可经该酶催

化生成黄曲霉素 2,3-环氧化物,后者是肝癌的严重危险因子。

(2) 胺氧化酶系:单胺氧化酶(monoamine oxidase,MAO)是一种含 FAD 的黄素蛋白,存在于线粒体外膜,催化胺类氧化生成醛。从肠道吸收的腐败产物如组胺、酪胺、色胺、尸胺、腐胺和体内产生的许多生理活性物质如 5-羟色胺、儿茶酚胺等均可经此酶氧化为醛。

$$RCH_2NH_2 + O_2 + H_2O \xrightarrow{\text{单胺氧化酶}} RCHO + NH_3 + H_2O_2$$

(3) 脱氢酶:醇脱氢酶(alcohol dehydrogenase,ADH)和醛脱氢酶(aldehyde dehydrogenase,ALDH)存在于胞液和微粒体中,均以 NAD^+ 为辅酶,可分别催化醇和醛脱氢氧化生成相应的醛或酸。

$$RCH_2OH \xrightarrow[NAD^+ \quad NADH+H^+]{\text{醇脱氢酶}} RCHO \xrightarrow[NAD^+ + H_2O \quad NADH+H^+]{\text{醛脱氢酶}} RCOOH$$

2. 还原反应 肝细胞微粒体中含有硝基还原酶和偶氮还原酶,可分别催化硝基化合物和偶氮化合物从 NADPH 接受氢,还原生成相应的胺类,如硝基苯和偶氮苯的还原。

$$\text{硝基苯} \xrightarrow{\text{硝基还原酶}} \text{亚硝基苯} \longrightarrow \text{苯羟胺} \longrightarrow \text{苯胺}$$

$$\text{偶氮苯} \xrightarrow{\text{偶氮还原酶}} \longrightarrow 2\,\text{苯胺}$$

3. 水解反应 水解酶存在于肝细胞的胞液和微粒体中,如酯酶、酰胺酶及糖苷酶等,可以水解脂类、酰胺类和糖苷类化合物,如乙酰水杨酸的水解。这些水解产物,往往还需进一步结合其他基团才能排出体外。

$$\text{乙酰水杨酸} \xrightarrow{\text{水解}} \text{水杨酸} \xrightarrow{\text{氧化}} \text{羟基水杨酸} \xrightarrow{\text{结合}} \text{葡萄糖醛酸苷}$$

(二)第二相反应——结合反应

结合反应是体内最重要的生物转化方式。凡含有羟基、巯基、氨基、羧基等功能基团的非营养物质,无论是否经历第一相反应,均可与极性很强的基团如葡萄糖醛酸、硫酸、谷胱甘肽、甘氨酸等发生结合反应,增加其水溶性,使其更易于排出体外。

1. 葡萄糖醛酸的结合 与葡萄糖醛酸的结合是最重要的结合反应。人体内有数千种非营养物质可以与葡萄糖醛酸结合。葡萄糖醛酸的供体是尿苷二磷酸葡萄糖醛酸(UDPGA),在肝细胞微粒体葡萄糖醛酸基转移酶催化下,将葡萄糖醛酸基与化合物的羟基、巯基、氨基或羧基相连,生成相应的葡萄糖醛酸苷。某些底物分子如胆红素可以结合两个葡萄糖醛酸。

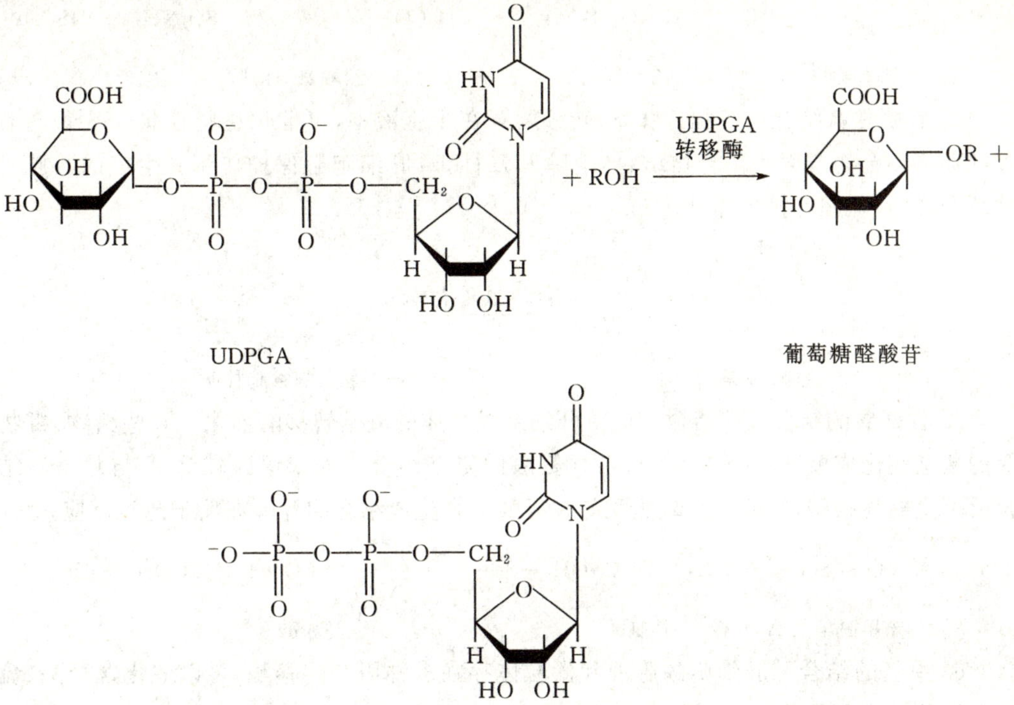

[UDPGA + ROH → 葡萄糖醛酸苷, 催化酶为 UDPGA 转移酶]

UDPGA

葡萄糖醛酸苷

UDP

2. 硫酸的结合 与硫酸的结合也是常见的结合反应。醇、酚或芳香胺类化合物都可以与硫酸结合，生成相应的硫酸酯。活性硫酸的供体是 $3'$-磷酸腺苷 $5'$-磷酰硫酸（PAPS）。催化其结合反应的酶是硫酸转移酶。雌酮就是通过结合硫酸基团而被灭活的。严重肝病患者的生物转化能力下降，会因血中雌激素过多而出现"肝掌"或"蜘蛛痣"等毛细血管扩张的表现。

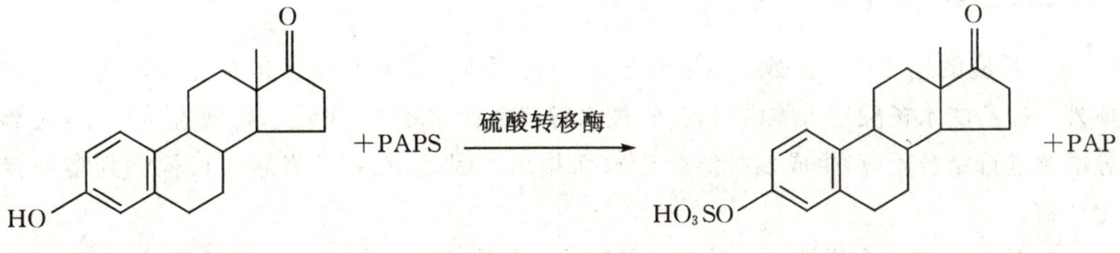

雌酮 + PAPS —硫酸转移酶→ 雌酮硫酸酯 + PAP

3. 乙酰基结合 与乙酰基的结合是胺类化合物的重要反应。各种胺类的氨基均可与乙酰基结合，生成相应的乙酰化衍生物。乙酰辅酶 A 提供活化的乙酰基。肝细胞富含乙酰基转移酶，催化乙酰基的结合反应。

$$CH_3CO\sim SCoA + RNH_2 \xrightarrow{\text{乙酰基转移酶}} CH_3CONHR + HSCoA$$

抗结核病药物异烟肼及大部分磺胺类药物通过这种方式灭活。应该指出的是，磺胺类药物经乙酰化后溶解度反而下降，在酸性尿中易于析出，故在服用磺胺类药物时可适量加服小苏打或增加饮水，以提高其溶解度，利于随尿排出。

$$H_2N-\underset{\text{氨苯磺胺}}{\boxed{}}-SO_2NH_2 + CH_3CO\sim SCoA \longrightarrow CH_3CO-NH-\underset{\text{乙酰氨苯磺胺}}{\boxed{}}-SO_2NH_2 + HSCoA$$

4. 谷胱甘肽结合 谷胱甘肽S-转移酶存在于胞液中,可催化谷胱甘肽(GSH)与有毒的环氧化合物或卤代化合物结合,消除其毒性,对肝细胞起保护作用。生成的谷胱甘肽结合产物,随胆汁排出体外。

环氧萘 + GSH $\xrightarrow{\text{谷胱甘肽S-转移酶}}$ S-二氢萘醇谷胱甘肽

5. 甘氨酸的结合 该结合反应由肝细胞线粒体的酰基转移酶催化。某些药物、毒物等的羧基活化成酰基辅酶A后,再与甘氨酸的氨基结合。如苯甲酰辅酶A与甘氨酸结合后可生成马尿酸,胆酸和脱氧胆酸与甘氨酸结合生成结合胆汁酸亦属于此类反应。

$$\underset{\text{苯甲酰辅酶A}}{C_6H_5-CO\sim SCoA} + \underset{\text{甘氨酸}}{H_2N-CH_2COOH} \xrightarrow{\text{酰基转移酶}} \underset{\text{马尿酸}}{C_6H_5-CONHCH_2COOH} + HSCoA$$

6. 甲基的结合 肝细胞的胞液和微粒体存在多种甲基转移酶,可以催化含羟基、巯基和氨基的化合物进行甲基化反应。活性甲基由S-腺苷甲硫氨酸(SAM)提供,生成相应的甲基化产物。儿茶酚胺、5-羟色胺和组胺等均可通过甲基化而失活。

儿茶酚 $\xrightarrow[\text{SAM}]{\text{甲基转移酶}}$ O-甲基儿茶酚

三、生物转化的特点

1. 反应的连续性 多数非营养物质需要连续进行多种反应才能被充分转化而排出体外。如乙酰水杨酸进入体内后,首先被水解释放出水杨酸,少量水杨酸直接排出,大部分继续进行结合反应,生成多种结合产物而排出。因此,在用药者尿中可检测到多种转化产物。

2. 反应类型的多样性 一种非营养物质在体内可以进行多种生物转化反应,生成结构上有差异的不同代谢产物。例如,雌酮除了能与PAPS结合生成硫酸酯,还能与葡萄糖醛酸结合,生成葡萄糖醛酸雌酮。

3. 解毒与致毒的双重性 多数非营养物质经生物转化作用后,毒性或生物学活性减弱或消失,水溶性增加。但少数物质毒性反而出现或增强,有的水溶性还可能下降。例如,烟草燃烧产生的3,4-苯并芘本无致癌作用,但经肝细胞微粒体中的加单氧酶作用后,可转变为具有强致癌作用的7,8-二氢二醇-9,10-环氧化物,此环氧化物继续进行结构重排、水化、结合等转化后,其致癌作用最终丧失并可随尿排出。因此,非营养物质在体内的生物转化作用表现出活化与失活的双重性,不能将肝脏的生物转化作用简单地看作是"解毒作用"。

四、影响生物转化的因素

值得注意的是,肝脏的生物转化作用受到遗传、年龄、性别及其他因素的影响,存在个体差异。例如,加单氧酶在人出生后一个月很快升高,可超过成人水平的2~3倍,并可维持数年;葡萄糖醛酸转移酶则在人出生后5~6天才开始升高,8周左右方能达到成人水平。又如,女性的醇脱氢酶活性高于男性,对乙醇的代谢率亦高于男性。此外,肝脏病或其他器官的疾病也可能影响肝脏的生物转化功能,使机体对药物的清除率下降。

肝脏的生物转化作用也可能受到某些毒物或药物的诱导而大大增强,如长期服用苯巴比妥。肝脏的加单氧酶系对氨基比林等药物的生物转化能力增强,会产生耐药性。因此,临床用药需考虑药物配伍的相互影响。另外,诱导作用也可加速机体对毒物的生物转化,如使用低剂量苯巴比妥诱导葡萄糖醛酸转移酶合成,可用于治疗新生儿高胆红素血症。

第三节 胆色素的代谢

一、血红素的生物转化

血红素是血红蛋白的组成成分,也是肌红蛋白、细胞色素、过氧化物酶等的辅基。体内多种细胞都能合成血红素,血红蛋白中的血红素主要在骨髓的幼红细胞和网织红细胞内合成。

(一)血红素的生物合成

血红素合成的起始和终末阶段均在线粒体内进行,中间阶段在胞液中进行。合成血红素的基本原料有甘氨酸、琥珀酰辅酶A和Fe^{2+},合成过程可分为以下四个步骤。

1. δ-氨基-γ-酮基戊酸(δ-aminolevulinic acid,ALA)的生成 在线粒体内,ALA合酶(ALA synthase)催化琥珀酰辅酶A与甘氨酸缩合生成ALA。ALA合酶是血红素生成的限速酶,受血红素的反馈调节,该酶的辅酶是磷酸吡哆醛。

$$\text{琥珀酰辅酶A} + \text{甘氨酸} \xrightarrow[\text{(磷酸吡哆醛)}]{\text{ALA合酶}} CO_2 + HSCoA + \text{ALA}$$

2. 胆色素原(prophobilinogen,PBG)的生成 生成的ALA从线粒体进入胞液。在ALA脱水酶(ALA dehydratase)催化下,2分子ALA脱水缩合生成1分子胆色素原。ALA脱水酶含巯基。铅等重金属可抑制其活性。

$$\text{2ALA} \xrightarrow[-2H_2O]{\text{ALA脱水酶}} \text{胆色素原}$$

3. 尿卟啉原Ⅲ和粪卟啉原Ⅲ的生成　在胞液中,4 分子胆色素原在尿卟啉原Ⅰ同合酶(又称胆色素原脱氨酶)催化下,脱氨缩合生成 1 分子线状四吡咯,后者再由尿卟啉原Ⅲ同合酶催化生成环形尿卟啉原Ⅲ,再经脱羧酶催化生成粪卟啉原Ⅲ。

4. 血红素的生成　胞液中生成的粪卟啉原Ⅲ扩散进入线粒体,经粪卟啉原Ⅲ氧化脱羧酶作用,侧链氧化脱羧生成原卟啉原Ⅸ,再由氧化酶催化脱氢生成原卟啉Ⅸ,最后在亚铁螯合酶又称血红素合成酶的催化下,原卟啉Ⅸ和 Fe^{2+} 结合生成血红素。铅等重金属对亚铁螯合酶也有抑制作用。

血红素生成后从线粒体运至胞液,在骨髓的有核红细胞及网织红细胞中,与珠蛋白结合成为血红蛋白。血红素合成的全过程见图 10-6。

(二)血红素合成的调节

1. ALA 合酶的调节　ALA 合酶是血红素生成的限速酶,也是血红素生成最主要的调节点。ALA 合酶的活性不仅受到血红素的反馈抑制,过多的血红素氧化生成的高铁血红素更可以强烈抑制 ALA 合酶的活性。磷酸吡哆醛是 ALA 合酶的辅酶,因此维生素 B_6 缺乏可以使该酶活性降低。一些致癌物、杀虫剂等在肝中进行生物转化需要细胞色素 P450,而后者的辅基是血红素,故这些化合物对肝脏 ALA 合酶具有一定的诱导作用。此外,某些类固醇激素如雄激素对骨髓 ALA 合酶的合成也有诱导作用,其衍生物可用于治疗再生障碍性贫血。

2. ALA 脱水酶与亚铁螯合酶　ALA 脱水酶和亚铁螯合酶是巯基酶,对重金属的抑制作用十分敏感,因此血红素合成抑制是铅中毒的重要特征。另外,亚铁螯合酶还需要还原剂如谷胱甘肽的存在,任何还原条件的缺失都会影响血红素的合成。

3. 促红细胞生成素(erythropoietin,EPO)　EPO 是含 166 个氨基酸的糖蛋白,主要在肾脏合成,缺氧时合成增加,是红细胞增殖、分化和成熟的主要调节剂。EPO 可与原始红细胞膜受体结合,促进血红素和血红蛋白的合成,加速有核红细胞的成熟。

二、胆红素与黄疸

胆色素(bile pigment)是一组铁卟啉化合物的分解代谢产物,包括胆绿素(biliverdin)、胆红素(bilirubin)、胆素原(bilinogen)和胆素(bilin)。这组化合物除胆素原外,均有颜色,故称胆色素。胆色素主要来自血红素的分解,其中的胆绿素是中间代谢产物,从不释放到细胞外;胆红素由单核-巨噬细胞产生,经血液循环运至肝脏,再经处理后随胆汁排泄;胆素原是肠菌将排入肠道的胆红素还原得到的一组化合物,可以被重吸收;胆素是未被吸收的胆素原被空气氧化的产物,是粪便的主要颜色。由于游离胆红素对人体有一定的毒性作用,因此胆色素代谢重点介绍胆红素代谢。

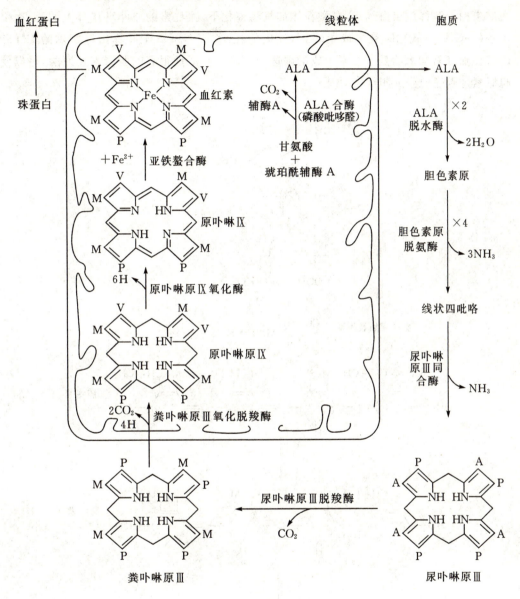

图10-6 血红素的生物合成

A: —CH_2COOH; P: —CH_2CH_2COOH; M: —CH_3; V: —$CH=CH_2$

(一)胆红素的来源

正常成人每日生成250~350mg胆红素。其中70%~80%来源于衰老红细胞中血红蛋白分解释放的血红素,其余则来自无效造血或铁卟啉酶(如细胞色素、过氧化氢酶、过氧化物酶等)的分解。肌红蛋白因更新率低,故所占比例很小。

(二)胆红素的生成过程

红细胞的平均寿命约为 120 天,正常成人每日有 6~8g 衰老红细胞的血红蛋白被分解。衰老红细胞由于细胞膜的变化,可被肝脏、脾脏、骨髓的单核-巨噬细胞识别并吞噬。血红蛋白分解释放出血红素,在微粒体加氧酶催化下,血红素的原卟啉Ⅸ环上的 α-次甲基桥(═CH─)氧化断裂生成胆绿素,反应消耗 O_2 和 NADPH 并释出等摩尔的 CO 和 Fe^{3+}。血红素加氧酶是胆红素生成的限速酶。胞液有活性很高的胆绿素还原酶,可以使胆绿素加氢还原生成胆红素,见图 10-7。

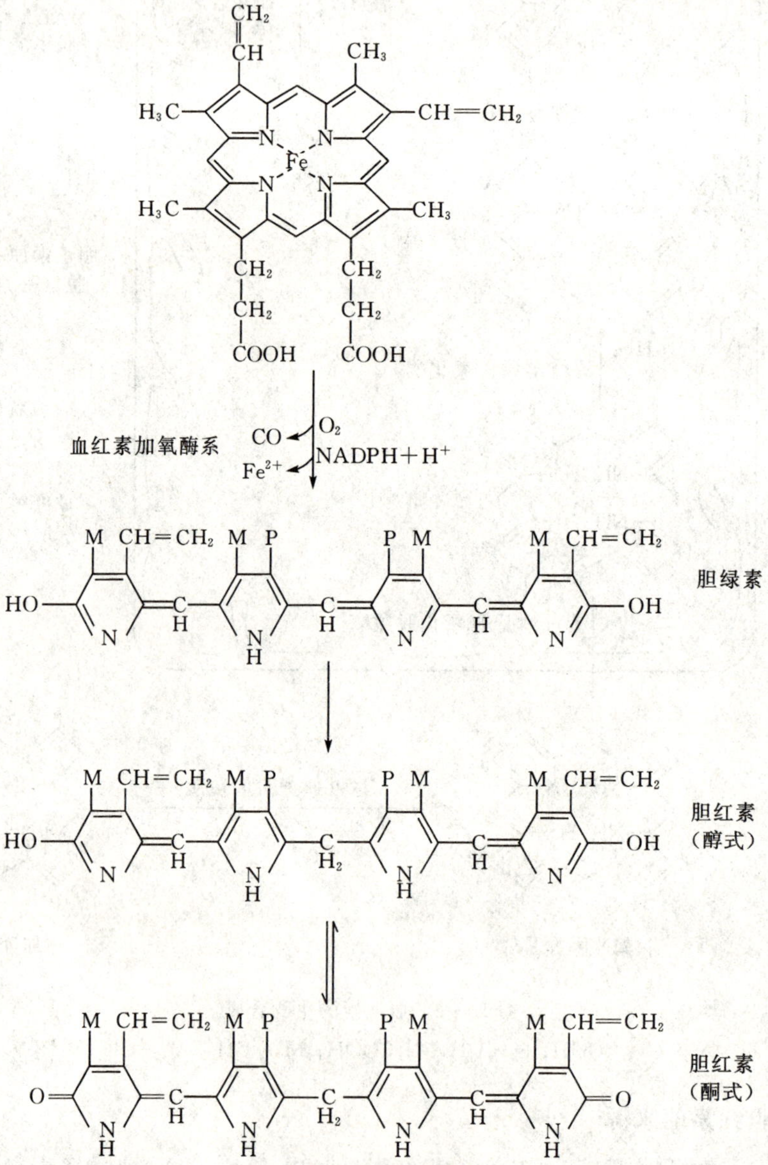

图 10-7 胆红素的生成

(三)胆红素在血中的运输

由单核-巨噬细胞生成的胆红素虽然含有羟基、酮基、亚氨基和丙酸基等亲水基团,但由于分子内氢键的形成,整个胆红素分子的空间结构呈脊瓦状,表现出亲脂疏水的性质,见图 10-8。这种胆红素不能直接与重氮试剂发生反应,需加入乙醇或尿素等破坏分子内氢键才能反应生成紫红色化合物,因此称为间接胆红素(indirect reacting bilirubin)。间接胆红素通过血液运输到肝脏继续代谢,故又称血胆红素。间接胆红素极易扩散进入组织,穿过细胞膜对细胞产生毒性作用。神经细胞富含脂质,对胆红素的毒性作用尤其敏感,可造成不可逆性损伤。

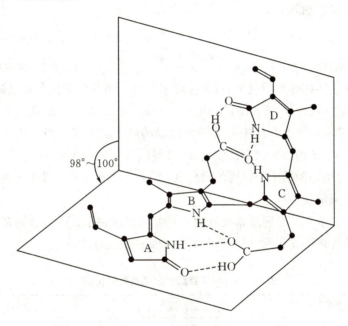

图 10-8 胆红素的空间结构

间接胆红素在血液中主要与血浆清蛋白结合运输,这样既有利于增加其溶解度,又有利于防止其扩散进入组织细胞产生毒性作用。因血胆红素与清蛋白以非共价键结合,故仍称之为未结合胆红素(unconjugated bilirubin)。正常成人血胆红素含量仅为 $3.4 \sim 17.1 \mu mol/L$($0.2 \sim 1mg/dl$),而每 100ml 血浆所含的清蛋白能结合 700mg 游离胆红素,因此正常情况下血浆清蛋白结合游离胆红素的储备量是很大的。但某些有机阴离子(如磺胺药、脂肪酸、胆汁酸和水杨酸等)可竞争清蛋白结合位点,使胆红素游离出来,因此新生儿和高胆红素血症患者要慎用此类药物,以免引起胆红素脑病(bilirubin encephalopathy)。

游离胆红素与清蛋白结合后,不能通过肾小球滤出,所以正常人尿中无间接胆红素。沉着于皮肤的间接胆红素若暴露于强烈蓝光(波长 440~500nm)下,则会发生光异构作用,影响分子内氢键的形成,极性增加,水溶性增大。这种异构体称光胆红素,可迅速释放到血液中,不经结合即可排出,因此临床多采用蓝光照射治疗新生儿黄疸。

(四)胆红素在肝细胞内的代谢

1. 肝细胞对胆红素的摄取　与清蛋白结合的胆红素在通过肝血窦与肝细胞膜接触

时,与清蛋白分离并迅速被肝细胞摄取。进入肝细胞的胆红素与 Y 蛋白或 Z 蛋白结合形成复合物而被转运,其中以 Y 蛋白结合为主。甲状腺素等可竞争性地与 Y 蛋白结合,影响肝细胞对胆红素的摄取。婴儿出生 7 周后,Y 蛋白才达到成人水平,临床可应用苯巴比妥等药物诱导 Y 蛋白的合成,加强胆红素的转运,辅助治疗新生儿黄疸。

2. 胆红素在肝脏中的结合反应　在肝细胞内,胆红素被 Y 蛋白转运至光面内质网,由葡萄糖醛酸转移酶催化,与 UDPGA 提供的葡萄糖醛酸基结合,生成胆红素单葡萄糖醛酸酯和胆红素双葡萄糖醛酸酯,二者均被称为结合胆红素(conjugated bilirubin)。其中胆红素双葡萄糖醛酸酯占 70%～80%,是主要的结合胆红素。这种结合反应也可以发生在肾脏和小肠黏膜细胞。

$$\text{胆红素} + \text{UDPGA} \xrightarrow{\text{UDP-葡萄糖醛酸转移酶}} \text{胆红素单葡萄糖醛酸酯} + \text{UDP}$$

$$\text{胆红素单葡萄糖醛酸酯} + \text{UDPGA} \xrightarrow{\text{UDP-葡萄糖醛酸转移酶}} \text{胆红素双葡萄糖醛酸酯} + \text{UDP}$$

结合胆红素主要在肝细胞内生成,故称肝胆红素。因其可直接与重氮试剂发生颜色反应,又被称为直接胆红素(direct reacting bilirubin)。结合胆红素易溶于水,可随胆汁从胆道排泄,因此正常人血和尿中不含肝脏合成的结合胆红素。当发生肝胆疾病时,由于胆道阻塞,毛细胆管因压力过高而破裂,结合胆红素可逆流入血,也可出现在尿中。另外,胆汁酸盐可以增加胆汁中胆红素的溶解度,若胆汁酸盐与胆红素比例失调,则可引起胆红素析出而形成结石。

尽管游离胆红素和结合胆红素在结构上的差别仅仅在于是否结合葡萄糖醛酸基,但二者在理化性质方面存在很大差异,两种胆红素的区别见表 10-3。

表 10-3　两种胆红素理化性质的比较

性质	游离胆红素	结合胆红素
其他常用名称	间接胆红素 血胆红素	直接胆红素 肝胆红素
与葡萄糖醛酸结合	未结合	结合
与重氮试剂反应	慢或间接反应	迅速、直接反应
溶解性	脂溶性	水溶性
经肾脏随尿排出	不能	能
进入脑组织产生毒性作用	大	无

(五)胆红素在肠中的变化

1. 胆素原和胆素的生成　结合胆红素随胆汁排入肠道后,在肠菌的作用下脱去葡萄糖醛酸,并被逐步还原为一组胆素原,包括中胆素原、粪胆素原和 D-尿胆素原。无色的胆素原在肠道下段接触空气,分别被氧化成 L-尿胆素、粪胆素和 D-尿胆素,统称胆素。胆素为黄褐色色素,随粪便排出,成为粪便的主要颜色。

正常成人每日可从粪便排出胆素原 40～280mg。若胆道完全梗阻,胆红素进入肠道受阻,不能生成胆素原和胆素,导致粪便呈陶土色;新生儿由于肠道菌群不健全,胆红素未经细菌作用而直接排出,使粪便呈现橘黄色。

2. 胆素原的肠肝循环　肠道中的胆素原有10%~20%可以被肠黏膜细胞吸收,并经门静脉入肝脏,其中大部分又随胆汁排入肠道,这一过程称为胆素原的肠肝循环,见图10-9。重吸收的小部分胆素原可进入体循环并经肾脏随尿排出,这部分胆素原与空气接触后被氧化成黄色的尿胆素,成为尿液的颜色。每日经肾排出的尿胆素原0.5~4.0mg,碱性尿有利于尿胆素的排泄。

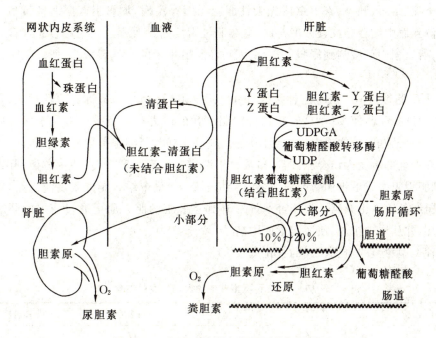

图10-9　胆色素代谢与胆素原的肠肝循环

(六)高胆红素血症与黄疸

肝脏有强大的处理胆红素的能力,单核-巨噬细胞系统每日生成的胆红素200~300mg,而肝细胞每日可以清除3000mg以上的胆红素,远远大于其生成量。因此,正常人血清总胆红素应低于17.1μmol/L(1mg/dl),其中游离胆红素约占4/5,与清蛋白结合运输,其余为结合胆红素。

当体内胆红素生成过多,或肝脏摄取、结合、排泄胆红素发生障碍时,可引起血浆胆红素浓度升高,即高胆红素血症(hyperbilirubinemia)。胆红素为金黄色色素。大量的胆红素扩散进入组织,可造成皮肤、黏膜和巩膜黄染,称为黄疸(jaundice)。黄疸的程度与血清胆红素的浓度有关。当血清胆红素在17.1~34.2μmol/L(1~2mg/dl)时,肉眼不易观察到黄染现象,称隐性黄疸;大于34.2μmol/L(2mg/dl)时,皮肤和巩膜黄染明显,称显性黄疸。

临床上黄疸的发病机制复杂,按照胆红素的来源,可将黄疸分成三种类型。

1. 溶血性黄疸　溶血性黄疸(hemolytic jaundice)又称肝前性黄疸,是由于红细胞破坏过多,在单核-巨噬细胞系统内生成过多的胆红素,超过肝细胞的处理能力,造成大量游离胆红素释放入血。镰刀状红细胞贫血、球形红细胞增多症、恶性疟疾、输血和用药不当等均可引起溶血性黄疸。当发生溶血性黄疸时,血中游离胆红素含量显著升高,结合胆红素的含量变化不大,尿胆红素呈阴性,但由于经肝脏处理的胆红素增多,因此从肠道吸收经肾排泄的尿胆素原增多。

2. 阻塞性黄疸 阻塞性黄疸(obstructive jaundice)又称肝后性黄疸,是由于胆道系统梗阻,胆小管和毛细胆管内压力升高而破裂,造成肝脏合成的结合胆红素逆流入血。胆管的炎症、结石、肿瘤、寄生虫或先天性胆管闭锁等疾病,均可引起阻塞性黄疸。临床上可检测到血中结合胆红素浓度升高,游离胆红素无明显改变。因为结合胆红素可经肾脏排泄,所以尿中可检测到尿胆红素,又因为经胆道排泄的胆红素减少,所以尿胆素原是降低的。

3. 肝细胞性黄疸 肝细胞性黄疸(hepatocellular jaundice)又称肝原性黄疸,是由于肝细胞本身的病变,使其摄取、转化和排泄胆红素的能力降低所致。常见于肝实质性病变,如肝炎、肝肿瘤、药物或毒物中毒性肝病等。一方面,肝细胞摄取胆红素障碍,不能将游离胆红素全部转变为结合胆红素,造成血中游离胆红素浓度升高;另一方面,肝细胞肿胀、毛细胆管阻塞或毛细胆管与肝血窦直接相通等,使部分结合胆红素反流入血,导致血中结合胆红素浓度也升高。由于经肠肝循环到达肝脏的胆素原可通过受损的肝细胞进入体循环,并从尿中排泄,使尿胆素原增高。

三种类型黄疸的血、尿、粪的变化见表10-4。

表10-4 三种类型黄疸的血、尿、粪的变化

检测指标	正常	溶血性黄疸	阻塞性黄疸	肝细胞性黄疸
血液				
总胆红素	<1mg/dl	增加	增加	增加
结合胆红素	0~0.8mg/dl	不变或微增	显著增加	中度增加
游离胆红素	<1mg/dl	显著增加	不变或微增	中度增加
尿液				
尿胆红素	—	—	有	有
尿胆素原	少量	增加	减少或无	不定
尿胆素	少量	增加	减少或无	不定
粪便				
胆素原	40~280mg/24h	显著增加	减少或无	减少
粪便颜色	正常	加深	变浅或陶土色	变浅或正常

本章小结

胆汁酸是胆汁的重要成分,其主要作用是促进脂类的消化吸收及维持胆固醇的溶解状态。初级胆汁酸由肝细胞以胆固醇为原料合成,游离型初级胆汁酸包括胆酸和鹅脱氧

胆酸，它们分别与甘氨酸或牛磺酸结合，可生成四种结合型初级胆汁酸。7α-羟化酶是胆汁酸生成的限速酶，受胆汁酸的负反馈调节。初级胆汁酸在肠菌的作用下，进行7位脱羟基反应，分别生成脱氧胆酸和石胆酸，称次级胆汁酸。脱氧胆酸在肝内可再与甘氨酸或牛磺酸结合，生成结合型次级胆汁酸。除石胆酸外，95%的胆汁酸可进行肠肝循环，以提高其利用率。

非营养性物质在体内进行的代谢变化称为生物转化。肝脏是生物转化的主要器官。生物转化的反应类型包括第一相的氧化反应、还原反应、水解反应和第二相的结合反应。生物转化具有解毒与致毒双重性的特点。生物转化中最重要的酶是加单氧酶系，结合反应中最常见的结合基团有葡萄糖醛酸（UDPGA提供）、硫酸（PAPS提供）、乙酰基（乙酰辅酶A提供）、甲基（SAM提供）、甘氨酸和谷胱甘肽等。

胆色素是铁卟啉化合物在体内的代谢产物，包括胆红素、胆绿素、胆素原和胆素。衰老红细胞中血红蛋白分解释放的血红素是胆红素的主要来源。血红素在单核-巨噬细胞系统加氧酶催化下生成胆绿素，并进一步还原生成胆红素。胆红素在血中与清蛋白结合运输，称游离胆红素、血胆红素或间接胆红素。被肝细胞摄取后与Y蛋白、Z蛋白结合运至内质网，与葡萄糖醛酸共价结合，生成水溶性强的结合胆红素，又称肝胆红素或直接胆红素。后者随胆汁排入肠道，被肠菌还原为胆素原。10%～20%的胆素原可进行肠肝循环，大部分又被排入肠道，小部分进入体循环的胆素原可经肾脏由尿排出。胆素原接触空气后可被氧化成黄色的胆素，成为粪、尿的颜色。血浆胆红素浓度升高可引起黄疸。按病因不同，可将黄疸分为溶血性黄疸、阻塞性黄疸和肝细胞性黄疸。各类黄疸有其独特的生化指标的改变。

综合测试题

一、名词解释
1. 结合胆红素
2. 未结合胆红素
3. 生物转化
4. 黄疸

二、简答题
1. 阐述胆汁酸的分类及生理功能。
2. 简述生物转化的特点。

三、单项选择题
1. 下列不属于初级胆汁酸的是
   A. 胆酸　　B. 脱氧胆酸　　C. 鹅脱氧胆酸　　D. 牛磺胆酸　　E. 甘氨胆酸
2. 以下关于胆汁酸盐的叙述错误的是
   A. 在肝中由胆固醇转变而来　　　　　B. 是食物脂肪的乳化剂
   C. 能抑制胆固醇结石的形成　　　　　D. 可经过肠肝循环被重吸收

E. 是血红素代谢的产物

3. 参与次级胆汁酸合成的氨基酸是
   A. 鸟氨酸   B. 精氨酸   C. 甘氨酸   D. 甲硫氨酸   E. 瓜氨酸

4. 下列哪一项不是非营养物质的来源
   A. 体内合成的非必需氨基酸   B. 肠道细菌腐败产物被重吸收
   C. 外界的药物、毒物   D. 体内代谢产生的氨、胺等
   E. 食品添加剂如色素等

5. 下列关于生物转化的描述错误的是
   A. 肝脏是人体内进行生物转化最重要的器官
   B. 非营养物经生物转化作用,水溶性不一定增加
   C. 生物转化是一种解毒作用
   D. 有些物质经氧化反应、还原反应和水解反应等反应即可排出体外
   E. 有些物质必须与极性更强的物质结合后才能排出体外

6. 不属于生物转化的反应是
   A. 氧化反应   B. 还原反应   C. 水解反应   D. 裂合反应   E. 结合反应

7. 血红素合成的限速酶是
   A. ALA 脱水酶   B. ALA 合酶
   C. 亚铁螯合酶   D. 尿卟啉原Ⅰ同合酶
   E. 血红素加氧酶

8. 哪一种胆红素增加可能出现在尿中
   A. 结合胆红素   B. 未结合胆红素
   C. 血胆红素   D. 间接胆红素
   E. 胆红素-Y 蛋白

9. 下列属于肝细胞性黄疸特点的有
   A. 由血型不匹配输血造成的
   B. 多由病毒性肝炎造成
   C. 肝细胞摄取胆红素能力受损,故血中游离胆红素增高,但结合胆红素不升高
   D. 尿中无胆红素
   E. 粪便为白陶土色

10. 严重肝病的男性患者出现乳房发育、蜘蛛痣的主要原因是
    A. 雌激素分泌过多   B. 雌激素分泌过少
    C. 雌激素灭活减少   D. 雄激素分泌过多
    E. 雄激素分泌过少

(王宏娟)

第十一章 遗传信息的传递

【掌握】DNA 复制的特点及参与 DNA 复制的物质,反转录,参与 RNA 转录的物质,真核生物 mRNA 转录后的加工修饰,参与蛋白质生物合成的物质,遗传密码特点,原核生物蛋白质生物合成过程。

【熟悉】DNA 复制过程,RNA 转录过程,启动子的结构特点。

【了解】DNA 损伤与修复,rRNA、tRNA 转录后的加工修饰。

大多数生物体的遗传信息以基因的形式存在于 DNA 分子上,基因(gene)就是 DNA 分子中具有生物学功能的特定核苷酸片段。DNA 作为遗传信息的载体,有两个基本特征:一是 DNA 复制(replication),即以亲代 DNA 为模板,合成子代 DNA 的过程,通过复制将亲代的遗传信息准确地传递给子代;二是基因表达(gene expression),即基因转录和翻译的过程,也就是遗传信息经 DNA—RNA—蛋白质的传递过程。以 DNA 为模板合成 RNA 的过程称为转录(transcription)。通过转录,将 DNA 携带的遗传信息传递给 RNA,然后以 mRNA 为模板合成蛋白质,此过程称为翻译(translation)。通过翻译,由 mRNA 携带的遗传信息合成特异氨基酸序列的蛋白质,来执行各种特定的生物学功能。并非所有基因表达产物都是蛋白质,rRNA、tRNA 编码基因转录产生 RNA 的过程也属于基因表达。1958 年,F. H. C. Crick 将上述遗传信息的传递规律称为中心法则(central dogma)。中心法则代表了绝大多数生物内遗传信息传递的方向和规律,成为生命科学研究中最重要的原则。

20 世纪 70 年代 H. Temin 和 D. Baltimore 从 RNA 病毒中发现了反转录酶,该酶能以 RNA 为模板合成 DNA,即反转录(reverse transcription),从而发现遗传信息也可以从 RNA 传递至 DNA。此后又发现某些 RNA 病毒可以在宿主细胞以病毒的单链 RNA 为模板合成 RNA,称为 RNA 复制(RNA replication),从而进一步补充和完善了遗传信息传递的中心法则(图 11-1)。

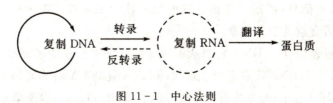

图 11-1 中心法则

第一节 DNA 的生物合成

DNA 生物合成方式包括 DNA 复制、反转录及 DNA 的修复合成等。其中 DNA 复制是 DNA 生物合成的主要方式。

一、DNA 的复制

(一)DNA 复制的基本特征

1. 半保留复制　DNA 复制最重要的特征是半保留复制(semi-conservative replication)。在 DNA 复制过程中,亲代 DNA 双螺旋解开成为两股单链,各自作为模板(template),按照碱基配对规律合成与模板互补的子链,形成两个子代 DNA 分子。每一个子代 DNA 分子中一股单链从亲代完整地接受过来;另一股单链则完全重新合成,这种复制方式称为半保留复制(图 11-2)。

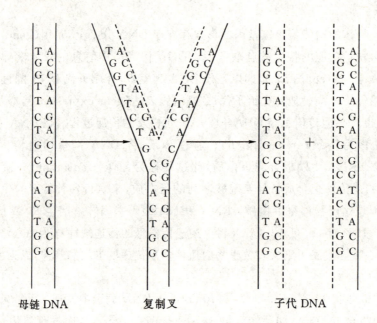

母链 DNA　　　　复制叉　　　　子代 DNA

图 11-2　半保留复制
实线链来自亲代,虚线链新合成。

通过 DNA 半保留复制的方式,子代与亲代之间 DNA 碱基序列完全一致,子代保留了亲代全部的遗传信息,体现了遗传过程的稳定性和保守性。遗传的保守性也是相对的,自然界存在着普遍的变异现象。

2. 固定复制起始点　DNA 复制从由特异碱基序列组成的复制起始点(replication origin)开始。从一个 DNA 复制起始点起始的 DNA 复制区域称为复制子(replicon)。原核生物 DNA 是环状分子,通常只有一个复制起始点(图 11-3),属于单复制子复制;真核生物 DNA 是线性分子,含有多个复制起始点(图 11-4),属于多复制子的复制。

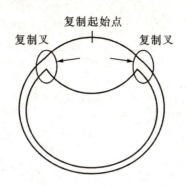

图 11-3　原核生物 DNA 的双向复制

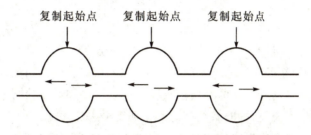

图 11-4　真核生物的多复制子复制

3. 复制方向　复制起始时，在 DNA 的复制起始点处局部双链解开，解开的两股单链和未解开的双螺旋形成 Y 字形结构，称为复制叉(replication fork)(图 11-2)。复制时，DNA 从起始点向两个方向解链，形成两个延伸方向相反的复制叉，称为双向复制。一般情况下，DNA 复制方向以双向复制为主。原核生物 DNA 在复制起始点形成两个复制叉，各自向前延伸，并互相向着一个终点汇合，最后完成复制。真核生物 DNA 的每个复制起始点产生两个移动方向相反的复制叉，复制完成时，相邻复制叉相遇并汇合连接。

4. 半不连续复制　亲代 DNA 双螺旋的两股单链走向相反，一条链为 $5'→3'$ 方向，其互补链为 $3'→5'$ 方向(图 11-5)。复制解链形成复制叉上的两股母链也走向相反，但子链沿着母链模板复制，只能从 $5'→3'$ 方向延伸。在同一复制叉上只有一个解链方向。顺着解链方向合成的子链，在引物提供 $3'$-OH 的基础上连续合成，这股连续复制的子链称为领头链(leading strand)。合成方向与解链方向相反的子链，必须待模板链解开至足够长度后才能从 $5'→3'$ 方向合成引物并复制子链。延长过程中又要等待解开一定长度的模板，再次生成引物并延长。随着复制叉的移动，合成不连续的片段，这股不连续复制的子链称为随从链(lagging strand)。随从链上不连续的 DNA 片段称为冈崎片段(Okazaki fragment)。DNA 复制时，领头链连续复制而随从链不连续复制，这种方式称为半不连续复制(semi-discontinuous replication)。

(二)参与复制的物质

DNA 复制是一复杂的脱氧核苷酸聚合生成 DNA 的过程，需要原料、模板、引物、酶及蛋白因子等多种物质参与。

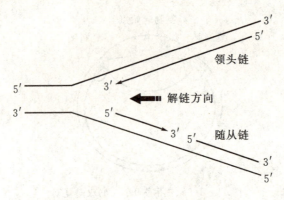

图 11-5 半不连续复制

1. 原料　DNA 复制的原料（又称底物）为 dATP、dGTP、dCTP 及 dTTP 四种脱氧核苷三磷酸（dNTP）。DNA 分子的基本结构单位是脱氧核苷一磷酸（dNMP），DNA 复制时每催化一分子底物 dNTP 以 dNMP 聚合时，需水解 1 分子焦磷酸。

2. 模板　DNA 复制有严格的模板依赖性。DNA 复制时，亲代 DNA 双螺旋解链形成两条 DNA 单链作为模板，按碱基互补配对原则指导子链合成。

3. 引物　DNA 聚合酶不能催化底物 dNTP 间自身发生聚合反应，只能催化 dNTP 逐一聚合到已有寡核苷酸链的 3′-OH 末端上，进行已有链的延长反应。为 DNA 聚合酶聚合 dNTP 提供 3′-OH 末端的寡核苷酸链称引物（primer），通常为一段小分子 RNA。

4. 酶和蛋白因子　叙述如下。

(1) 参与松弛螺旋、解链的酶及蛋白因子：①DNA 拓扑异构酶（DNA topoisomerase，Topo），简称拓扑酶，其主要作用是解除 DNA 复制过程中出现的正超螺旋。DNA 拓扑异构酶通过催化 DNA 链的断裂、旋转和再连接，将正超螺旋变为负超螺旋，理顺 DNA 链并配合完成复制。②DNA 解螺旋酶（DNA helicase），简称解旋酶，其利用 ATP 水解释放的能量，将 DNA 双螺旋间的氢键解开，使 DNA 局部形成两条单链。E. coli 解旋酶是由 dnaB 编码的 DnaB 蛋白。③单链 DNA 结合蛋白（single stranded DNA binding protein，SSB），单链 DNA 结合蛋白能与 DNA 双螺旋解开形成的两条 DNA 单链分别结合，暂时维持 DNA 的单链状态，并保护它们不受核酸酶水解。当 DNA 聚合酶向前推进时，单链 DNA 结合蛋白就脱离 DNA 单链，使之作为模板，DNA 复制得以进行。

(2) 参与引物合成的酶：引物酶（primase）是催化小分子 RNA 引物合成的酶，属于 RNA 聚合酶。

(3) 参与 DNA 链延长的酶和蛋白因子：DNA 聚合酶以模板 DNA 为指导，催化底物 dNTP 以 dNMP 的形式逐一聚合为新链 DNA，故又称依赖 DNA 的 DNA 聚合酶（DNA dependant DNA polymerase，DDDP 或 DNA-pol）。DNA 聚合酶只能催化 dNTP 以 dNMP 形式通过 3′,5′-磷酸二酯键逐个添加到已有寡核苷酸链的 3′-OH 末端，按 5′→3′ 方向延伸 DNA 子链。因此，DNA 复制需要引物，子链 DNA 合成方向为 5′→3′。另外，DNA 聚合酶还具有 3′→5′或 5′→3′核酸外切酶活性，可以在复制过程中识别并切除错配的碱基，对复制进行校正。

原核生物 DNA 聚合酶有三种：DNA 聚合酶Ⅰ、DNA 聚合酶Ⅱ和 DNA 聚合酶Ⅲ(表 11-1)。DNA 聚合酶Ⅰ是一种多功能酶,具有 $5'\rightarrow3'$ 聚合酶活性、$3'\rightarrow5'$ 核酸外切酶及 $5'\rightarrow3'$ 核酸外切酶活性。$5'\rightarrow3'$ 聚合酶活性：DNA 聚合酶Ⅰ只能催化延长二十个核苷酸左右,说明它不是复制延长过程中主要起作用的酶,主要用于填补一些 DNA 片段间的间隙；$3'\rightarrow5'$ 核酸外切酶活性：能识别和切除新生子链中 $3'$-末端错配的核苷酸,起校读作用；$5'\rightarrow3'$ 核酸外切酶活性：可用于切除引物、切除突变的 DNA 片段。DNA 聚合酶Ⅱ具有 $5'\rightarrow3'$ 聚合酶活性和 $3'\rightarrow5'$ 核酸外切酶活性,通常在 DNA 聚合酶Ⅰ和 DNA 聚合酶Ⅲ缺失情况下暂时起作用,可能主要参与 DNA 损伤的应急状态修复。DNA 聚合酶Ⅲ的活性最强,具有 $5'\rightarrow3'$ 聚合酶活性和 $3'\rightarrow5'$ 核酸外切酶活性,是在复制延长中真正起催化作用的酶。

表 11-1 原核生物大肠杆菌中三种 DNA 聚合酶的比较

	DNA 聚合酶Ⅰ	DNA 聚合酶Ⅱ	DNA 聚合酶Ⅲ
分子组成	单一多肽链	不清楚	多亚基不对称二聚体
$5'\rightarrow3'$ 聚合酶活性	聚合活性低	有	聚合活性高
$3'\rightarrow5'$ 外切酶活性	有	有	有
$5'\rightarrow3'$ 外切酶活性	有	无	无
功能	切除引物、延长冈崎片段；校读作用；DNA 损伤修复	DNA 损伤修复	延长子链校读作用

真核生物的细胞中发现至少有十五种 DNA 聚合酶。其中,较早发现的五种 DNA 聚合酶 α、DNA 聚合酶 β、DNA 聚合酶 γ、DNA 聚合酶 δ 和 DNA 聚合酶 ε 最为重要(表 11-2)。真核生物细胞核染色体 DNA 的复制主要由 DNA 聚合酶 α 和 DNA 聚合酶 δ 共同完成。DNA 聚合酶 α 能引发复制的起始,具有引物酶活性；DNA 聚合酶 δ 是真核生物复制延长中主要起催化作用的酶,相当于原核生物的 DNA 聚合酶Ⅲ。此外 DNA 聚合酶 δ 还有解螺旋酶的活性；DNA 聚合酶 β 复制的保真度低,可能是参与应急状态修复的酶；DNA 聚合酶 γ 是线粒体 DNA 复制的酶；DNA 聚合酶 ε 与大肠杆菌的 DNA 聚合酶Ⅰ相类似,在复制中主要起填补引物缺口的作用。

表 11-2 真核细胞 DNA 聚合酶的性质比较

	DNA 聚合酶 α	DNA 聚合酶 β	DNA 聚合酶 γ	DNA 聚合酶 δ	DNA 聚合酶 ε
相对分子质量	16500	4000	14000	12500	25500
细胞定位	细胞核	细胞核	线粒体	细胞核	细胞核
$5'\rightarrow3'$ 聚合酶活性	有	有	有	有	有
$3'\rightarrow5'$ 外切酶活性	无	无	有	有	有
$5'\rightarrow3'$ 外切酶活性	无	无	无	无	无
引物合成酶活性	有	无	无	无	无
功能	起始引发引物酶活性	低保真复制	复制线粒体 DNA	核 DNA 聚合解螺旋酶活性	修复和填补缺口

DNA 连接酶(DNA ligase)连接 DNA 链 3′- OH 末端和另一 DNA 链的 5′- P 末端,通过磷酸二酯键把两段相邻的 DNA 链连成完整的链(图 11 - 6)。DNA 复制过程中 DNA 连接酶"缝合"相邻的冈崎片段间的缺口,使不连续合成的随后链成为一条连续的链。

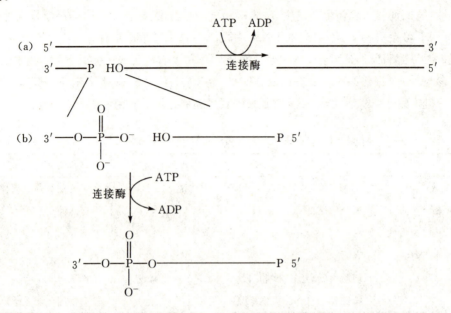

图 11 - 6　DNA 连接酶的作用
(a)连接酶连接双链 DNA 上其中一单链的缺口;(b)连接酶催化的反应。

(三)复制过程

DNA 复制是一个连续酶促反应的复杂过程,大致分为复制的起始、延伸及终止三个阶段。现以大肠杆菌 DNA 复制为例介绍原核生物 DNA 复制过程。

1. **复制的起始**　复制起始阶段主要是识别 DNA 复制的起始点,DNA 双螺旋解成复制叉,形成引发体及合成引物。

(1)DNA 解链:*E. coli* DNA 复制不是随机起始的,而是从固定复制起始点启动的。解链过程主要由 DnaA、DnaB、DnaC 三种蛋白质共同参与(表 11 - 3)。首先多个 DnaA 蛋白识别并结合复制起始点,聚集形成 DNA 蛋白质复合体结构。随着 DnaA 蛋白的结合,DNA 构象发生变化,局部双链打开(图 11 - 7),DnaB 蛋白在 DnaC 蛋白的协同下结合于解链区,并借助水解 ATP 产生的能量沿解链方向移动,使双链解开足够用于复制的长度,复制叉(图 11 - 7)初步形成。SSB 与 DNA 单链结合,稳定和保护 DNA 单链。解链过程需要 DNA 拓扑异构酶的协同作用。

(2)引发体和引物的形成:在上述解链的基础上,引物酶(DnaG 蛋白)进入,由 DnaB 蛋白、DnaC 蛋白、引物酶和 DNA 复制起始区域形成的复合结构称为引发体(图 11 - 8)。引发体中引物酶以 DNA 单链为模板,从 5′→3′方向催化生成短链的 RNA 引物。随之 DNA 聚合酶Ⅲ加入,在引物 3′- OH 末端开始延长子链。

表 11-3　原核生物复制起始的相关蛋白质

蛋白质	通用名	功能
DnaA		辨认起始点
DnaB	解旋酶	解开 DNA 双链
DnaC		运送和协同 *dnaB*
DnaG	引物酶	催化 RNA 引物生成
SSB	单链 DNA 结合蛋白	稳定已解开的单链
拓扑异构酶	拓扑异构酶Ⅱ又称促旋酶	理顺 DNA 链

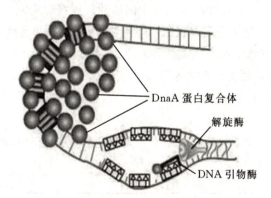

图 11-7　*E. coli* 的复制起始部位及解链

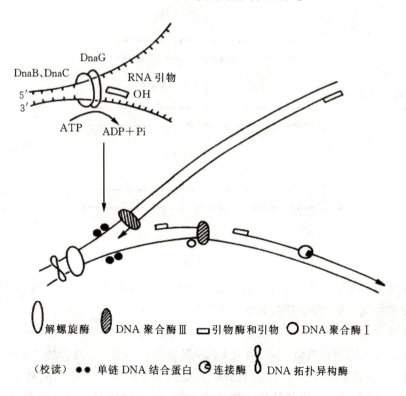

图 11-8　DNA 解链形成复制叉

2. **复制的延伸** 复制延伸的任务是在复制叉上进行领头链的连续复制和随从链的不连续复制。

DNA 聚合酶Ⅲ作用下,根据模板的要求,底物 dNTP 以 dNMP 的方式通过 3′,5′-磷酸二酯键结合到引物或延长中子链的 3′-OH 末端,dNMP 的 3′-OH 又成为延长中子链的 3′-OH 末端,有利于下一个底物的掺入,子链合成方向是 5′→3′。领头链延长方向与解链方向相同,可以连续延长。随从链延长方向与解链方向相反,不可以连续延长,需要不断生成引物并合成冈崎片段。当新的冈崎片段合成到前一个冈崎片段的 5′-末端 RNA 引物处时,由 DNA 聚合酶Ⅰ置换出 DNA 聚合酶Ⅲ。然后由 DNA 聚合酶Ⅰ的 5′→3′核酸外切酶活性切除 RNA 引物,并填补引物切除以后留下来的序列空白。与此同时,DNA 连接酶将后一个冈崎片段与前一个冈崎片段连接起来。

3. **复制终止** 复制终止是在终止区切除引物、填补空缺和连接切口。

当复制延长到具有特定碱基序列的终止区时,细胞核内的 DNA 聚合酶Ⅰ或核糖核酸酶 H(RNase H)切除领头链和随从链的最后一个 RNA 引物,切除后留下的空隙由 DNA 聚合酶Ⅰ填补,填补至足够长度后,留下缺口由连接酶连接(图 11-9),完成 DNA 的复制过程。

E. coli 环状 DNA 的复制是单复制子的复制,两个复制叉双向复制,最后在终止区相遇并终止复制。

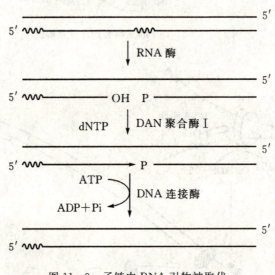

图 11-9 子链中 RNA 引物被取代

齿状线代表引物。

真核生物 DNA 复制也可分为起始、延长和终止三个阶段,其单个复制子的复制过程大致与原核生物相似,但也存在不少差异。

真核生物有多个 DNA 复制起始点,并且起始点序列比 *E. coli* 的 *oriC* 短。参与真核生物复制起始的蛋白质较多,除需要 DNA 聚合酶 α 和 DNA 聚合酶 δ 参与外,还需拓扑异构酶、细胞周期蛋白依赖性蛋白激酶、复制因子等的参与。真核生物以复制子为单位各自进行复制,所以引物和随从链的冈崎片段都比原核生物的短。真核生物 DNA 是线性结构，复制中不仅有冈崎片段的连接，还有复制子之间的连接。在 DNA 分子末端存在端粒结构，DNA 复制完成后子代两个末端的 5′-末端引物被切除，留下的缺口由端粒结构和端粒酶共同维持复制的完整性和稳定性。真核生物 DNA 复制与核小体装配同步进行，复制完成后随即组合成染色体。

二、反转录

20 世纪 70 年代，H. Temin 和 D. Baltimore 分别从 RNA 肿瘤病毒中发现了一种依赖 RNA 的 DNA 聚合酶（RNA dependent DNA polymerase, RDDP），由于其催化的反应与转录相反，被称为反转录酶（reverse transcriptase）。在反转录酶的催化下，以 RNA 为模板，四种 dNTP 为原料，合成 DNA 的过程称为反转录。

RNA 病毒感染宿主细胞后，反转录酶以病毒基因组 RNA 为模板，催化 dNTP 聚合合成 DNA 链，称为互补 DNA，产物是 RNA/DNA 杂化双链。然后，杂化双链中的 RNA 被反转录酶中有 RNase 活性的组分水解。RNA 水解后，再以单链互补 DNA 为模板，由反转录酶催化合成与其互补的 DNA 链，生成双链互补 DNA（图 11-10）。通过以上方式，RNA 病毒在细胞内复制成双链 DNA 的前病毒。前病毒保留了 RNA 肿瘤病毒全部遗传信息，并可在细胞内独立繁殖。

在某些情况下，前病毒基因组通过基因重组，整合到宿主细胞基因组 DNA 内，并随细胞增殖而传递至子代细胞，引起细胞的恶性转化。

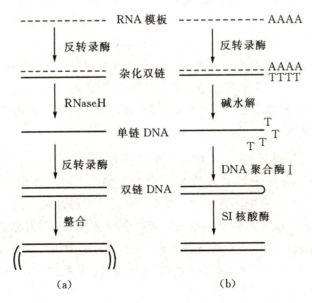

图 11-10 反转录过程
(a)宿主细胞内反转录病毒复制；(b)试管内合成互补 DNA。

反转录酶和反转录现象是分子生物学研究中的重大发现。反转录现象说明，至少在某些生物，RNA 同样兼有遗传信息传代与表达功能，进而补充和完善了遗传信息传递的中心法则。对反转录病毒的研究,拓宽了 20 世纪初已注意到的病毒致癌理论,也激励人们去寻找更多的反转录病毒,在某种意义上,为后来发现艾滋病病毒提供了方向。反转录酶也被应用到分子生物学研究,是基因工程获取目的基因的重要方法之一。

三、DNA 损伤与修复

各种体内外因素所导致的 DNA 分子中碱基序列的改变称为 DNA 损伤(DNA damage),又称 DNA 突变(DNA mutation)。DNA 损伤在生物界普遍存在,从长远的生物学效应来看,DNA 损伤是生物分化与进化的分子基础,具有积极的意义;但对生物个体而言,如果损伤发生在与生命活动密切相关的基因上,可能导致疾病的发生,甚至生物细胞或个体的死亡。在一定条件下,机体能使其 DNA 损伤得到修复,这种修复是生物在长期进化过程中获得的一种保护功能。

(一)DNA 损伤的因素

1. 自发因素　自发因素主要包括以下几方面。

(1)DNA 复制中发生的错误:DNA 复制尽管具有高保真性,但在复制过程中不可避免地会出现碱基错配,错配率为 $1/10^{10}$。

(2)DNA 结构本身的不稳定:DNA 受温度、pH 值等变化的影响,可能会引起分子中糖苷键断裂,碱基脱落,某些含氨基的碱基也可自发脱氨基而转变为其他的碱基。

(3)细胞内活性氧的破坏作用:机体物质代谢产生的强氧化剂活性氧可直接作用于碱基,而改变碱基的类型,甚至链的断裂。

2. 诱发因素　诱发因素主要包括物理因素、化学因素和生物因素三方面。

(1)物理因素:物理因素包括紫外线、电离辐射(X 射线和 γ 射线)等。

(2)化学因素:化学因素包括各种化学诱变剂或致癌物如 DNA 插入剂等,主要来自化工原料、化工产品、工业排放物、农药、食品防腐剂和添加剂等。

(3)生物因素:生物因素包括某些病毒、噬菌体的感染及真菌代谢产生的毒素等。

(二)DNA 损伤的类型

DNA 损伤的类型包括错配、缺失、插入和重排等。

1. 错配　DNA 分子上的碱基错配又称为点突变。碱基类似物、碱基的修饰剂、DNA 复制错误、DNA 自身的不稳定性等都会形成错误的碱基配对。

2. 缺失或插入　缺失是一个碱基或一段核苷酸链从 DNA 大分子上消失。插入是原来没有的一个碱基或一段核苷酸链插入到 DNA 大分子中间。缺失或插入都可导致框移突变。框移突变是指三联体密码的阅读方式改变,造成蛋白质、氨基酸排列顺序及功能发生改变(图 11-11)。

```
正常   5'......GCA GUA CAU GUC......
              丙   缬   组   缬

缺失C  5'......GAG UAC AUG UC......
              谷   酪   甲硫  丝
```

图 11-11　缺失引起框移突变

3. 重组或重排　DNA 分子内较大片段的交换,称为重组或重排。移动的 DNA 可以在新位点上颠倒方向反置,也可以在染色体之间发生交换重组。重组或重排常可引起遗传性疾病、肿瘤等。

(三)DNA 损伤的修复

细胞在 DNA 受到损伤以后,可利用一系列酶系统来进行及时的修复,消除 DNA 分子上的损伤部位,使其恢复正常结构。当然,并不是所有发生在 DNA 分子上的损伤都可以恢复。如果 DNA 受到的损伤不能及时修复,将导致基因结构的改变,影响 DNA 复制和转录,进而引起生物遗传性状的变化。

DNA 修复方式主要有光修复、切除修复、重组修复和 SOS 修复等。

1. 光修复　DNA 分子相邻的嘧啶碱基,在紫外线照射下会共价结合形成嘧啶二聚体。生物体内存在一种光修复酶,该酶能被 300～600nm 的可见光激活(图 11-12)。光修复酶能够特异地识别共价交联的嘧啶二聚体并使之解聚为原来的单体核苷酸形式,完成修复。

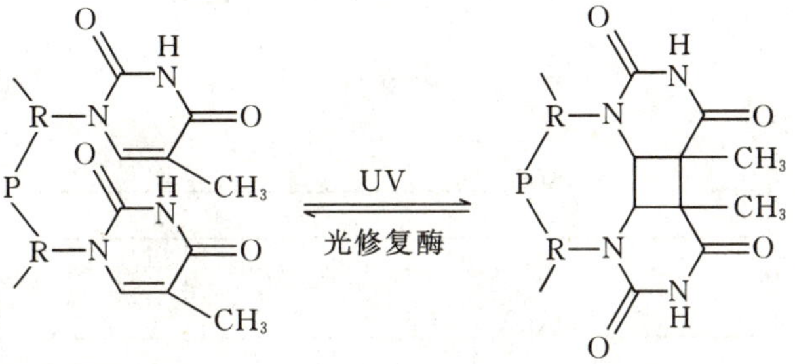

图 11-12　嘧啶二聚体的形成与解聚

2. 切除修复　这是细胞内重要和有效的修复方式,包括碱基切除修复和核苷酸切除修复。

碱基切除修复适于修复发生在碱基上对 DNA 双螺旋结构影响不大的损伤,如尿嘧啶、次黄嘌呤、烷基化碱基、被氧化的碱基和其他一些被修饰的碱基等。首先由 DNA 糖基化酶识别发生改变的碱基,并将其切除。然后 DNA 内切酶或磷酸二酯酶识别并在其 5′-末端切断 DNA 分子,最后由 DNA 聚合酶及连接酶填补空隙并连接缺口(图 11-13)。

核苷酸切除修复系统识别损伤对 DNA 双螺旋结构造成的扭曲,然后在损伤两侧切开 DNA 链,去除受损片段,再在 DNA 聚合酶催化下,以另一条单链为模板,填补空隙,DNA 连接酶连接缺口,完成损伤修复(图 11-14)。

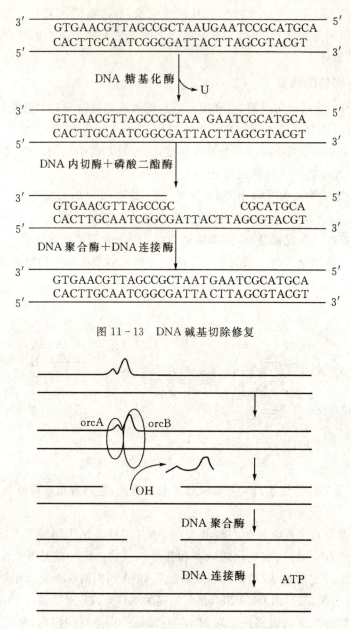

图 11-13 DNA 碱基切除修复

图 11-14 大肠杆菌的核苷酸切除修复

3. 重组修复 重组修复是当 DNA 分子损伤来不及修复完善时所采用的修复机制。其过程是损伤的 DNA 先进行复制,而后进行同源重组。复制时,需要以正常母链上的一段序列重组交换至有损伤部位的另一个 DNA 分子上,以弥补该损伤部位出现的缺口。因为该损伤部位不能作为模板指导子链的合成,在复制时会出现缺口。交换后在正常母链上出现的缺口可以复原(图 11-15)。这种修复机制中,受损部位仍然保留,但不断复制后,子代 DNA 中的损伤比例越来越低,损伤逐渐被稀释。

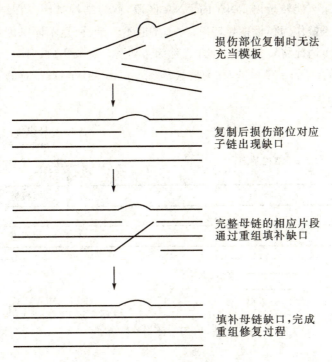

图 11-15 重组修复

4. SOS 修复 SOS 修复是 DNA 损伤严重至难以继续复制,为求得生存而诱发产生的一种修复机制。当 DNA 受到广泛损伤危及细胞生存时,诱导合成许多参与 DNA 损伤修复的复制酶和蛋白因子。由于是紧急修复,不能将大范围内受损伤的 DNA 完全精确地修复,细胞在一定程度下仍可以存活,但有较高的突变率。

第二节 RNA 的生物合成

RNA 的生物合成包括转录和 RNA 复制两种方式。转录(transcription)是 DNA 指导的 RNA 生物合成过程,为绝大多数生物 RNA 的合成方式,也是本节介绍的主要内容。RNA 复制(RNA replication)是 RNA 指导的 RNA 合成过程,见于 RNA 病毒。

转录是以一段 DNA 单链为模板,四种核苷三磷酸(NTP)为原料,按碱基互补配对原则,在依赖 DNA 的 RNA 聚合酶的催化下合成 RNA 的过程。通过转录,遗传信息从 DNA 分子传递给 RNA,从染色体的贮存状态转送至胞质,因而转录是遗传信息传递的重要环节。

一、参与转录的物质

参与转录的物质包括模板、原料、酶和蛋白因子等。

(一)模板

在不同生长发育阶段、不同环境条件下,基因组中含有的基因只有少数处于转录激活状态,发生转录。能转录出 RNA 的 DNA 区段,称为结构基因。在结构基因的 DNA 双链中,只有一条链作为模板指导转录,另一条链不转录;而且不同基因的模板链并非总是在同一单链上,因此将转录的这种方式称为不对称转录(图 11-16)。DNA 双链中能指导转录生成 RNA 的一条单链,称为模板链(template strand);相对的另一条单链称为编码链(coding strand)。

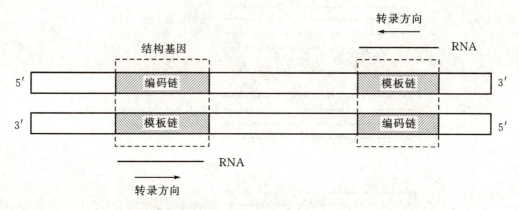

图 11-16 不对称转录

(二)原料

参与转录的原料包括 ATP、GTP、CTP 和 UTP 四种核糖核苷三磷酸,还需要 Mg^{2+}、Mn^{2+} 等。

(三)酶和蛋白因子

1. RNA 聚合酶 RNA 聚合酶以 DNA 为模板,催化底物 NTP 以 NMP 的形式逐一聚合为新链 RNA,故称为依赖 DNA 的 RNA 聚合酶(DNA dependant RNA polymerase, DDRP 或 RNA-pol)。

原核生物中的 RNA 聚合酶在结构、组成和功能上极其相似。大肠杆菌的 RNA 聚合酶是由四种亚基 α、β、β′和 σ 组成五聚体,各亚基及功能见表 11-4。

表 11-4 大肠杆菌 RNA 聚合酶亚基及功能

亚基	相对分子质量	亚基数	功能
α	36512	2	决定被转录的基因
β	150618	1	催化磷酯键形成,RNA 链延伸
β′	155613	1	结合 DNA 模板
σ	70263	1	识别转录起始点(转录起始后脱落)

$α_2ββ′$ 亚基合称核心酶,σ 亚基加上核心酶构成 RNA 聚合酶全酶。σ 亚基的功能是辨认转录起始点。转录的起始需要全酶,图 11-17 表示 RNA 聚合酶全酶在转录起始区的结合。在转录延长阶段,σ 亚基脱落则仅需核心酶,核心酶参与转录整个过程。

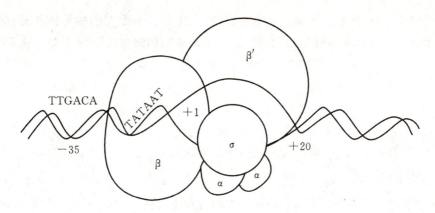

图 11-17　RNA 聚合酶全酶与转录起始区的结合

原核生物 RNA 聚合酶,均受利福平或利福霉素特异性地抑制。它们专一性结合于 RNA 聚合酶的 β 亚基,抑制转录过程。

真核生物具有三种不同的 RNA 聚合酶,分别为 RNA 聚合酶 Ⅰ、RNA 聚合酶 Ⅱ、RNA 聚合酶 Ⅲ,催化产生不同的 RNA。RNA 聚合酶 Ⅰ 催化合成 rRNA 的前体 45S rRNA,45S rRNA 再加工成 28S rRNA、5.8S rRNA 及 18S rRNA。RNA 聚合酶 Ⅲ 催化转录编码 tRNA、5S rRNA 和小 RNA 分子的基因。RNA 聚合酶 Ⅱ 转录生成 mRNA 前体 hnRNA。mRNA 在各种 RNA 中寿命最短、最不稳定,需经常重新合成。在此意义上说,RNA 聚合酶 Ⅱ 是真核生物中最活跃的 RNA 聚合酶。三种 RNA 聚合酶均受 α-鹅膏蕈碱的特异性抑制,但敏感性不同(表 11-5)。

表 11-5　真核生物的 RNA 聚合酶

种类	RNA 聚合酶 Ⅰ	RNA 聚合酶 Ⅱ	RNA 聚合酶 Ⅲ
转录产物	45S rRNA	hnRNA	5S rRNA、tRNA、snRNA
对鹅膏蕈碱的反应	耐受	极敏感	中度敏感
细胞内定位	核仁	核内	核内

2. **蛋白因子**　RNA 转录还需要一些蛋白因子的参与。例如,原核生物中一些 RNA 的转录终止需要 ρ 因子的参与;真核生物启动转录时,需要一些称为转录因子的蛋白质,才能启动转录。

二、转录过程

原核生物与真核生物的转录过程均包括起始、延长和终止三个阶段。转录过程以原核生物为例介绍。

(一)转录起始

转录的起始主要指 RNA 聚合酶结合到 DNA 模板上,DNA 双链局部解开,第一个 NTP 加入,启动转录。

首先由 RNA 聚合酶的 σ 因子辨认转录起始点,并以全酶形式与启动子结合。随之部分双链解开,模板暴露。转录起始不需引物,两个与模板配对的相邻核苷酸,在 RNA 聚合酶催化下生成第一个磷酸二酯键。第一个磷酸二酯键生成后,σ 亚基即从全酶上脱落,脱落后的 σ 因子又可再形成另一全酶,反复使用。

转录起始生成 RNA 的第一位,即 5′-末端通常为 GTP 或 ATP,以 GTP 更为常见。当 5′-GTP(5′-pppG-OH)与第二位 NTP 聚合生成磷酸二酯键后,仍保留其 5′-末端三个磷酸,也就是 1 位、2 位核苷酸聚合后,生成 5′-pppGpN-OH-3′,它的 3′-末端羟基可与新的 NTP 形成 3′,5′-磷酸二酯键,使 RNA 链延长下去。

(二)转录延长

σ 亚基脱落后,RNA 聚合酶核心酶构象随着发生改变,与模板的结合比较松弛,有利于酶迅速向下游移动。在移动过程中,一边催化前面的双链不断解旋成单链,一边催化底物 NTP 逐一与延长中 RNA 子链的 3′-OH 生成磷酸二酯键,使 RNA 按 5′→3′ 方向不断延长。RNA 聚合酶分子可以覆盖 40bp 以上的 DNA 分子段落,转录解链范围小于 20bp,产物 RNA 又与模板形成一小段 RNA/DNA 杂化双链,这样由核心酶-DNA-RNA 形成的转录复合物,形象地称为转录泡(图 11-18)。转录泡上,产物 3′-末端小段依附结合在模板链,随着 RNA 链不断生长,5′-末端脱离模板向空泡外伸展。

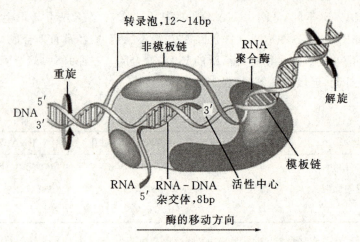

图 11-18 *E. coli* RNA 聚合酶催化的转录过程和转录泡示意图

(三)转录终止

转录的终止就是 RNA 聚合酶在 DNA 模板上停顿下来不再前进,转录产物 RNA 链从转录复合物上脱落下来。转录终止的方式有依赖 ρ 因子与非依赖 ρ 因子两种类型。

1. 依赖 ρ 因子的转录终止 1969 年,J. Roberts 在被 T_4 噬菌体感染的 E. coli 中发现了能控制转录终止的蛋白质,命名为 ρ 因子。ρ 因子能识别新生 RNA 3′-末端序列(富含 C 碱基)并与之结合。结合 RNA 后的 ρ 因子和 RNA 聚合酶都可发生构象变化,从而使 RNA 聚合酶停顿,ρ 因子发挥解螺旋酶活性使 DNA/RNA 杂化双链分离,产物 RNA 从转录复合物中释放,转录终止(图 11-19)。

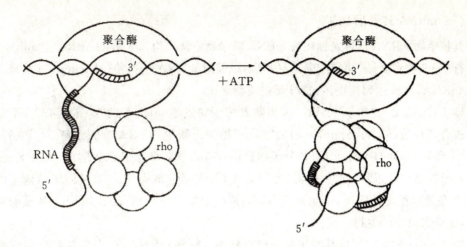

图 11-19 依赖 ρ 因子的转录终止
RNA 链上带条纹处为富含 C 的区域。

2. 非依赖 ρ 因子的转录终止 RNA 链延长至接近终止区时,其 3′-末端常有多个连续的碱基 U,连续的 U 区 5′-末端上游的一段碱基序列(富含 GC)又可形成茎-环或称发夹结构。这种结构可阻止 RNA 聚合酶继续向下游推进,而接着的一串寡聚 U 又促使 RNA 链从模板上脱落下来(碱基配对中 U/dA 最不稳定),转录终止。这一类的转录终止依赖于 RNA 产物 3′-末端的特殊结构,不需要蛋白因子的协助,这就是非依赖 ρ 因子的转录终止(图 11-20)。

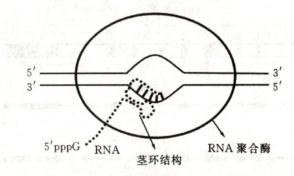

图 11-20 非依赖 ρ 因子的转录终止机制

真核生物转录的基本过程与原核生物相似,但更为复杂。真核生物有三种 RNA 聚合酶分别转录不同类型的 RNA,转录的起始需要多种蛋白质,即转录因子(transcription factor)、辅激活因子(co-activator)等的参与。真核生物 DNA 与组蛋白形成核小体结构,在转录延长过程中还需要核小体的解聚及重新装配。真核生物因为有核膜相隔,没有转录和翻译同步的现象。

三、真核生物转录后的加工

转录生成的初级产物,绝大多数都是不成熟的 RNA 前体(原核生物 mRNA 例外),这些前体必须经过加工,使之变成具有生物活性的成熟 RNA 后,才能进入胞质发挥功能。

(一) mRNA 转录后加工

真核生物 mRNA 前体又称初级 mRNA 转录物或核不均一 RNA(hnRNA)。hnRNA 需要进行 5′-末端和 3′-末端(首、尾部)的修饰以及对 mRNA 的剪接(splicing),才能成为成熟的 mRNA,被转运到核糖体,指导蛋白质翻译。

1. 5′-末端加入"帽子"结构　大多数真核生物成熟 mRNA 的 5′-末端有 7-甲基鸟嘌呤核苷三磷酸(5′-m^7GpppNp-)的"帽子"结构。新生 mRNA 首先水解 5′-末端核苷酸的 γ-磷酸,继而与 1 分子 GTP 分子结合形成 5′,5′-双鸟苷三磷酸结构,再由 S-腺苷甲硫氨酸提供甲基,使鸟嘌呤碱基发生甲基化,形成帽子结构。5′-末端帽子结构可以使 mRNA 免遭核酸酶的攻击,也能被蛋白质合成的起始因子识别,促进 mRNA 和核糖体的结合,启动蛋白质的生物合成。

2. 3′-末端加上多聚腺苷酸尾　一般真核生物成熟 mRNA 在 3′-末端都有多聚腺苷酸尾巴(poly A 尾),含 80~250 个腺苷酸。前体 mRNA 在核酸外切酶作用下,在特异位点切去 3′-末端的一些核苷酸,然后加入 poly A,形成多聚腺苷酸尾结构。poly A 尾对于维持 mRNA 的稳定性及 mRNA 作为翻译模板的活性有重要作用。

3. mRNA 前体的剪接　真核生物的基因是不连续的,称为断裂基因。其结构基因由若干个编码区和非编码区互相间隔开但又连续镶嵌而成。在断裂基因及其初级转录产物上出现,并表达为成熟 RNA 的编码序列称为外显子;在剪接过程中被除去的非编码序列则称为内含子。hnRNA 的剪接就是去除 hnRNA 上的内含子,把外显子连接为成熟的 mRNA 的过程(图 11-21)。

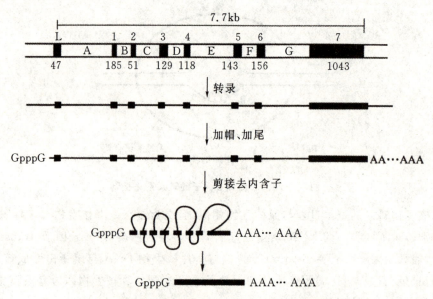

图 11-21　鸡卵清蛋白基因转录及其转录后的加工修饰
外显子以 1、2、3、4、5、6、7 表示,内含子以 A、B、C、D、E、F、G 表示。

(二) rRNA 的转录后加工

真核生物 RNA 聚合酶 I 催化合成 rRNA 的前体 45S rRNA,45S rRNA 经剪接后,分出属于核糖体小亚基的 18S rRNA，余下的部分再剪接成 5.8S rRNA 及 28S rRNA（图 11-22），加工成熟后，与核糖体蛋白质一起形成核糖体，输出胞质。

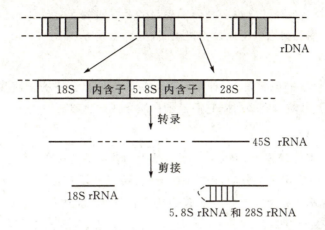

图 11-22　真核生物 rRNA 前体转录后的加工

(三) tRNA 的转录后加工

真核生物的大多数细胞有 40~50 种不同的 tRNA 分子。它们的前体分子由 RNA 聚合酶Ⅲ催化生成，然后加工成熟。tRNA 前体的加工包括剪切 $3'、5'$ 多余的核苷酸，剪接插入序列（相当于 hnRNA 中的内含子），另外还需要添加 $3'$-末端 CCA-OH 以及碱基的修饰等（图 11-23）。

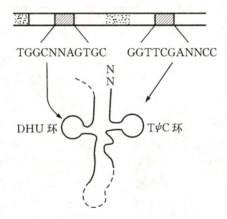

图 11-23　tRNA 转录初级产物
虚线是转录后加工要被剪除的部分。

第三节　蛋白质的生物合成

蛋白质的生物合成也称为翻译（translation），是按照 mRNA 分子中由核苷酸组成的密码信息合成蛋白质的过程。其本质是将 mRNA 分子中四种核苷酸序列编码的遗传信息转换成蛋白质一级结构中 20 种氨基酸的排列顺序。

生 物 化 学

一、蛋白质生物合成体系

蛋白质的生物合成是一个由多种分子参与的复杂过程。合成体系包括20种编码氨基酸、三种RNA、酶和蛋白因子以及无机离子、能源物质等。

(一)原料

蛋白质生物合成的原料是20种编码氨基酸。自然界存在的氨基酸有300多种,但具有遗传密码的氨基酸只有20种,它们是蛋白质合成的直接原料。

(二)三种RNA

1. mRNA与遗传密码 mRNA是蛋白质生物合成的直接模板。

mRNA分子中从5′至3′方向,由AUG开始,每三个相邻的核苷酸组成一组,形成三联体,代表一种氨基酸或蛋白质合成的起始或终止信号,称为遗传密码(genetic code)或密码子(codon)(表11-6)。存在于mRNA中的A、G、C、U四种核苷酸可组合成64个密码子($4^3=64$)。在64个密码子中,有61个分别代表20种氨基酸信息。AUG作为多肽链合成的起始信号称为起始密码子,同时编码甲硫氨酸。UAA、UAG、UGA不编码任何氨基酸,只作为多肽链合成的终止信号,称为终止密码子。从mRNA 5′-末端的起始密码子AUG到3′-末端终止密码子之间的核苷酸序列,称为开放阅读框(open reading frame,ORF)。遗传密码具有以下重要特点。

表11-6 遗传密码表

第1个核苷酸(5′)	第2个核苷酸				第3个核苷酸(3′)
	U	C	A	G	
U	苯丙氨酸	丝氨酸	酪氨酸	半胱氨酸	U
	苯丙氨酸	丝氨酸	酪氨酸	半胱氨酸	C
	亮氨酸	丝氨酸	终止密码	终止密码	A
	亮氨酸	丝氨酸	终止密码	色氨酸	G
C	亮氨酸	脯氨酸	组氨酸	精氨酸	U
	亮氨酸	脯氨酸	组氨酸	精氨酸	C
	亮氨酸	脯氨酸	谷氨酰胺	精氨酸	A
	亮氨酸	脯氨酸	谷氨酰胺	精氨酸	G
A	异亮氨酸	苏氨酸	天冬酰胺	丝氨酸	U
	异亮氨酸	苏氨酸	天冬酰胺	丝氨酸	C
	异亮氨酸	苏氨酸	赖氨酸	精氨酸	A
	甲硫氨酸	苏氨酸	赖氨酸	精氨酸	G
G	缬氨酸	丙氨酸	天冬氨酸	甘氨酸	U
	缬氨酸	丙氨酸	天冬氨酸	甘氨酸	C
	缬氨酸	丙氨酸	谷氨酸	甘氨酸	A
	缬氨酸	丙氨酸	谷氨酸	甘氨酸	G

* 当AUG处于mRNA上首位时是肽链合成的启动信号。

(1) 方向性：翻译时阅读方向只能是从 5′→3′方向，即从 mRNA 某一开放阅读框的起始密码子 AUG 开始，从 5′→3′方向逐一读码，直至终止密码子。这样，mRNA 开放阅读框中从 5′-末端到 3′-末端的核苷酸顺序就决定了多肽链中从氨基端（N-端）到羧基端（C-端）的氨基酸排列顺序。

(2) 连续性：翻译时，从 mRNA 分子起始密码子 AUG 开始，按 5′→3′方向连续地一个密码子挨着一个密码子阅读，每个核苷酸只阅读一次，直到终止密码子为止。mRNA 开放阅读框中如有一个或几个核苷酸插入或缺失，就会使此后的读码产生错译，造成下游翻译产物氨基酸序列的改变，由此引起的突变称为框移突变。

(3) 简并性：除甲硫氨酸和色氨酸只对应 1 个密码子外，其他氨基酸都有 2、3、4 或 6 个密码子为之编码。一种氨基酸可具有两个或两个以上的密码子的现象，称为遗传密码的简并性。为同一种氨基酸编码的不同密码子称为简并密码子或同义密码子。大多数简并密码子的第 1 位和第 2 位碱基相同，仅第 3 位碱基有差异，即密码子的特异性主要由前两位核苷酸决定，第 3 位碱基的改变往往不改变其密码子编码的氨基酸，从而不影响翻译氨基酸的种类。

(4) 通用性：一般来说，各种低等和高等生物，包括病毒、细菌及真核生物，基本上共用同一套遗传密码，所以，遗传密码表中的这套"通用密码"基本上适用于生物界的所有物种，具有通用性。但某些动物细胞的线粒体和植物细胞的叶绿体内所使用的遗传密码与"通用密码"有差别。

(5) 摆动性：mRNA 序列中相应的密码子与 tRNA 序列中的反密码子反向配对结合时（图 11-24），并不严格遵守碱基配对规律，称为遗传密码的摆动性。摆动配对在反密码子的第 1 位碱基与密码子的第 3 位碱基之间最为常见。例如，tRNA 分子中的反密码子第 1 位出现次黄嘌呤（I）时，I 可分别与 mRNA 分子中的密码子第 3 位的 A、U 或 C 配对。摆动配对这种特性能使一种 tRNA 识别 mRNA 的多种简并性密码子。

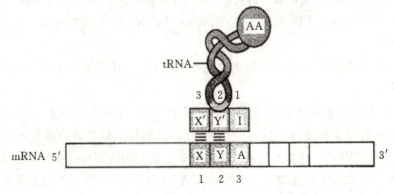

图 11-24 密码子与反密码子的反向配对 注：X 与 X′、Y 与 Y′为互补碱基对

2. rRNA 与核糖体 核糖体又称核蛋白体，由 rRNA 与多种蛋白质组成，是蛋白质多肽链合成的场所。

核糖体由大、小两个亚基组成。原核生物核糖体为 70S，由 30S 小亚基和 50S 大亚基组成。30S 小亚基由 16S rRNA 和 21 种蛋白质组成，50S 大亚基由 23S rRNA、5S rRNA

和 36 种蛋白质组成。真核生物核糖体为 80S,由 40S 小亚基和 60S 大亚基组成。40S 小亚基由 18S rRNA 和 33 种蛋白质组成,60S 大亚基由 28S rRNA、5.8S rRNA、5S rRNA 和 49 种蛋白质组成。

核糖体作为蛋白质合成场所具有以下结构特点和作用。

(1)可结合模板 mRNA:此位点位于核糖体 30S 小亚基,核糖体能沿着 mRNA $5'\rightarrow 3'$ 方向阅读遗传密码。

(2)原核生物核糖体上有 A 位、P 位和 E 位三个重要的功能位点:A 位结合氨基酰-tRNA,称为氨基酰位;P 位结合肽酰- tRNA,称肽酰位,两者都由大、小亚基共同构成。E 位是排出位,由此释放已经卸载了氨基酸的 tRNA,主要是大亚基成分。真核细胞核糖体没有 E 位(图 11-25)。

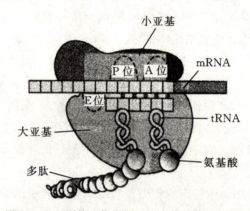

图 11-25 原核生物翻译过程中核糖体结构模式

(3)具有转肽酶活性,催化肽键的形成:大肠杆菌转肽酶活性与核糖体大亚基上的 23S rRNA 有关,因此转肽酶也是一种核酶。

(4)能结合参与蛋白质合成的多种蛋白因子:如起始因子(initiation factor,IF)、延长因子(elongation factor,EF)和终止因子(release factor,RF),它们在蛋白质合成的各个环节发挥作用。

3. tRNA 与氨基酰- tRNA 用于合成蛋白质的 20 种氨基酸需要其特定的 tRNA 转运至核糖体。

tRNA 具有两个关键部位:一个是氨基酸结合部位;另一个是 mRNA 结合部位。氨基酸被 tRNA 转运至核糖体之前,各种氨基酸需分别被加载到各自特异的 tRNA 分子上,形成氨基酰- tRNA。tRNA 的氨基酸臂是结合氨基酸的部位。tRNA 的反密码子与 mRNA 中相应的密码子通过碱基互补配对识别、结合,tRNA 所携带的氨基酸就可以准确地在 mRNA 序列上"对号入座",从而使氨基酸按 mRNA 规定的顺序排列起来形成蛋白质多肽链。

(三)酶和蛋白因子

1. 氨基酰- tRNA 合成酶 此酶存在于胞质中,催化氨基酸的活化。各种氨基酸经特异的氨基酰- tRNA 合成酶催化形成具有反应活性的氨基酰- tRNA。

2. 转肽酶 转肽酶是核糖体大亚基的组成成分,催化核糖体 P 位上的肽酰基转移至 A 位氨基酰-tRNA 的氨基上,使酰基与氨基结合形成肽键。

3. 转位酶 转位酶催化核糖体向 mRNA 的 $3'$-末端移动一个密码子的距离,使下一个密码子定位于 A 位,而携带肽链的 tRNA 则移位至 P 位,使肽链延长,其活性存在于肽链合成延长阶段所需的蛋白因子(即延长因子 G)中。

(四)蛋白因子

在蛋白质生物合成的各阶段有很多重要的蛋白因子参与,包括起始因子、延长因子和释放因子等。

(五)无机离子及能源物质

参与蛋白质生物合成的无机离子有 Mg^{2+} 和 K^+ 等;蛋白质生物合成的能源物质有 ATP、GTP。

二、蛋白质生物合成过程

蛋白质的生物合成包括三个过程:氨基酸的活化、肽链的生物合成及肽链形成后的加工。

(一)氨基酸的活化

氨基酸与特异的 tRNA 结合形成氨基酰-tRNA 的过程称为氨基酸的活化。每一个氨基酸必须活化成氨基酰-tRNA 才能参与蛋白质的生物合成。在氨基酰-tRNA 合成酶作用下,氨基酸的 α-羧基与 tRNA $3'$-末端 CCA-OH 脱水生成氨基酰-tRNA。每个氨基酸活化需消耗两个高能磷酸键。氨基酰-tRNA 合成酶对底物氨基酸和 tRNA 都有高度特异性。此外,氨基酰-tRNA 合成酶具有校正活性,即该酶可改正反应的任一步骤中出现的错配。

$$氨基酸 + tRNA + ATP \xrightarrow{\text{氨基酰-tRNA 合成酶}} 氨基酰\text{-}tRNA + AMP + PPi$$

由于起始密码子 AUG 编码甲硫氨酸,真核细胞中起始 tRNA 与甲硫氨酸结合形成 $Met\text{-}tRNA_i^{Met}$,可以在 mRNA 的起始密码子 AUG 处就位,参与形成翻译的起始复合物;而原核细胞中起始 tRNA 与甲硫氨酸结合后,甲硫氨酸很快被甲酰化为 N-甲酰甲硫氨酸(N-formyl-methionine,fMet),于是形成 N-甲酰甲硫氨酰-tRNA($fMet\text{-}tRNA_i^{fMet}$)。原核细胞的起始密码子只辨认 $fMet\text{-}tRNA_i^{fMet}$。

(二)肽链的生物合成

肽链的生物合成是蛋白质生物合成过程的中心环节,可分为起始、延长、终止三个阶段。重点介绍原核生物的蛋白质生物合成。

1. 起始 肽链合成的起始阶段是指模板 mRNA 和起始氨基酰-tRNA 分别与核糖体结合而形成翻译起始复合物的过程。这一过程还需要 IF、GTP 和 Mg^{2+} 参与。

(1)核糖体大、小亚基的分离:肽链的合成是一个连续的过程,上一轮合成的终止紧接下一轮合成的起始。这时核糖体的大、小亚基须拆离,准备与 mRNA 和起始氨基酰-

tRNA 结合。此时，IF-1、IF-3 与小亚基结合，促进大、小亚基分离。

(2)mRNA 在小亚基上定位结合：在 mRNA 起始密码子 AUG 上游存在一段特殊核苷酸序列，又称核糖体结合位点（ribosomal binding site，RBS），可以识别核糖体小亚基 16S rRNA 的特定序列，从而与核糖体小亚基结合。另外，mRNA 上紧接核糖体结合位点后有一小段核苷酸序列又可被核糖体小亚基蛋白辨认结合。因此通过 RNA-RNA、RNA-蛋白质之间的相互作用就把 mRNA 结合到小亚基上，并在 AUG 处准确定位。

(3)fMet-tRNA$_i^{fMet}$ 的结合：fMet-tRNA$_i^{fMet}$ 识别 AUG 并结合对应于核糖体 P 位，A 位被 IF-1 占据，不被任何氨基酰-tRNA 结合。

(4)核糖体大亚基结合：结合了 mRNA、fMet-tRNA$_i^{fMet}$ 的小亚基再与核糖体大亚基结合，形成由完整核糖体、mRNA、fMet-tRNA$_i^{fMet}$ 组成的翻译起始复合物。此时，结合起始密码子 AUG 的 fMet-tRNA$_i^{fMet}$ 占据 P 位，A 位留空，为延长阶段的进位做好了准备。

2. 延长　肽链合成的延长阶段是指在翻译起始复合物的基础上，根据 mRNA 密码序列的指导，氨基酸依次进入核糖体并聚合成多肽链的过程。这一阶段是在核糖体上连续循环进行的，又称核糖体循环。每循环一次，新生肽链延长一个氨基酸。每个循环又分为三步，即进位、成肽和转位。此过程还需要 EF-T、EF-G 辅助，GTP 供能，Mg^{2+} 和 K^+ 参与。

(1)进位：进位又称注册，是指按照 mRNA 模板中密码子的指导，一个特异氨基酰-tRNA 进入并结合到核糖体 A 位的过程。翻译起始复合物形成后，核糖体 P 位结合 fMet-tRNA$_i^{fMet}$，但 A 位留空且对应于 mRNA 中的第 2 个密码子，进入 A 位的氨基酰-tRNA 即由该密码子决定。进位需要延长因子 EF-T、GTP 参与（图 11-26）。

(2)成肽：在转肽酶的催化下，核糖体 P 位上起始氨基酰-tRNA 的 N-甲酰甲硫氨酰基或肽酰-tRNA 的肽酰基转移到 A 位并与 A 位上氨基酰-tRNA 的 α-氨基结合形成肽键的过程。第一个肽键形成后，二肽酰-tRNA 占据核糖体 A 位，而卸载的 tRNA 仍在 P 位（图 11-27）。起始的 N-甲酰甲硫氨酸的 α-氨基因被持续保留而成为新生肽链的 N-端。

(3)转位：转位是在转位酶的催化下，核糖体向 mRNA 的 3'-末端移动一个密码子的距离，使 mRNA 序列上的下一个密码子进入核糖体的 A 位，而占据 A 位的肽酰-tRNA 移入 P 位的过程。转位需要 EF-G、GTP 参与，

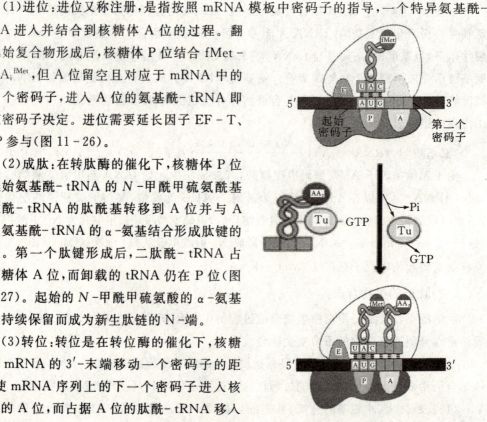

图 11-26　原核生物翻译的进位过程

EF-G具有转位酶(translocase)活性。卸载的 tRNA 则移入 E 位。A 位留空并对应下一组密码子,准备适当氨基酰-tRNA 进位,开始下一轮核糖体循环(图 11-28)。

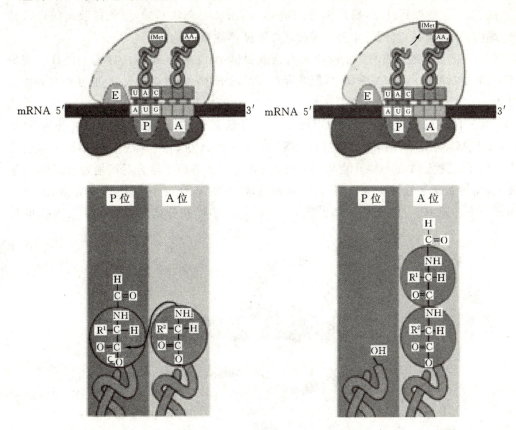

图 11-27 原核生物翻译的成肽过程

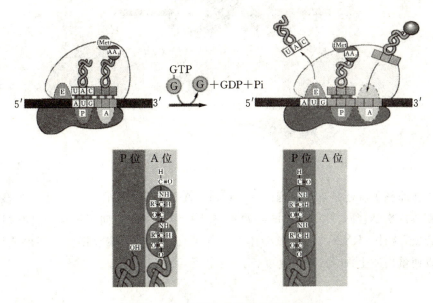

图 11-28 原核生物翻译的转位过程

新生肽链上每增加一个氨基酸残基都需要经过上述三步反应。此过程需两种 EF 参与并消耗 2 分子 GTP。核糖体沿 mRNA 模板从 5′→3′方向阅读遗传密码，连续进行进位、成肽、转位的循环过程，每次循环肽链 C-端添加一个氨基酸，使相应肽链的合成从 N-端向 C-端延伸，直到终止密码子出现在核糖体的 A 位为止。

3. 终止　肽链合成的终止阶段是指当核糖体 A 位出现 mRNA 序列上的终止密码子时，肽链从肽酰-tRNA 中释出，原结合在一起的 mRNA，核糖体大、小亚基相互分离的过程。

肽链合成的终止需要 RF、GTP 参与。当肽链合成至 A 位上出现终止密码子 UAA、UAG 或 UGA 时，没有氨基酰-tRNA 能进入 A 位，只有释放因子 RF 能识别终止密码子并进入 A 位与终止密码子结合。RF 与终止密码子结合后可触发核糖体构象改变，将转肽酶活性转变为酯酶活性，水解肽酰-tRNA，释放新生肽链，并促使 mRNA、卸载 tRNA 及 RF 从核糖体脱离。随之核糖体大、小亚基分离而进入另一条肽链的合成（图 11-29）。

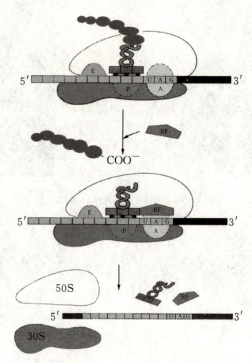

图 11-29　原核生物翻译的终止

无论在原核细胞还是真核细胞内，一条 mRNA 模板链都可附着 10~100 个核糖体，这些核糖体依次结合同一 mRNA 的起始密码子并沿 5′→3′方向读码移动，同时进行多条肽链合成，这种 mRNA 与多个核糖体形成的聚合物称为多聚核糖体。多聚核糖体的形成可以使蛋白质生物合成以高速度、高效率进行（图 11-30）。

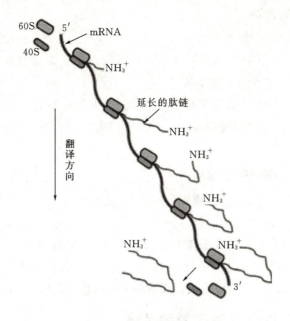

图 11-30　多聚核糖体

三、蛋白质合成后的修饰和靶向运输

从核糖体上释放出来的新生多肽链不具备蛋白质的生物学活性,必须经过复杂的加工过程才能转变为具有天然构象的功能蛋白质。在核糖体中,蛋白质合成后还需要定向输送到合适的部位才能行使各自的生物学功能。

(一)新生肽链的折叠

新生肽链的折叠在肽链合成中、合成后完成,可能随着肽链的不断延伸而逐步折叠,产生正确的二级结构、模体、结构域然后形成完整空间构象。新生肽链的折叠一般需在分子伴侣及蛋白质二硫键异构酶、肽-脯氨酸顺反异构酶等的参与下完成。

(二)一级结构的修饰

在肽链合成过程中,原核生物新生肽链的第一个氨基酸总是 N-甲酰甲硫氨酸,真核生物第一个氨基酸总是甲硫氨酸,但多数天然蛋白质不以 N-甲酰甲硫氨酸或甲硫氨酸为 N-端第一位氨基酸。细胞内的脱甲酰基酶或氨基肽酶可以除去 N-甲酰基、N-端甲硫氨酸或 N-端附加序列(如信号肽)。据估计,蛋白质中有 100 多种修饰性氨基酸。这些修饰性氨基酸对蛋白质的生物学功能的发挥至关重要。例如,结缔组织中胶原蛋白的脯氨酸和赖氨酸残基经羟化酶、分子氧和维生素 C 作用发生羟基化修饰,产生羟脯氨酸和羟赖氨酸;多肽链含羟基的丝氨酸、苏氨酸的磷酸化;蛋白质肽链中半胱氨酸间二硫键的形成;组蛋白的精氨酸残基甲基化修饰。某些无活性的蛋白质前体可经蛋白酶水解,生成具有活性的蛋白质或多肽。例如,胰岛素原被酶解而生成胰岛素;多种蛋白酶原经裂解激活成蛋白酶。

(三)空间结构的修饰

1. **亚基的聚合** 各亚基各有独立功能,但又必须互相依存,才能发挥其生物学作用。含有两条或两条以上亚基的蛋白质通过非共价键聚合形成具有四级结构的蛋白质。例如,血红蛋白分子α亚基和β亚基的聚合。

2. **辅基的连接** 蛋白质分为单纯蛋白质和结合蛋白质两类。各种结合蛋白质,如脂蛋白、色蛋白、糖蛋白及各种带辅基的酶,合成后还需进一步与辅基连接,才能成为具有功能活性的天然蛋白质。

(四)靶向输送至细胞特定部位

蛋白质在核糖体上合成后,必须被分选出来,定向输送到一个合适的部位才能行使其生物学功能,大致有三种去向:①保留在细胞液;②进入细胞器;③分泌到细胞外。驻留在细胞液中的蛋白质在游离核糖体上合成后,释放到细胞液即可行使其功能,而运往其他部位的蛋白质都必须先通过膜性结构,经过复杂的靶向输送机制后才能到达目的地。蛋白质的靶向输送与蛋白质生物合成后加工过程同步进行。

四、蛋白质生物合成与医学的关系

(一)分子病

由于基因突变导致蛋白质一级结构的改变,进而引起蛋白质构象和功能异常,这种疾病称为分子病。例如,镰刀形红细胞贫血是由于血红蛋白β亚基中第六位氨基酸残基由正常的谷氨酸被缬氨酸取代。只是一个氨基酸改变,就使得血红蛋白在低氧状态溶解度降低,聚集成丝,相互黏着,导致红细胞形成镰刀状,极易破裂,产生溶血性贫血。

(二)干扰蛋白质生物合成的药物和毒物

1. **抗生素** 抗生素是一类由某些真菌、细菌等微生物产生的药物,通过阻断细菌蛋白质生物合成而抑制细菌生长和繁殖。对宿主无毒性的抗生素可用于预防和治疗感染性疾病。抗生素可通过影响翻译的不同过程,达到抑菌的作用。例如,四环素能与细菌核糖体的小亚基结合使其变构,从而抑制 tRNA 的进位;链霉素则抑制细菌蛋白质合成的起始阶段,并引起密码错读而干扰蛋白质的合成;氯霉素能与细菌核糖体的大亚基结合,抑制转肽酶活性。

2. **干扰素** 干扰素是真核细胞被病毒感染后分泌的具有抗病毒作用的蛋白质,可抑制病毒的繁殖,保护宿主细胞。干扰素能诱导一种特异的蛋白激酶活化,该活化的蛋白激酶使 eEF-2 磷酸化而失活,从而抑制病毒蛋白质的合成;此外干扰素还能与双链 RNA 共同作用,活化核酸内切酶 RNase L,降解病毒 mRNA,从而阻断病毒蛋白质合成。干扰素除抗病毒作用外,还有调节细胞生长分化、激活免疫系统等作用,已普遍应用临床治疗。

3. **毒素** 某些毒素通过干扰真核生物蛋白质生物合成而引起毒性。如白喉毒素,特异性抑制真核生物延长因子 eEF-2,阻断蛋白质的生物合成。

本章小结

中心法则实际上描述了生物大分子之间的相互关系。大多数生物体的遗传信息以基因的形式存在于 DNA 分子上。DNA 作为遗传信息的载体，指导和控制蛋白质的合成。蛋白质则体现生命现象，参与新陈代谢活动。基因的表达过程本质上是基因、mRNA、核糖体、tRNA 协同作用的结果。DNA 分子上的基因，其脱氧核苷酸的排列顺序决定了 mRNA 中核糖核苷酸的排列顺序，mRNA 中核糖核苷酸的排列顺序又决定了氨基酸的排列顺序，氨基酸的排列顺序最终决定了蛋白质的结构和功能的特异性，从而使生物体表现出各种遗传性状。从另一角度讲，基因的表达过程也反映出了遗传信息的传递规律。

综合测试题

一、名词解释

1. 半保留复制
2. 冈崎片段
3. 反转录
4. 遗传密码

二、问答题

1. 简述参与复制所需物质。
2. 简述真核生物 mRNA 转录后加工修饰。
3. 简述三种 RNA 在蛋白质生物合成过程中的作用。
4. 试比较复制、转录和翻译有何不同。

三、单项选择题

1. DNA 复制的主要方式是
   A. 半保留复制   B. 全保留复制
   C. 滚环式复制   D. 混合式复制
   E. D 环复制

2. 关于 DNA 复制的叙述正确的是
   A. 以四种 dNMP 为原料
   B. 子代 DNA 中，两条链的核苷酸顺序完全相同
   C. 复制不仅需要 DNA 聚合酶还需要 RNA 聚合酶
   D. 复制中子链的合成是沿 $3'\rightarrow 5'$ 方向进行
   E. 可从头合成

3. DNA 合成的原料是
   A. dNTP   B. dNDP   C. dNMP   D. NTP   E. NDP

4. 在 DNA 复制中，RNA 引物的作用是

A. 引导 DNA 聚合酶与 DNA 模板结合　　B. 提供 5′- Pi 末端

C. 提供四种 NTP 附着的部位　　D. 诱导 RNA 的合成

E. 提供 3′- OH 末端,为合成新 DNA 的起点

5. 拓扑异构酶的作用是

A. 解开 DNA 双螺旋使其易于复制　　B. 使 DNA 解链旋转时不致缠结

C. 使 DNA 异构为 RNA 引物　　D. 辨认复制起始点

E. 稳定分开的 DNA 单链

6. 单链 DNA 结合蛋白(SSB)的生理作用不包括

A. 连接单链 DNA　　B. 参与 DNA 的复制与损伤修复

C. 防止 DNA 单链重新形成双螺旋　　D. 防止单链模板被核酸酶水解

E. 激活 DNA 聚合酶

7. 关于大肠杆菌 DNA 连接酶的叙述正确的是

A. 促进 DNA 形成超螺旋结构　　B. 去除引物,填补空缺

C. 需 ATP 供能　　D. 使相邻的两个 DNA 单链连接

E. 连接 DNA 分子上的单链缺口

8. DNA 复制中,与 DNA 片段 5′- TAGCAT -3′互补的子链是

A. 5′- TAGCAT -3′　　B. 5′- ATGCTA -3′

C. 5′- ATCGTA -3′　　D. 5′- AUCGUA -3′

E. 5′- AUGCUA -3′

9. 原核生物 DNA 复制需多种酶参与:①DNA 聚合酶Ⅲ;②DNA 解旋酶;③DNA 聚合酶Ⅰ;④引物酶;⑤DNA 连接酶。其作用顺序为

A. ①②③④⑤　　B. ②④①③⑤

C. ②④⑤①③　　D. ①③②⑤④

E. ⑤③②①④

10. 参与 DNA 直接修复的酶是

A. 光复活酶　B. DNA 糖苷酶　C. DNA 聚合酶Ⅰ　D. DNA 连接酶　E. 解旋酶

11. 反转录的遗传信息流动方向是

A. DNA→DNA　　B. DNA→RNA

C. RNA→DNA　　D. DNA→蛋白质

E. RNA→RNA

12. 反转录酶不具有下列哪种特性

A. 存在于致癌的 RNA 病毒中　　B. 以 RNA 为模板合成 DNA

C. RNA 聚合酶活性　　D. RNA 酶活性

E. 可以在新合成的 DNA 链上合成另一条互补 DNA 链

13. 关于转录的叙述正确的是

A. 只有编码蛋白质的基因才被转录

B. 模板链的方向为 5′→3′

C. 转录产物均需加工修饰

D. 转录出的 RNA 可全部或部分被翻译

E. 基因中的某些核苷酸序列不出现在成熟的转录产物中

14. 转录与复制有许多相似之处,但不包括

　　A. 均需依赖 DNA 为模板的聚合酶　　　　B. 以 DNA 单链为模板

　　C. 遵守碱基配对原则　　　　　　　　　　D. 有特定的起始点

　　E. 以 RNA 为引物

15. 大肠杆菌 RNA 聚合酶中,识别启动子序列的是

　　A. α 亚基　　B. β 亚基　　C. β′亚基　　D. ζ 亚基　　E. ω 亚基

16. 关于启动子的描述错误的是

　　A. 位于转录基因的上游　　　　　　　　B. 能与 RNA 聚合酶结合

　　C. 具有一些保守的核苷酸序列　　　　　D. 原核及真核生物均存在

　　E. 易受核酸外切酶水解

17. 遗传密码的特点不包括

　　A. 通用性　　B. 连续性　　C. 特异性　　D. 简并性　　E. 方向性

18. 原核生物新合成多肽链 N-端的第一位氨基酸为

　　A. 赖氨酸　　B. 苯丙氨酸　　C. 甲硫氨酸　　D. 甲酰蛋氨酸　　E. 半胱氨酸

19. 蛋白质生物合成中多肽链的氨基酸排列顺序取决于

　　A. 相应 tRNA 专一性

　　B. 相应氨基酰-tRNA 合成酶的专一性

　　C. 相应 mRNA 中核苷酸排列顺序

　　D. 相应 tRNA 上的反密码子

　　E. 相应 rRNA 的专一性

20. 能出现在蛋白质分子中的下列氨基酸哪一种没有遗传密码

　　A. 色氨酸　　B. 甲硫氨酸　　C. 羟脯氨酸　　D. 谷氨酰胺　　E. 组氨酸

(贾艳梅)

参考文献

[1] 查锡良. 生物化学与分子生物学[M]. 8版. 北京：人民卫生出版社, 2013.

[2] 田华. 生物化学[M]. 3版. 西安：第四军医大学出版社, 2016.

[3] 何旭辉. 生物化学[M]. 北京：人民卫生出版社, 2014.

[4] 周克元. 生物化学[M]. 2版. 北京：科学卫生出版社, 2015.

[5] 余蓉. 生物化学[M]. 2版. 北京：中国医药科技出版社, 2015.

[6] 贾弘禔, 冯作化. 生物化学与分子生物学[M]. 2版. 北京：人民卫生出版社, 2013.

[7] 李刚, 马文丽. 生物化学[M]. 3版. 北京：北京大学医学出版社, 2013.

[8] 高国全. 生物化学[M]. 3版. 北京：人民卫生出版社, 2012.

[9] 杨荣武. 生物化学原理[M]. 2版. 北京：高等教育出版社, 2012.

[10] 郑里翔. 生物化学[M]. 北京：中国医药科技出版社, 2015.

[11] 姚文兵. 生物化学[M]. 8版. 北京：人民卫生出版社, 2017.

[12] 唐炳华. 生物化学[M]. 9版. 北京：中国中医药出版社, 2012.

[13] 黄忠仕, 翟静. 生物化学[M]. 南京：江苏科技出版社, 2013.

[14] 王清路. 生物化学[M]. 北京：人民卫生出版社, 2015.

[15] MCKEE T, MCKEE J R. 生物化学导论（影印版）[M]. 2版. 北京：科学出版社, 2003.

[16] WEAVER R. Molecular Biology[M]. 4th ed. New York：McGraw Hill Highter Education, 2007.

[17] MEYERS R A. Encyclopedia of Molecular Cell Biology and Molecular Medicine[M]. Weinheim：Wiley-VCH, 2012.